软饮料加工技术

主　编　张瑞菊　王林山
副主编　祝战斌
主　审　孙连富　张天民

中国轻工业出版社

图书在版编目（CIP）数据

软饮料加工技术 / 张瑞菊等主编．—北京：中国轻工业出版社，2023.8

ISBN 978－7－5019－5809－2

Ⅰ．软…　Ⅱ．张…　Ⅲ．软料－食品加工－高等学校：技术学校－教材　Ⅳ．TS275

中国版本图书馆 CIP 数据核字（2007）第 014700 号

责任编辑：李亦兵　张　靓　　责任终审：唐是雯　　封面设计：邱亦刚
版式设计：马金路　　责任监印：张京华

出版发行：中国轻工业出版社（北京东长安街 6 号，邮编：100740）
印　　刷：三河市万龙印装有限公司
经　　销：各地新华书店
版　　次：2023 年 8 月第 1 版第 12 次印刷
开　　本：720×1000　1/16　印张：13.75
字　　数：261 千字
书　　号：ISBN 978-7-5019-5809-2　定价：28.00 元
邮购电话：010－65241695
发行电话：010－85119835　传真：85113293
网　　址：http://www. chlip. com. cn
Email：club@ chlip. com. cn

231101J2C112ZBQ

软饮料加工技术

主　编　张瑞菊　王林山
副主编　祝战斌
主　审　孙连富（山东商业职业技术学院）
　　　　张天民（山东大学）
编　者（按姓氏笔画排序）
　　　　马凌云（信阳农业高等专科学校）
　　　　王林山（河南漯河职业技术学院）
　　　　龙明华（陕西杨凌职业技术学院）
　　　　边　玲（山东博士伦福瑞达制药有限公司）
　　　　张瑞菊（山东商业职业技术学院）
　　　　余　蕾（厦门海洋职业技术学院）
　　　　周　颖（江苏徐州工业职业技术学院）
　　　　祝战斌（陕西杨凌职业技术学院）
　　　　桑大席（信阳农业高等专科学校）

前　言

软饮料是指不含乙醇的饮料，是一种独具特色的食品。由于软饮料产品具有消暑解渴、营养保健、饮用方便、容易携带等特点，近年来其生产和消费速度迅速增长，在我国已形成了有一定规模的工业体系。随着行业的发展，软饮料行业对高技能技术人才的需求越来越多，对其也提出了更高的要求。本教材是根据市场的需要和高职教育的特点，本着“理论够用为度、强化技能训练”的原则编写而成的。

本书在编写过程中，广泛收集了国内外软饮料加工技术方面的资料，结合编者多年的饮料教学与生产实践，对饮料生产所用的原料、各种软饮料的加工原理和生产技术作了翔实的介绍，侧重实践，强化操作技能训练，力求内容系统且有实用价值。

全书分为七章（包括绪论），由山东商业职业技术学院张瑞菊和河南漯河职业技术学院王林山主编，山东商业职业技术学院孙连富副教授、山东大学张天民教授主审。编写分工如下：绪论、第五章由江苏徐州工业职业技术学院周颖编写；第一章第一、二节由信阳农业高等专科学校马凌云编写；第一章第三至第十节由信阳农业高等专科学校桑大席编写；第二章由山东商业职业技术学院张瑞菊、山东博士伦福瑞达制药有限公司边玲编写；第三章由陕西杨凌职业技术学院祝战斌编写；第四章由河南漯河职业技术学院王林山编写；第六章第一节由陕西杨凌职业技术学院龙明华编写；第六章第二、三节由厦门海洋职业技术学院余蕾编写。

由于编者水平有限，书中不当之处在所难免，敬请同行专家和广大读者批评指正。

编　者

目　录

绪 论

一、饮料和软饮料的定义

1. 饮料的定义

饮料是指经过加工制造，以补充人体水分为主要目的，供人们直接或间接饮用的一种食品。随着加工工艺和配方的改进，有些饮料在补充人体水分的同时，还可增进人体健康。饮料概括起来可分为两大类：含乙醇饮料（如啤酒、香槟酒等饮料）和不含乙醇饮料（如碳酸饮料、果汁饮料等）。不含乙醇饮料并非完全不含乙醇，溶解香料等配料可用少量乙醇，另外发酵饮料可能产生微量乙醇。

从组织形态来讲，饮料可分为固体、共态和液体三种。

固体饮料是以糖（或不加糖）、果汁（或不加果汁）、植物提取物及其他配料为原料，加工制成粉末状、颗粒状或块状的经冲溶后可饮用的制品。固体饮料水分含量在5%以内。

共态饮料是指组成成分中既有固态成分，又有液态成分，形态上处于过滤状态的饮料，如冰淇淋、冰棍、冰砖、雪糕等。

液体饮料是指那些固形物含量为5%～8%（浓缩者达到30%～50%），没有一定形状，容易流动的饮料。

2. 软饮料的定义

何谓软饮料，国际上尚无明确规定，一般认为非乙醇饮料即为软饮料（soft drinks），各国规定有所不同。如美国软饮料法规把软饮料规定为：软饮料是指人工配制，乙醇（用作香精等配料的溶剂）含量不超过0.5%的饮料。它不包括纯果汁、纯蔬菜汁、乳制品、大豆乳制品、茶叶、咖啡、可可等以植物性原料为基础的饮料。它可以充碳酸气，也可以不充碳酸气，还可以浓缩加工成固体粉末。日本将软饮料称为清凉饮料，包括碳酸饮料、水果饮料、固体饮料，与美国法规的最大差别是将天然果汁列入软饮料。英国的法规定义软饮料为“任何供人类饮用而出售的需要稀释或不需要稀释的液体产品”，包括各种果汁果肉饮料、汽水（苏打水、奎宁[①]汽水、甜化汽水）、姜啤以及加药或植物的饮料，不包括水、天然矿泉水（包括强化矿物质的）、果汁（包括加糖

---

① 南美洲金鸡纳树的树皮，其粉末可治疗疟疾。奎宁汽水又叫通宁汽水，是用苏打水、糖、水果提取物和奎宁调配而成的。

和不加糖的、浓缩的)、乳及乳制品、茶、咖啡、可可或巧克力、蔬菜制品(包括番茄汁)、汤料、能醉人的饮料以及除苏打水以外的任何不甜的饮料。

欧盟其他国家的规定与英国基本相似。

我国国家标准 GB 10789—1996 中规定:软饮料是指不含乙醇或作为香料等配料用的溶剂乙醇含量不超过 0.5%的饮料制品。该标准自 1998 年 9 月 1 日开始执行。

二、软饮料的分类

1. 按国家标准分类

根据国家标准 GB 10789—1996,软饮料按产品形态可分为以下 10 类:

(1) 碳酸饮料　在一定条件下充入二氧化碳气的饮料制品,不包括由发酵法自身产生二氧化碳气的饮料,其成品中二氧化碳气容量(20℃时的体积倍数)不低于 2.0 倍。碳酸饮料又可分为果汁型、果味型、可乐型、低热量型及其他型。

(2) 果汁(浆)及果汁饮料　用成熟适度的新鲜或冷藏水果为原料,经加工制成的制品。该类制品又可分为原果汁、原果浆、浓缩果汁、浓缩果浆、果肉饮料、果汁饮料、悬浮饮料(果肉果汁饮料、果粒果汁饮料)和高糖果汁饮料。

(3) 蔬菜汁饮料　由一种或多种新鲜或冷藏蔬菜等经榨汁、打浆或浸提等工艺制得的制品。包括蔬菜汁、蔬菜汁饮料、复合蔬菜汁、混合果蔬汁、发酵蔬菜汁、食用菌饮料和藻类饮料等。

(4) 乳饮料　以鲜乳或乳制品为原料(经发酵或未经发酵),经加工制成的制品,可分为配制型含乳饮料和发酵型含乳饮料两大类。

配制型含乳饮料是指以鲜乳或乳制品为原料,加入水、糖液、酸味剂等调制而成的制品。成品中蛋白质含量不低于 10g/L 的称乳饮料,蛋白质含量不低于 0.7%的称乳酸饮料。

发酵型含乳饮料是以鲜乳或乳制品为原料,经乳酸菌类培养发酵制成乳液加入水、糖液等调制而得的制品。成品中蛋白质含量不低于 10g/L 的称乳酸菌乳饮料,蛋白质含量不低于 0.7%的称乳酸菌饮料。

(5) 植物蛋白饮料　是用蛋白质含量较高的植物的果实、种子或核果类、坚果类的果仁等为原料,经加工制成的制品。成品中蛋白质含量不低于 5g/L。植物蛋白饮料又可分为豆乳类饮料、椰子乳(汁)饮料、杏仁乳(露)饮料和其他植物蛋白饮料。

(6) 瓶装饮用水　密封于塑料瓶、玻璃瓶或其他容器中不含任何添加剂可直接饮用的水,包括饮用天然矿泉水、饮用纯净水和其他饮用水。

(7) 茶饮料　是用水浸泡茶叶，经提取、过滤、澄清等工艺制成的茶汤或在茶汤中加入水、糖液、酸味剂、食用香精、果汁或植（谷）物提取液等调制加工而成的制品。包括茶汤饮料、果汁茶饮料、果味茶饮料和其他茶饮料。

(8) 固体饮料　是以糖、果汁或植物提取物及其他配料为原料，加工制成的粉末状、颗粒状或块状的制品。固体饮料水分含量在5%以内。固体饮料又可分为果香型固体饮料、蛋白型固体饮料和其他型固体饮料。

(9) 特殊用途饮料　是通过调整饮料中天然营养素的成分和含量比例，以适应某些特殊人群营养需要的制品。包括运动饮料、营养素饮料和其他特殊用途饮料。

(10) 其他饮料　除上述9种类型以外的软饮料，包括果味饮料、非果蔬类的植物饮料类、其他水饮料等。

2. 按作用分类

(1) 单纯以补充水分为主的或作稀释剂用的饮料　如饮用纯净水、苏打水。

(2) 带有滋味或仅以滋味为主的饮料　如碳酸饮料、茶饮料、咖啡饮料。脱去咖啡因的咖啡饮料，仅以滋味为主。

(3) 带有营养的饮料　营养指热能、蛋白质、无机盐、维生素等。

① 热能饮料

高热能饮料：如高糖葡萄汁。

低热能饮料：如无糖可乐汽水。

② 蛋白质饮料：植物蛋白饮料、乳饮料、蛋白型固体饮料。

③无机盐饮料：饮用天然矿泉水、盐汽水。

④ 维生素饮料：果汁、蔬菜汁。

(4) 其他特殊作用的饮料　运动饮料、营养素饮料。

3. 按工艺分类

(1) 采集型　采集天然资源，不加工或只经过简单的过滤、杀菌等处理制成的产品，如瓶装饮用水。

(2) 提取型　天然植物经破碎、压榨或浸取、提取等工艺制成的饮料，如果汁、蔬菜汁、植物蛋白饮料、茶饮料。

(3) 配制型　以天然原料和添加剂配制而成的饮料，包括充二氧化碳的汽水，如碳酸饮料、运动饮料。

(4) 发酵型　由酵母或乳酸菌等发酵制成的饮料，包括灭菌和不灭菌的，如发酵蔬菜汁、乳酸菌饮料。

三、软饮料的现状与发展前景

1. 世界软饮料的发展状况

饮料作为一种独具特色的食品，在国外特别是欧美国家有很长的发展史，深受广大消费者喜爱，是日常生活中不可缺少的一个部分。

目前全球软饮料销售额已超过1920亿美元，软饮料市场以北美和西欧最大，分别占到世界销售总额的38%和24%。碳酸饮料仍占主导地位，占世界总销售额的54%，果汁饮料和矿泉水分别占18.5%和13.6%。近来来，世界软饮料需求连续稳定增长，软饮料市场不断扩大，特别是具有减肥功能、低糖、卫生、健康等特点的饮料，越来越受到消费者的欢迎，销售量连年快速上扬。主要原因是发展中国家消费量的增加和饮料消费方式的改变。发达国家的消费者在逐步减少含乙醇饮料的同时，追求天然、含糖少的有益于健康的食物和饮料。为此，一方面促进了软饮料工业的发展，另一方面又促使饮料制品逐渐向瓶装饮用水和果汁饮料倾斜，碳酸饮料的主导地位受到挑战。未来的竞争将是产品品种多样化的竞争，发达国家软饮料市场将以健康和天然饮料为发展方向，瓶装饮用水、果汁和茶饮料、功能性饮料、保健饮料、运动饮料等所占比重将越来越高。

2. 我国软饮料的发展状况

我国软饮料工业起步于20世纪80年代初期。20世纪90年代以来，我国软饮料工业发展十分迅速，已成为食品工业的重要组成部分。其迅速发展的状况可从近20几年软饮料的总产量增长的数值上体现，见表1。

表1　　软饮料年总产量（1980～2003年）

年份	1980	1985	1990	1995	2000	2001	2002	2003
总产量/万吨	28.8	100	330.33	946.06	1490.83	1669	2025	2375

据国家统计局、中国饮料工业协会、中国食品工业协会、中国海关、中国经济信息中心、中国食品商务网等相关报纸杂志和网站提供的数据资料，近几年，我国软饮料年产量以超过20%的增长率递增，我国软饮料市场已成为中国食品行业中发展最快的市场之一。

2004年全国软饮料产量2775万吨，比2003年增长16.84%，实现工业总产值915.06亿元，销售收入878.02亿元，分别比上年同期增长18.98%和20.01%。

2005年我国软饮料产量3380万吨，比2004年增长21.8%。2005年实现总产值（现价）1090.79亿元，销售收入1139.50亿元，均比上年有较大增长，利润额达到 201.13 亿元。

进入 2006 年软饮料行业依然保持产销两旺的态势，产成品、销售收入和利润都比上年同期有了较大幅度的增长。2006 年 1～5 月我国规模以上全部软饮料制造业工业总产值达到 499.5 亿元，比去年同期增长 23.58%，累计资产总计达 101.2 亿元，比去年同期增加 12.18%，利润总额为 43.8 亿元。

我国饮料行业连续 20 多年保持增长势头，未来很长的一段时期，国内饮料市场发展前景仍然看好。居民收入水平提高，使饮料生产量和消费量的持续增长成为可能；消费者对天然、低糖、健康型饮料的需求，促进了新品种的崛起。"十一五"期末，我国将建立一个产品结构更趋合理、产业集中度更高的现代饮料加工体系。预计到 2010 年，全国软饮料总产量达到 5700 万吨，年均增长率约 11%。其中，果蔬汁饮料产量将达到 1140 万吨，瓶（罐）装饮用水产量将达到 2250 万吨，碳酸饮料产量将达到 1140 万吨，茶饮料、功能性饮料和蛋白饮料等其他饮料产量将达到 1170 万吨左右。

我国软饮料工业在高速发展的同时，仍存在许多的不足，表现在软饮料行业企业整体水平较低，形成规模生产的还不多，缺少在全国范围内有一定影响力和较高市场份额的企业。品牌杂，品种单调，结构不合理，配制饮料多，天然饮料少。东西部发展不平衡，内地、沿海地区饮料总产量相差甚远。生产、消费与发达国家之间有较大差距。

今后我国饮料行业应该借助"十一五"计划大好发展机遇，促进行业上一个新台阶；加快饮料行业产业结构调整，转变饮料行业经济增长方式；加快饮料工业科技进步，提高自主研发创新能力；加快饮料进出口结构调整，提高饮料出口竞争力；提高饮料质量安全水平，建立食品安全意识。重点发展茶饮料、果汁及果汁饮料、蔬菜汁饮料、植物蛋白饮料和矿泉水，降低碳酸饮料比重，向着"天然、营养、优质、多品种、多档次"的方向发展。

第一章　软饮料加工用原料

[教学目标]

1. 重点掌握软饮料加工用原料的要求和科学使用方法。
2. 掌握原辅料对软饮料质量的影响。
3. 了解各种辅料的种类和特性。

第一节　饮 料 用 水

一、水的来源及特点

水是饮料生产中最重要的原料之一，主要有地下水、地表水和城市自来水。

1. 地下水

主要包括深井水、泉水和自流井等。由于经过地层的渗透和过滤而溶入了各种可溶性矿物质，如钙、镁的碳酸氢盐等，其含量多少取决于其流经的地质层中矿物质的含量。地下水有以下特点：

(1) 清洁　由于水透过地质层时，形成了一个自然过滤的过程，所以它很少有泥沙、悬浮物、有机物等。

(2) 水温恒定　因为地下深处气候影响较小，温度变化小。

(3) 水生生物少　很少有大肠杆菌、水生动物。

(4) 溶解性杂质含量高。

2. 地表水

包括河水、江水、湖水及水库水等，主要是由雨雪汇集而成，由于是在地面流过，溶解的矿物质较少，因此，水质较软，但常含有黏土、砂石、水草等悬浮物质和胶体物质。不过有的地表水也属于优质水，如远离城市的湖水、河水，是理想的饮料用水。当然由于近年来工业的发展，大量含有有害成分的废水违法排入江河，引起地表水的污染，因此城市附近地表水可能具有以下不良情况：

(1) 含有各种有机物　如各种有机质、腐殖质、便水等，常呈现浑浊状态和带有异味。

(2) 含有微生物　如大肠杆菌、细菌总数超标等。

(3) 含有较多重金属　各种工业废水的排放使得地表水中含有大量的铬、铅、镉、汞等。

(4) 农药残留　如六氯环己烷（六六六）、二氯二苯基三氨乙烷（DDT）、有机磷等。

3. 城市自来水

城市自来水主要指地表水经适当的水处理工艺，水质达到一定要求的水。自来水之所以作为饮料用水的水源来考虑，主要是因为饮料生产企业大多数设在城市。城市自来水具有如下特点：

(1) 水质好且稳定，达到饮用水标准；

(2) 水处理设备简单；

(3) 水价高，经常性费用大（如管理费、维修费等）。

二、水对软饮料质量的影响

生产用水的卫生质量是影响食品卫生的关键因素，食品加工厂应有充足供应的水源。对于任何一种食品的加工，首要的一点就是要保证水的安全，食品加工企业要建立一个完整的卫生标准操作程序（SSOP），首先要考虑用水的来源及其处理应符合有关规定，并要考虑非生产用水及污水处理的交叉污染问题。由于水是软饮料的主要成分，因此水的质量对软饮料质量的影响很大。

天然水源中的杂质按其粒度大致可分为3类：悬浮物、胶体和溶解物质。

悬浮物质在成品饮料中能沉淀出来，生成瓶底结垢或絮状沉淀的蓬松性微粒；影响二氧化碳的溶解，造成装瓶时喷液；有害微生物的存在不仅影响产品风味，而且还会导致产品变质。

水中的胶体物质分为无机胶体和有机胶体两种。无机胶体如黏土和硅酸胶体，是由许多离子和分子聚集而成，占水中胶体的大部分，是造成水质混浊的主要原因。有机胶体是一类相对分子质量很大的高分子物质，一般是动植物残骸经过腐蚀分解的腐殖酸、腐殖质等，是造成水质带色的原因。

溶解物质主要是气体、盐类和其他有机物。天然水源中的气体主要是氧气和二氧化碳，此外是硫化氢和氯气等。气体的存在会影响碳酸饮料中二氧化碳的溶解量并产生异味，影响饮料的风味和色泽。盐类主要构成水的硬度和碱度。当水的硬度过大时，会产生碳酸钙沉淀，影响饮料生产和感官品质，非碳酸盐硬度过高时，还会出现盐味。当水的碱度过大时，和金属离子反应形成水垢，产生不良气味；和饮料中的有机酸反应，改变饮料的糖酸比与风味；影响二氧化碳的溶入量；造成饮料酸度下降，使微生物容易在饮料中生存；生产果汁型碳酸饮料时，会与果汁中的某些成分发生反应，产生沉淀等。如茶饮料，水中的钙、镁、铁、氯等离子会影响茶汤的色泽和滋味，使茶饮料发生混浊，形成茶乳；当水中的铁离子含量大于 5mg/kg 时，茶汤将显黑色并带有苦涩的味道；氯离子含量高时会使茶汤带腐臭味；鞣质与多种金属离子可以反应，并可生成多种颜色。所以自来水是不能直接用来生产茶饮料的。生产品质较佳的茶饮料必须用去除离子的纯净水，pH 在 6.7～7.2，铁离子小于 2mg/kg，永久硬度的化学物质含量要小于 3mg/kg。

三、饮料用水的水质要求

水是饮料生产中的重要原料之一，水质的好坏直接影响成品的质量，生产高质量的饮料，就必须要有高品质的饮料用水。世界上许多国家对饮料用水都制定了严格的水质要求，我国新的《生活饮用水卫生标准》（GB 5749—2006）中规定，生活饮用水水质应符合下列基本要求，以保证用户饮用安全。

① 生活饮用水中不得含有病原微生物。

② 生活饮用水中化学物质不得危害人体健康。

③ 生活饮用水中放射性物质不得危害人体健康。

④ 生活饮用水的感官性状良好。

⑤ 生活饮用水应经消毒处理。

⑥ 生活饮用水水质应符合表 1-1 和表 1-2 卫生要求。饮用水中消毒剂应符合表 1-3 要求。

表 1-1　　水质常规指标及限值

项　目	指　标	限　值
感官性状和一般化学指标	色度（铂钴色度单位）	15
	混浊度/NTU	1 水源与净水技术条件限制时为 3
	臭和味	无异臭、异味
	肉眼可见物	无
	pH	6.5～8.5
	铝含量/（mg/L）	0.2
	铁含量/（mg/L）	0.3
	锰含量/（mg/L）	0.1
	铜含量/（mg/L）	1.0
	锌含量/（mg/L）	1.0
	氯化物含量/（mg/L）	250
	硫酸盐含量/（mg/L）	250

续表

项　目	指　标	限　值
感官性状和一般化学指标	溶解性总固体含量/（mg/L）	1000
	总硬度（以碳酸钙计）/（mg/L）	450
	耗氧量（COD_{Mn}法，以O_2计）/（mg/L）	3 水源限制，原水耗氧量＞6mg/L时为5
	挥发酚类含量（以苯酚计）/（mg/L）	0.002
	阴离子合成洗涤剂含量/（mg/L）	0.3
毒理指标	砷含量/（mg/L）	0.01
	硒含量/（mg/L）	0.01
	汞含量/（mg/L）	0.001
	镉含量/（mg/L）	0.005
	铬含量（六价）/（mg/L）	0.05
	铅含量/（mg/L）	0.01
	氟化物含量/（mg/L）	1.0
	氰化物含量/（mg/L）	0.05
	硝酸盐含量（以氮计）/（mg/L）	10 地下水源限制时为20
	三氯甲烷含量/（mg/L）	0.06
	四氯化碳含量/（mg/L）	0.002
	溴酸盐含量（使用臭氧时）/（mg/L）	0.01
	甲醛含量（使用臭氧时）/（mg/L）	0.9
	亚氯酸盐含量（使用二氧化氯消毒时）/（mg/L）	0.7
	氯酸盐含量（使用复合二氧化氯消毒时）/（mg/L）	0.7
微生物指标①	总大肠菌群/（MPN/100mL或CFU/100mL）	不得检出
	耐热大肠菌群/（MPN/100mL或CFU/100mL）	不得检出
	大肠埃希氏菌（MPN/100mL或CFU/100mL）	不得检出
	菌落总数/（CFU/mL）	100
放射性指标②		指导值
	总α放射性/（Bq/L）	0.5
	总β放射性/（Bq/L）	1

① MPN表示最可能数，CFU表示菌落形成单位。当水样检出总大肠菌群时，应进一步检验大肠埃希氏菌或耐热大肠菌群；水样未检出总大肠菌群，不必检验大肠埃希氏菌或耐热大肠菌群。

② 放射性指标超过指导值，应进行核素分析和评价，判定能否饮用。

表 1-2　　　　　　水质非常规指标及限值

项　　目	指　　标	限　　值
微生物指标	贾第鞭毛虫数/（个/10L）	<1
	隐孢子虫数/（个/10L）	<1
毒理指标	锑含量/（mg/L）	0.005
	钡含量/（mg/L）	0.7
	铍含量/（mg/L）	0.002
	硼含量/（mg/L）	0.5
	钼含量/（mg/L）	0.07
	镍含量/（mg/L）	0.02
	银含量/（mg/L）	0.005
	铊含量/（mg/L）	0.0001
	氯化氰含量（以 CN 计）/（mg/L）	0.07
	一氯二溴甲烷含量/（mg/L）	0.1
	二氯一溴甲烷含量/（mg/L）	0.06
	二氯乙酸含量/（mg/L）	0.05
	1，2-二氯乙烷含量/（mg/L）	0.03
	二氯甲烷含量/（mg/L）	0.02
	三卤甲烷（三氯甲烷、一氯二溴甲烷、二氯一溴甲烷、三溴甲烷的总和）	该类化合物中各种化合物的实测浓度与其各自限值的比值之和不超过 1
	1，1，1-三氯乙烷含量/（mg/L）	2
	三氯乙酸含量/（mg/L）	0.1
	三氯乙醛含量/（mg/L）	0.01
	2，4，6-三氯酚含量/（mg/L）	0.2
	三溴甲烷含量/（mg/L）	0.1
	七氯含量/（mg/L）	0.0004
	马拉硫磷含量/（mg/L）	0.25
	五氯酚含量/（mg/L）	0.009
	六六六含量（总量）/（mg/L）	0.005
	六氯苯含量/（mg/L）	0.001
	乐果含量/（mg/L）	0.08
	对硫磷含量/（mg/L）	0.003
	灭草松含量/（mg/L）	0.3
	甲基对硫磷含量/（mg/L）	0.02

续表

项目	指标	限值
毒理指标	百菌清含量/（mg/L）	0.01
	呋喃丹含量/（mg/L）	0.007
	林丹含量/（mg/L）	0.002
	毒死蜱含量/（mg/L）	0.03
	草甘膦含量/（mg/L）	0.7
	敌敌畏含量/（mg/L）	0.001
	莠去津含量/（mg/L）	0.002
	溴氰菊酯含量/（mg/L）	0.02
	2，4-滴含量/（mg/L）	0.03
	滴滴涕含量/（mg/L）	0.001
	乙苯含量/（mg/L）	0.3
	二甲苯含量/（mg/L）	0.5
	1，1-二氯乙烯含量/（mg/L）	0.03
	1，2-二氯乙烯含量/（mg/L）	0.05
	1，2-二氯苯含量/（mg/L）	1
	1，4-二氯苯含量/（mg/L）	0.3
	三氯乙烯含量/（mg/L）	0.07
	三氯苯含量（总量）/（mg/L）	0.02
	六氯丁二烯含量/（mg/L）	0.0006
	丙烯酰胺含量/（mg/L）	0.0005
	四氯乙烯含量/（mg/L）	0.04
	甲苯含量/（mg/L）	0.7
	邻苯二甲酸二（2-乙基己基）酯含量/（mg/L）	0.008
	环氧氯丙烷含量/（mg/L）	0.0004
	苯含量/（mg/L）	0.01
	苯乙烯含量/（mg/L）	0.02
	苯并［a］芘含量/（mg/L）	0.00001
	氯乙烯含量/（mg/L）	0.005
	氯苯含量/（mg/L）	0.3
	微囊藻毒素-LR含量/（mg/L）	0.001
感官性状和一般化学指标	氨氮含量（以N计）/（mg/L）	0.5
	硫化物含量/（mg/L）	0.02
	钠含量/（mg/L）	200

表 1-3　　饮用水中消毒剂常规指标及要求

消毒剂名称	与水接触时间	出厂水中限值	出厂水中余量	管网末梢水中余量
氯气及游离氯制剂量（游离氯）/（mg/L）	至少 30min	4	≥0.3	≥0.05
一氯胺量（总氯）/（mg/L）	至少 120min	3	≥0.5	≥0.05
臭氧量（O_3）/（mg/L）	至少 12min	0.3		0.02，如加氯，总氯≥0.05
二氧化氯量（ClO_2）/（mg/L）	至少 30min	0.8	≥0.1	≥0.02

软饮料用水除了符合上述要求外，根据软饮料工艺用水的特殊要求，还应符合表 1-4 要求。

表 1-4　　软饮料用水标准

项目名称	指标	项目名称	指标
浊度（NTU-散射浊度单位）	≤2	味及臭气	无臭无味
色度（铂钴色度单位）	≤5	总碱度（$CaCO_3$ 计）/（mg/L）	≤50
总固形物量/（mg/L）	≤500	游离氯含量/（mg/L）	≤0.1
总硬度（以 $CaCO_3$ 计）/（mg/L）	≤100	细菌总数/（个/ml）	≤100
铁含量/（以 Fe 计）/（mg/L）	≤0.1	大肠杆菌/（个/ml）	≤3
锰含量/（以 Mn 计）/（mg/L）	≤0.1	致病菌	不得检出
高锰酸钾消耗量/（mg/L）	≤10		

四、水　处　理

对水处理的目的是除去水中固体物质，降低硬度和含盐量，排出所含空气。由于各饮料厂对所用的水质要求各不相同，因此水处理程序与方法也各不相同。

1. 澄清净化

澄清净化的目的是去除水中的悬浮物、有机物和胶体，主要是 10μm 以下的固体物质颗粒（其中 1nm～0.1μm 范围内的颗粒属于胶体粒），包括绝大多数的黏土颗粒（粒度上限为 4μm）、大部分细菌（0.2～80μm）、病毒（10～300nm）和蛋白质（1～50nm）等。主要方法有凝聚沉淀（澄清）和过滤。

水中胶体颗粒一般具有保持分散的稳定性。这些胶体颗粒可分为疏水性和亲水性两大类。水中黏土等无机物属于疏水性胶体，而有机物如蛋白质、淀粉和胶质等属于亲水胶体。胶体表面是带电的，其中黏土、细菌、病毒等均带负电，氢氧化铝等的微晶体都是带正电的胶体。凝聚沉淀是在原水中添加凝聚剂与助凝剂，中和水中胶体表面的电荷，破坏其稳定性，从而促使其相互聚集，由小颗粒变成大颗粒并沉淀，达到使水澄清的目的。

处理水质时大量使用的凝聚剂有铝盐和铁盐两类。铝盐包括明矾、硫酸铝、碱式氯化铝等，铁盐包括硫酸亚铁、硫酸铁、三氯化铁等。它们的作用是自身先溶解成胶体，再与水中杂质作用，以中和或吸附的形式使杂质凝聚成大颗粒产生沉淀。用于调整水的 pH、促进凝聚的助凝剂有消石灰、氢氧化钠、藻酸钠、羧甲基纤维素钠等。硬度高的水广泛使用硫酸铝或硫酸亚铁的凝聚沉淀法，其用量随硬度的变化而变，碳酸盐硬度每降低 1 度大致需要的凝聚剂量如下（单位：g/m^3）：硫酸铝为 20.5；硫酸铁为 23.7；三氯化铁为 19.3。

（1）明矾　明矾是无色晶体或白色晶体粉末，易溶于水，略有涩味，有收敛性，是一种复盐，其学名为十二水合硫酸铝钾，分子式为 $KAl(SO_4)_2 \cdot 12H_2O$，相对分子质量为 474.39，分子式有时也可写成 $K_2SO_4 \cdot Al_2(SO_4)_3 \cdot 24H_2O$。在水中，$Al_2(SO_4)_3$ 水解生成氢氧化铝，其水溶液呈酸性。

$$Al_2(SO_4)_3 \longrightarrow 2Al^{3+} + 3SO_4^{2-}$$

$$Al^{3+} + H_2O \longrightarrow Al(OH)^{2+} + H^+$$

$$Al(OH)^{2+} + H_2O \longrightarrow Al(OH)_2^+ + H^+$$

$$Al(OH)_2^+ + H_2O \longrightarrow Al(OH)_3 \downarrow + H^+$$

氢氧化铝的溶解度小，聚合后以胶体状态从水中析出。氢氧化铝带正电荷，而天然水中的胶体大部分都带负电荷，两者具有中和凝聚作用。与此同时，由于氢氧化铝胶体吸附能力很强，可以吸附水中的胶体和悬浮物，随之凝聚成粗大絮状物而沉降，使水澄清。因此，明矾作为一种较好的净水剂得到广泛的应用。其用量一般是 0.001%～0.02%。在使用过程中还必须注意水的 pH 大小及水温高低，一般要求待处理水的 pH 在 6.5～7.5 的中性范围，温度控制在 25～35℃。

（2）硫酸铝法　硫酸铝［$Al_2(SO_4)_3$］水溶液 pH 4.0～5.0，在水中的反应原理与明矾相同。由于硫酸铝是强酸弱碱形成的盐，为了使硫酸铝形成氢氧化铝凝胶，原水必须具有一定的碱度。使用时若碱度不足可添加适量的生石灰、碳酸钠或氢氧化钠。一般硫酸铝的有效添加量为 20～100mg/L，同时添加的石灰量一般为硫酸铝用量的一半。

（3）硫酸亚铁法　硫酸亚铁（$FeSO_4 \cdot 7H_2O$）是国内水处理常用的铁盐之一。为了使硫酸亚铁形成氢氧化亚铁凝胶，需要同时使用碳酸氢钙［$Ca(HCO_3)_2$］

$$FeSO_4 + Ca(HCO_3)_2 \longrightarrow Fe(HCO_3)_2 + CaSO_4$$

$$Fe(HCO_3)_2 + 2Ca(OH)_2 \longrightarrow Fe(OH)_2 + 2CaCO_3 + 2H_2O$$

$$FeSO_4 + Ca(OH)_2 \longrightarrow Fe(OH)_2 + CaSO_4$$

反应生成氢氧化亚铁的溶解度较高，有必要氧化生成不溶于水的氢氧化铁。其氧化作用是通过普通水中溶解的氧进行的，如果同时加入氯化物，就可将生成的氢氧化亚铁立即氧化成氢氧化铁。

$$4Fe(OH)_2 + O_2 + 2H_2O \longrightarrow 4Fe(OH)_3 \downarrow$$

硫酸亚铁反应的最佳 pH 是 8.5～11.0，添加量一般为 14～70mg/L。硫酸亚铁法的优点是生成的凝胶重，沉降快，而且 pH 高时凝胶也不会溶解。

在用凝聚沉淀法处理原水时，影响凝聚效果的因素有：凝聚剂的种类和添加剂、原水水质状况和 pH、原水中是否有氯存在、搅拌与否及水温等。可根据具体情况，选择凝聚剂种类和反应条件。

2. 水的过滤

过滤是一种净化水的有效而重要的工艺过程，即使已达到饮用水要求的自来水，在作饮料用水时，仍需过滤。

通过过滤可以除去以自来水为原水中的悬浮杂质、氢氧化铁、残留氯及部分微生物，从而获得品质优良的水。对采用敞开式配水的绝大多数自来水厂来说，自来水中的杂质主要来自大气环境、蓄水池，还有一些是人为的因素。过滤还可以除去以井水、矿泉水或泉水为原水中的悬浮杂质、铁、锰及部分细菌。

一般的地下水都很清澈洁净，有时出现的为数不多的杂质，是在取水或输水过程中带入的。含铁量偏高的地下水，过滤前可以采用曝气的方法，使空气氧化二价铁成高价的氢氧化铁沉淀，然后通过过滤除去。当原水中含锰量达 0.5mg/L 时，水有不良的味道，会影响饮料的口感，所以必须除去。除锰的方法很多：可以先用氯氧化，使锰以二氧化锰的形式沉淀；也可添加氧化剂如高锰酸钾或臭氧使锰快速氧化，以二氧化锰形式沉淀；如果水中的含锰量不太高，可采用在滤料上面覆盖一层一定厚度的锰砂的处理方法，能获得很好的除锰效果。

过滤常用砂石过滤器，以砂石、木炭作过滤层，滤层的厚度以水的混浊度而定，一般滤池从上至下的填充料为小石、粗砂、木炭、细砂、中砂等。滤层总厚度 70～100cm。过滤速度一般为 5～10m/h。

为了保证饮料用水的消毒效果，需在水消毒前进行砂滤棒过滤，使原水中存在的少量有机物及微生物被砂棒的微小空隙吸附截留于表面而除去，如图 1-1（砂滤棒工作示意图）所示。

砂滤棒过滤器，是我国水处理设备中的定型产品，根据处理的水量选择其适用的型号，见表 1-5。图 1-2 为 101 型砂滤棒过滤器结构示意图。考虑到生产的连续性，生产时至少有两台砂滤棒过滤器并联安装，当一台清洗时，可使用另一台。

在使用中，由于砂滤棒过滤器的材料较脆，当水压太高时很容易破碎，造成污染。所以，在操作中要严格注意表压，见表压突然下跌，应立即停用，待检修后方能使用。砂滤棒使用一段时间后，表压逐渐升高，那是因为砂滤棒外壁积垢较多，滤水量下降引起。当表压升至一定值时，应立即停止使用。将砂滤棒卸出，用水砂纸轻轻擦去表面的污垢层，经刷洗冲净恢复至砂滤棒原色，即可安装重新使用。若使用洗涤剂，也可作封闭冲洗，不用卸出砂滤棒。

表 1-5　　国产砂滤棒过滤器规格型号

型号	规格/mm（高×直径×厚）	流量/（t/h）	压强/MPa	（石英）砂芯（滤棒）数/（根/台）
101 型铝合金滤水器	800×500×20	1.5	0.294	19
106 型铝合金滤水器	450×320×10	0.8	0.196	12
112 型铝合金滤水器	400×300×10	0.5	0.196	6
108 型铝合金滤水器	320×260×10	0.25	0.196	7
单支压力滤水器	280×70×50	0.03	0.196	1

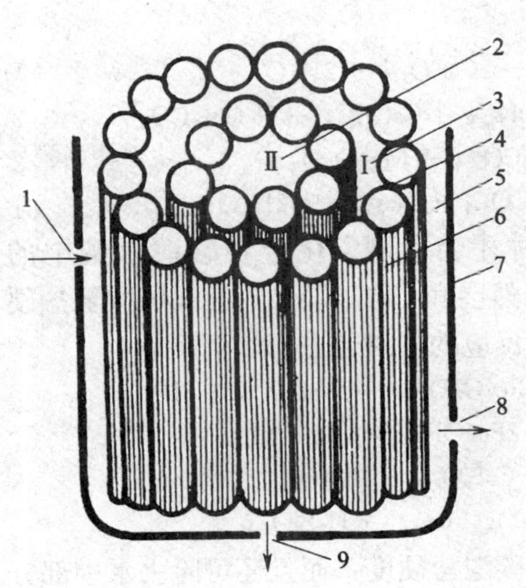

图 1-1　砂滤棒工作示意图

1—进水　2—Ⅱ区净水　3—Ⅰ区净水
4—内棒　5—污水区　6—外棒　7—外壳
8—污水排放管　9—净水出水管

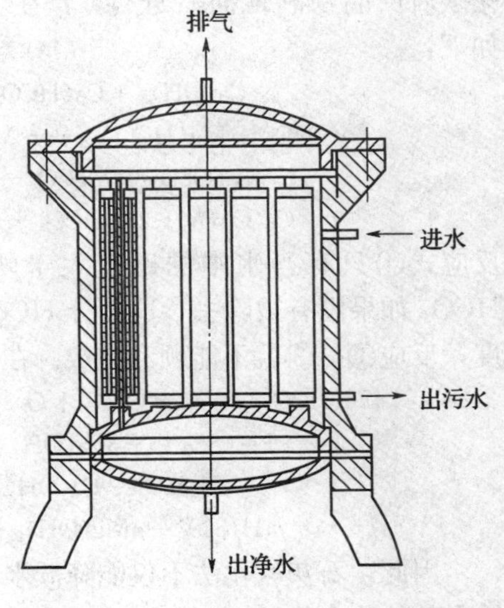

图 1-2　101 型砂滤棒过滤器结构

砂滤棒在使用前均需消毒处理，一般用75%的乙醇或0.25%的苯扎溴铵（新洁尔灭）或10%的漂白粉液，注入砂棒内，堵住出水口，使消毒液与内壁完全接触，数分钟后倒出。安装时，凡是与净水接触的部分都要进行消毒。

3. 水的软化

硬度大的水（一般是地下水），未经处理也不能用于洗涤和冷却等方面，不然会产生大量水垢，造成清洁的玻璃瓶发暗、堵塞洗瓶机的喷嘴和降低换热器的传热效率等，因此使用前必须进行软化处理，使原水的硬度降低。水的软化常采用的方法有石灰软化法、离子交换法、电渗析法、反渗透法等。

（1）石灰软化法　石灰软化法包括单一的石灰软化法、石灰-纯碱软化法和石灰-纯碱-磷酸三钠软化法。

① 单一的石灰软化法：将生石灰配成石灰乳：

$$CaO+H_2O \longrightarrow Ca(OH)_2$$

将石灰乳加入待处理水中以除去水中的重碳酸钙［$Ca(HCO_3)_2$］、重碳酸镁［$Mg(HCO_3)_2$］和二氧化碳。在这个过程中，水中的二氧化碳首先形成碳酸钙沉淀。

$$Ca(OH)_2+CO_2 \longrightarrow CaCO_3\downarrow+H_2O$$

只有将水中的二氧化碳除去，才能完成软化过程，否则水中的二氧化碳会和碳酸钙、氢氧化镁重新化合，再产生碳酸盐硬度。石灰乳除去了水中的二氧化碳后反应顺利地向右进行，产生大量的碳酸钙和氢氧化镁沉淀，其反应如下：

$$Ca(OH)_2+Ca(HCO_3)_2 \longrightarrow 2CaCO_3\downarrow+2H_2O \quad ①$$

$$Ca(OH)_2+Mg(HCO_3)_2 \longrightarrow Mg(OH)_2\downarrow+CaCO_3\downarrow+H_2O+CO_2 \quad ②$$

$$Ca(OH)_2+MgCO_3 \longrightarrow CaCO_3\downarrow+Mg(OH)_2\downarrow \quad ③$$

$$Ca(OH)_2+2NaHCO_3 \longrightarrow CaCO_3\downarrow+Na_2CO_3+2H_2O \quad ④$$

反应式④只有当水中的碱度大于硬度时才会出现。化合物碳酸氢钠中的 HCO_3^- 如果没有被除去，这部分 HCO_3^- 仍然会和 Ca^{2+}、Mg^{2+} 生成碳酸氢盐硬度，反应①～③就不能顺利完成。在以上反应的同时还进行如下反应：

$$4Fe(HCO_3)_2+8Ca(OH)_2+O_2 \longrightarrow 4Fe(OH)_3\downarrow+8CaCO_3\downarrow+6H_2O$$

$$Fe_2(SO_4)_3+3Ca(OH)_2 \longrightarrow 2Fe(OH)_3\downarrow+3CaSO_4$$

$$H_2SiO_3+Ca(OH)_2 \longrightarrow CaSiO_3\downarrow+2H_2O$$

$$mH_2SiO_3+nMg(OH)_2 \longrightarrow nMg(OH)_2\cdot mH_2SiO_3\downarrow$$

因此，石灰软化法不仅能降低水中的碳酸盐硬度，而且还可除去水中部分铁和硅的化合物。

石灰软化法处理水时石灰的投加量要准确，少了达不到软化的效果，多了会增加钙的永久性硬度。

石灰添加量可按下式计算：

$$G=\frac{56D\times(H_{Ca}+H_{Mg}+c_{CO_2}+0.175)}{K\times10^3} \quad (1.1)$$

式中 G——石灰的投加量，kg/h

D——处理水量，t/h

H_{Ca}——原水的钙硬度，mol/L

H_{Mg}——原水的镁硬度，mol/L

c_{CO_2}——原水中游离的二氧化碳量，mol/L

0.175——石灰的过剩量

K——工业用石灰纯度（一般为 60%～85%）

56——氧化钙的摩尔质量

根据经验，降低 $1m^3$ 水中暂时硬度 0.36mmol/L，需添加纯氧化钙 10g；降低 $1m^3$ 水中二氧化碳的浓度 1mg/L，需加纯氧化钙 1.27g。

软化方法主要有间歇法、涡流反应法和连续法三种。

间歇法是采用圆柱形锥底容器，根据水质和水量加入所需的石灰乳澄清液，同时用压缩空气充分搅拌 10～20min，然后让其静置 4～5h，经沉淀后，从容器上部引出处理过的水，杂质则从锥底部排出。

涡流反应器是外形类似锥体的涡流反应池，原水和石灰乳都从锥底部沿切线方向进入反应器，两个进口的方向形成最大的力偶，使水和石灰乳混合后，水流以螺旋式上升，通过一层悬浮粉砂或大理石粉粒填料吸附软化反应后产生的碳酸钙，使水得到软化。当填料颗粒由于吸附逐渐增大到不能悬浮而下沉后，再补充新颗粒，同时排除沉淀颗粒。但反应产生的氢氧化镁不能被吸附在砂粒上会使水变浑，故原水中 Mg^{2+} 量一般不超过 0.4mol/L。

连续法则是石灰乳按原水流量连续添加，经搅拌、澄清、过滤等一系列处理而连续出水。此法处理效果好，沉淀排除完全，水质澄清，但要求原水的水量及水质均稳定。

石灰软化法适用于碳酸盐硬度较高，非碳酸盐硬度较低的水，作为离子交换法的前处理。石灰不能使永久性的硬度彻底软化，要使总硬度降低，单独使用石灰软化法不理想。经石灰软化后，一般可把碳酸盐降至 0.2～0.4mmol/L，碱度可降至 0.4～0.6mmol/L，有机物除去 25%，硅酸化合物可降低 30%～35%，原水中铁残留量小于 0.1mg/L。

② 石灰-纯碱软化法：石灰-纯碱软化法多在原水的总硬度大于总碱度，并且对钠盐残留量要求不高的情况下使用。国内有的厂家用此法对水进行前处理。石灰-纯碱软化法的原理可用以下反应式表示：

$$CaSO_4+NaCO_3 \longrightarrow CaCO_3\downarrow+Na_2SO_4$$

$$CaCl_2+Na_2CO_3 \longrightarrow CaCO_3\downarrow+2NaCl$$

$$MgSO_4 + Na_2CO_3 \longrightarrow MgCO_3 \downarrow + Na_2SO_4$$

$$MgCl_2 + Na_2CO_3 \longrightarrow MgCO_3 \downarrow + NaCl$$

$$MgCO_3 + Ca(OH)_2 \longrightarrow Mg(OH)_2 \downarrow + CaCO_3 \downarrow$$

$$Ca(HCO_3)_2 + Ca(OH)_2 \longrightarrow CaCO_3 \downarrow + H_2O$$

$$Mg(HCO_3)_2 + Ca(OH)_2 \longrightarrow CaCO_3 \downarrow + Mg(OH)_2 \downarrow + H_2O$$

计算纯碱消耗量的经验公式如下：

$$G = \frac{106 \times D(H_{水} + H)}{E} \tag{1.2}$$

式中 G——纯碱的消耗量，g/h

D——软化水量，t/h

106——Na_2CO_3的摩尔质量

$H_{水}$——原水的永久硬度，mol/L

H——纯碱的过剩量，mol/L

E——工业用纯碱的纯度，%

以上反应虽然使原水中的暂时硬度和永久硬度大大降低，但水中的可溶性物质如硫酸钠、氯化钠等含量大大增加，特别当原水中非碳酸盐硬度较高时，纯碱就不能降低原水中的可溶性物质含量。因此目前饮料水处理中常以电渗析法取代此法，特别是对含盐量较高的海水或苦咸水，电渗析法效果更佳。

③ 石灰-纯碱-磷酸三钠软化法：石灰-纯碱-磷酸三钠软化法以石灰纯碱作为基本软化剂，以少量的磷酸三钠作为辅助软化剂，同时通入蒸汽加热，并加入混凝剂。其反应原理是用石灰-纯碱除去大部分 Ca^{2+}、Mg^{2+}，残存的 Ca^{2+}、Mg^{2+} 与磷酸三钠反应生成磷酸盐沉淀去除，从而使原水得以软化。

(2) 离子交换法　利用离子交换剂，把原水中不需要的离子暂时占有，然后再将它释放到再生液中，使水得到软化。离子交换剂有阳离子交换剂和阴离子交换剂两种，用来软化硬水的为阳离子交换剂，常用的有钠离子交换剂和氢离子交换剂。离子交换剂软化的原理，是软化剂中 Na^+ 或 H^+ 能与水中的 Ca^{2+}、Mg^{2+} 等离子进行交换，把水中的 Ca^{2+}、Mg^{2+} 交换出来，从而使硬水得到软化。

钠离子交换反应如下：

$$CaSO_4 + 2R-Na \longrightarrow Na_2SO_4 + R_2Ca$$

$$Ca(HCO_3)_2 + 2R-Na \longrightarrow 2NaHCO_3 + R_2Ca$$

$$MgSO_4 + 2R-Na \longrightarrow Na_2SO_4 + R_2Mg$$

$$Mg(HCO_3)_2 + 2R-Na \longrightarrow 2NaHCO_3 + R_2Mg$$

式中 R－Na 为钠离子交换剂分子式的简写，R 代表它的残基。硬水中 Ca^{2+}、Mg^{2+} 被 Na^+ 置换出来，残留在交换剂中，当钠离子交换剂中的 Na^+ 全部被 Ca^{2+}、Mg^{2+} 代替后，交换层就失去了继续软化水的能力，这时就要用较浓的食盐溶液进行交换剂的再生。食盐中的 Na^+ 离子仅能将交换剂中的 Ca^{2+}、Mg^{2+} 离子交换出来，再用水将置换出来的钙盐和镁盐冲洗掉，离子交换剂又恢复了软化水的能力，可以继续使用。其反应式如下：

$$R_2Ca + 2NaCl \longrightarrow 2R-Na + CaCl_2$$

$$R_2Mg + 2NaCl \longrightarrow 2R-Na + MgCl_2$$

同样，硬水也可通过氢离子交换剂（R－H）把水中 Ca^{2+}、Mg^{2+} 离子用 H^+ 置换出来，使水得到软化。氢离子交换剂失效后，用硫酸来再生。

为了获得中性的软水或改变原水的酸碱度，可用 H－Na 离子交换剂，将一部分水经钠离子处理生成相应的碱，另一部分经氢离子处理生成相应的酸，然后再将两部分水混合，得到酸碱适度的软水。离子交换法的特点是脱盐率高，也比较经济。但是，在脱盐中要消耗大量的食盐或硫酸来再生交换剂，排出的酸、碱废液对环境会造成一定的污染。

（3）电渗析法　电渗析法是一种膜分离技术，其成本较高，对膜要求也较高。水中总含盐量在 200～10000mg/L 时，可采用这一技术脱盐。电渗析脱盐法是被处理水在直流电场的作用下，利用只能通过阳离子的阳离子交换膜和另一种只能通过阴离子的阴离子交换膜，分别选择性地除去原水中的阳离子和阴离子，从而达到除盐软化的目的。如图 1－3 所示，在两电极间交替放置着阴膜和阳膜，如果在两膜所形成的隔室中冲入含离子的水溶液（如 NaCl 水溶液），接上直流电源后，Na^+ 将向阴极移动，易通过阳膜却受到阴膜的阻挡而被截留在隔室 2，4。同理，Cl^- 易通过阴膜而受到阳膜的阻挡也在隔室 2，4 被截留下来。其结果使 2，4 隔室水中的离子浓度增加，一般称为浓水室，与其相间的第 3 隔室离子浓度下降，一般称为淡水室。分别汇集并引出各浓水室与淡水室的水，即得到浓盐水和所需要的淡水。

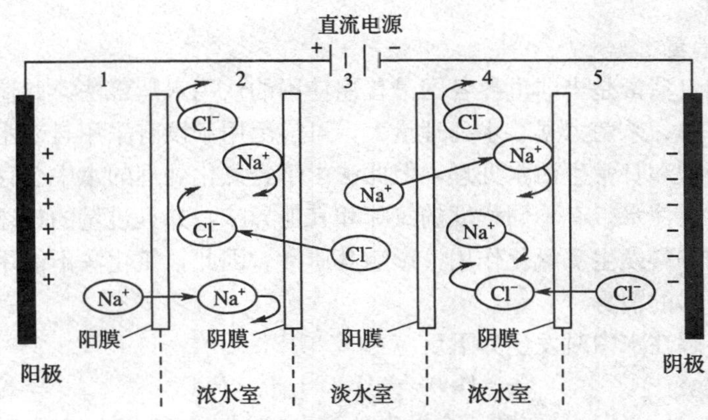

图 1－3　电渗析原理示意图

采用电渗析处理，可以脱除原水中的盐分和提高其纯度，从而降低水质硬度并提高水的质量。在一般水中，溶解杂质主要有 6 种离子（Ca^{2+}、Mg^{2+}、Na^{+}、HCO_3^{-}、SO_4^{2-}、和 Cl^{-}）。所有阴、阳离子的总含量称为含盐量，其中 Ca^{2+} 和 Mg^{2+} 含量的总和称为水的总硬度。一般来说，地下水的含盐量比地表水高。

采用电渗析法脱盐具有脱盐率高、省电、可连续处理、操作简单、检修较方便和占地面积小等优点，因此，近年来在软饮料行业中已得到广泛的应用。但是，这个方法不能除去水中的不溶性杂质。原水在电渗析处理前必须先进行预处理，使原水水质尽量符合下列要求：浊度＜2 度；色度＜20 度；含铁锰总量＜0.3mg/L；有机物耗氧量（高锰酸钾法）＜2～3mg/L。

电渗析法也存在缺点，其最大的缺点就是水的利用率较低（一般在 50%左右），在处理过程中需要排放大量的浓盐水，对环境会造成一定的污染。

（4）反渗透法　反渗透是 20 世纪 60 年代发展起来的一项新型膜分离技术。是以一种半透膜为介质，对被处理水的一侧施以压力，使水穿过半透膜而达到除盐的目的。反渗透对于有机物、金属氧化物、微生物及胶体物质具有较高的去除能力。它具有透水量大和脱盐率高（90%以上）的特点，并且水的利用率也高，但由于对原水的要求较高，投资大等原因，目前国内采用的还不多，只有个别先进的饮料厂采用这种设备。

五、水的消毒

原水经过滤、软化处理后，水中绝大多数的微生物已被除去。但是仍有部分微生物留在水中，为了保证产品质量和消费者的健康，须对水进行严格的消毒处理。水的消毒方法很多，目前国内常用的消毒方法有氯消毒、紫外线消毒及臭氧消毒。

1. 氯消毒

水的加氯消毒是当前世界各国最普遍使用的饮用水消毒法。此消毒法费用低、操作简单、杀菌力强、水处理量大，可广泛用于没有采用自来水为水源的饮料厂的处理和日常生活水处理，但此法由于经氯化处理的水中会存在一定的残余氯，它会使水带有不同程度的氯味和其他异味，并且过量的氯还会与饮料中的色素和香料发生氯氧化作用，影响其质量。因此，氯化法不能用于直接配制饮料用的水的消毒。

氯气溶解在水中时发生如下反应：

$$Cl_2 + H_2O \longrightarrow HOCl + H^+ + Cl^-$$

次氯酸（HOCl）是弱酸，会发生分解生成 H^+ 和 OCl^-，对于氯气的消毒作用，至今看法尚未一致，其一为游离氯的作用，另一为次氯酸的作用。比较合理的看法是：氯的消毒作用是通过它产生的次氯酸的作用，而不是氯气本身，也不是 H^+ 或 OCl^- 的作用。次氯酸和 OCl^- 在水中存在平衡关系，两者的比例随 pH 的变化而变化，当 pH 在 7 以上时，次氯酸急剧减少，因此水的加氯消毒最好在 pH 7 以下进行。

次氯酸是一个中性分子，可以扩散到带负电的细菌表面，并穿过细菌的细胞膜进入细菌内部。次氯酸进入细菌内部后，由于氯原子的氧化作用，破坏了细菌某些酶的系统，最后导致细菌死亡。而 OCl^- 虽然也包括一个氯原子，但它带负电，不能靠近带负电的细菌，所以也不能穿过细胞膜进入细菌内部，因此其消毒作用远远弱于次氯酸。

水的加氯消毒常用的氯消毒剂有：液氯、次氯酸钠、漂白粉和高效漂白粉。一般的地下水都比较洁净，所含的微生物也较少，这些地下水如硬度、含铁、含锰等均符合生活饮用水标准，可直接使用，不需进行水处理和水的消毒。如果细菌指标超标，必须对这些地下水进行严格的消毒处理。通常采用漂白粉的澄清液对水进行消毒。其消毒作用仍然是由于在水中产生次氯酸的结果。

$$Ca(OCl)_2 + H_2O \longrightarrow Ca(OH)_2 + 2HOCl + CaCl_2$$

加氯的方法是滤前加氯和滤后加氯，其具体操作是将漂白粉澄清液通过塑料管滴入贮水池进水口的水流中，使漂白粉液与水能充分地混合，并保持较长的接触时间，从而取得较好的杀菌效果。滴入的量按余氯的情况来定，以出水口的余氯控制在 0.25mg/L 为宜，小于 0.1mg/L 时不安全，大于 0.3mg/L 时则水含有明显的氯臭味。

2. 紫外线消毒

紫外线是一种波长在 136～390nm 的不可见光线，其中波长小于 200nm 的称为真空紫外线，它很容易被空气吸收，实用价值不大；波长在 250～260nm 之间的杀菌效果最高。因为用紫外线消毒具有很多优点，它不会改变水的物理化学性质、无毒性、杀菌能力强、可连续处理、时间短、设备简单、操作方便等，因而较适用于软饮料用水的消毒，得到饮料生产厂家的广泛应用。

紫外线消毒的原理是微生物经紫外线照射后，微生物细胞内的蛋白质和核酸的结构发生裂变而引起死亡。因紫外线对水有一定的穿透能力，故能杀灭水中的微生物。紫外线的杀菌效果受水的色度、浊度及微生物等因素的影响，因此，对原水的水质要求较高。原水必须无色，浊度在 1.6 度以下，微生物数很少，否则影响杀菌的效果。

目前使用的紫外线杀菌设备主要是紫外线饮水消毒器，这是我国自主研制生产的一种杀菌设备（见图 1－4）。它的原理是靠紫外线灯管发出的紫外线，将流经灯管外围水层中的微生物杀死。这种消毒器可直接与砂棒过滤器的出水管道连通，使用非常方便。但是所用的紫外线消毒器的处理水量应大于实际生产的用水量，一般按超出实际用水量的2～3倍为宜。当紫外线消毒器的处理水量供不上实际生产用水时，可增加消毒器的台数，来满足生产用水的需要。不允许采用超过规定的最大流量来提高处理水量，否则将会降低其杀菌效果。

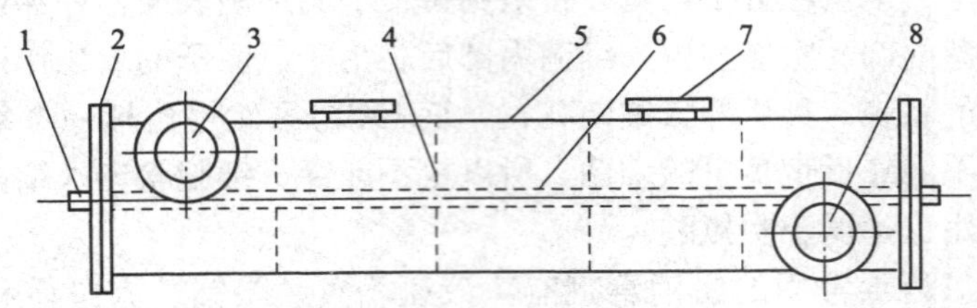

图1-4 管式紫外线杀菌器

1—电源 2—两端挡板 3—进水口 4—穿孔挡板 5—外壳 6—紫外灯 7—观察孔 8—出水孔

在使用紫外线消毒器时必须注意：① 使用时先打开进水阀，让夹层注满水后开启紫外线灯，灯照一段时间后，方可打开进水阀进行连续处理；② 要定时抽样检查水的消毒情况；③ 要经常清洗石英套管，保持良好的透光性，保证杀菌效果；④ 要经常检查紫外线灯管，若发现灯管发红，应立即更换新灯管。据介绍，1000W的紫外灯工作1000h（约半年）时，其辐射能量将降低40%左右，这时更换一次为好，这样就可以保持充足的紫外线发射率；⑤ 如果消毒器连续处理时间过长，可多安装一台交替使用，以延长灯管的使用寿命；⑥ 停机时，应先关闭进水阀，然后关熄紫外线灯管。

3. 臭氧消毒

臭氧（O_3）是氧的一种变体，其分子由三个氧原子组成，很不稳定，在水中易分解成氧气和一个活泼的氧原子。这一活泼的氧原子具有很强的氧化能力，能与水中的细菌及其他微生物或有机物作用，使其失去活性。因此，臭氧是很强的杀菌剂。

由于臭氧的不稳定性，要求边制取边使用。臭氧消毒的方法是在水中直接加入臭氧，原水的浊度对其消毒效果有显著影响，一般多用于浊度较小的水消毒。由于臭氧是用空气通过臭氧器进行无声放电制成，耗电量大，价格较高，所以使用受到一定的限制。

第二节 果蔬化学成分及性质

水果、蔬菜是生产果蔬汁及果蔬汁饮料的重要原料。果蔬汁在加工中的技术条件，很大程度上取决于水果蔬菜原料的化学构成。不同果蔬的化学组成不同，构成了其各自的风味。同一种果蔬不同品种之间，其化学组成也有较大的差异。为了保证饮料质量，得到优质的果蔬汁饮料，就应对果蔬的化学成分、影响果蔬化学成分的因素及果蔬化学成分在加工过程中的变化有所了解，以便有针对性地控制生产过程。

通常，果蔬中的化学成分被分为水分和干物质两大部分。果蔬中水分含量一般为70％～90％，包括自由水和束缚水（结合胶体的水）。干物质包括水溶性的和非水溶性的，水溶性物质主要有糖、有机酸、果胶、单宁等，它们是果蔬的汁液组成部分。非水溶性物质包括纤维素、半纤维素、原果胶、淀粉等。果蔬的其他成分还有维生素、矿物质、色素、含氮物质、芳香物质，这些物质有的是水溶性的，有的是非水溶性约。

一、碳水化合物

果蔬干物质中最主要的成分是碳水化合物，其在加工过程中会发生各种变化，对制品品质产生一定的影响。果蔬中的碳水化合物主要为两大类，一类为可溶性的糖类，如蔗糖、葡萄糖和果糖；另一类为大分子碳水化合物，如淀粉、纤维素、半纤维素、果胶等。各种果品蔬菜在碳水化合物的组成上差异很大。

1. 单糖和双糖

（1）果蔬中主要的单糖和双糖　果蔬中主要的单糖是葡萄糖和果糖，主要的双糖是蔗糖。果蔬种类不同，所含糖的种类和含量差异也较大。仁果类以果糖为主，核果类以蔗糖为主，浆果类以葡萄糖和果糖为主。

（2）加工中单糖和双糖的某些生质

① 甜度：不同种类或品种的果蔬的甜度不同，这除与果蔬所含糖的种类和含量有关外，还与果蔬中其他化学成分的影响有关系，主要是酸和单宁。例如：西瓜因其果糖含量高，而且酸量少，口感较甜；而杏、葡萄、柿子等，其含糖量均很高，但口感并不甜，因为杏、葡萄含酸量高，柿子单宁含量高，从而消减了糖的甜味。因此，对于许多果蔬而言，评价其风味质量时，用糖酸比值比用含糖量更为可信。

② 色泽：糖对制品色泽所造成的影响包括两个方面，即焦糖化作用和美拉德反应。焦糖化作用会使果蔬制品颜色变黑，同时生成焦糖香气，香气随加热温度、时间的不同而不同，低温时有芳香感，高温时则为焦臭感。美拉德反应是食品加工中非酶褐变的主要反应，该反应是氨基和羰基在加热时发生的缩合反应，会使果蔬制品的颜色变深变暗。

葡萄糖和果糖具有还原性，为还原糖。蔗糖本身虽无还原性，但在蔗糖酶或酸的作用下即可发生水解，生成有还原性的转化糖（等量葡萄糖和果糖的混合物)。因此，果蔬加工中要注意美拉德反应对产品质量的影响。

2. 多糖

水果和蔬菜的多糖成分主要是淀粉、纤维素、半纤维素和果胶。淀粉存在于未成熟的水果中，随着成熟度的增加，水果中的淀粉几乎完全分解，转变成糖（葡萄糖）。苹果和梨中仍有可能含有微量淀粉。纤维素和半纤维素是水果和蔬菜的果肉、果皮和果核细胞壁的正常成分。在果蔬成分表中，纤维素和半纤维素被通称为“粗纤维”，不溶于水。纤维素含量的多少对果蔬品质影响很大。纤维素含量多的果蔬质粗渣多，食用品质显著下降。人体消化道中不含纤维素酶，因此纤维素在人体内不能被消化吸收，对人体无直接的营养功能，但有促进肠蠕动的作用及预防和减少人体许多疾病的功能。

在果蔬汁饮料工艺中，最重要的多糖物质是果胶。果蔬组织内的果胶物质一般有三种形态，原果胶、果胶和果胶酸。原果胶存在于未成熟果蔬的细胞壁间的中胶层中，不溶于水，常和纤维素结合使细胞粘结，所以未成熟的果实显得脆硬。随着果蔬的成熟，原果胶水解成为纤维素和果胶。成熟的果蔬向过熟转化时，果胶受果胶酯酶作用，转变成为果胶酸，果胶酸无黏性，对水溶解度很低，因而过熟的果蔬呈软烂状态。

由于果胶系高分子物质，水果榨汁时若存在着大量的果胶，就会因汁液的黏稠而造成出汁困难，影响出汁率；在生产澄清果汁时，需要破坏果胶对悬浮物的保护作用；在生产混浊果汁时，需要果胶作为稳定剂防止悬浮微粒沉淀。这些不同方面的要求，就需采取不同的方法进行处理。在果汁生产中还要防止因果胶而产生的凝冻或凝块问题，而在果酱、果冻生产中，果胶却是形成凝胶结构必不可少的重要成分。

果胶在人体内不能分解利用，属于食物纤维的范畴，有降低血清胆固醇的作用，是健康食品的重要材料。

二、有 机 酸

有机酸是构成果蔬的重要风味物质，水果和蔬菜中酸的种类及含酸量有很大不同。不同种类的酸，与该类果蔬的特有风味有着一定的关系；含酸的多少不仅直接影响到口味，而且也影响到加工制品生产过程的控制条件。果蔬中的有机酸主要有苹果酸、柠檬酸、酒石酸、草酸及醋酸等。虽然每一种果蔬含有各种不同的酸，但总有一种占优势，如仁果类、核果类及大多数浆果中以苹果酸含量占优势，柑橘类以柠檬酸含量为主，葡萄中主要是酒石酸，许多蔬菜中主要含有草酸或柠檬酸等。果蔬的有机酸含量和种类见表 1 - 6。

表 1-6　　果蔬中有机酸的含量与种类

水果蔬菜名称	有机酸含量/%	主要有机酸
苹果	约 0.5	苹果酸、柠檬酸（少量）
梨	0.11	苹果酸、柠檬酸（心部多）
洋梨	—	柠檬酸、苹果酸
桃	约 0.3	苹果酸、柠檬酸、奎宁酸
李子	0.9～2.2	苹果酸、柠檬酸
樱桃	0.1～0.8	苹果酸
草莓	0.7～1.2	柠檬酸
葡萄	0.1～1.2	酒石酸、苹果酸
甜橙	0.4～1.0	柠檬酸
温州蜜橘	约 1.0	柠檬酸、苹果酸
柠檬	约 3.0	柠檬酸、苹果酸
杏子	1.2～1.5	苹果酸、柠檬酸
梅	0.6～1.1	柠檬酸、苹果酸、草酸
香蕉	0.4～0.7	苹果酸、柠檬酸
菠萝	0.4～3.0	柠檬酸、苹果酸、酒石酸
甜瓜	—	柠檬酸
番茄	0.5～0.6	柠檬酸
胡萝卜	0.3～0.33	苹果酸
菠菜	0.15～0.18	草酸
南瓜	0.15～0.20	苹果酸

果蔬酸味的强弱，主要取决于游离酸的量，还与酸的种类、其他成分的共同作用有关。就果蔬中几种主要有机酸而言，酒石酸的酸味最强，苹果酸次之，柠檬酸最弱。果汁中的蛋白质和氨基酸等物质具有缓冲酸味的作用，单宁对果实酸味具有强化作用。有机酸是饮料的酸味剂，饮料中的糖酸比是形成饮料风味的主要因素之一，例如柑橘和苹果饮料的糖酸比一般为 10∶1 和 30∶1 时方感酸甜可口。

在果蔬加工中，有机酸与加工制品品质有着非常密切的关系。果蔬中的游离酸对微生物的生长有抑制作用，对于 pH 在 4.6 以下的酸性饮料，可以适当地降低制品加工中热杀菌的工艺条件，从而减少制品营养成分的损失，使饮料的品质得到保证。

有机酸及其形成的 pH 环境往往会对金属容器产生腐蚀作用。用锡铁罐盛装果蔬制品时，有机酸能引起金属罐的腐蚀，造成果蔬制品含锡、铁量大大增加。因此在选用金属罐作包装容器时，应注意选择容器内涂料的种类和涂布量，以保证饮料的正常风味和保质期。

三、维　生　素

维生素是果蔬最重要的营养成分，尤其是果蔬含有丰富的维生素 C，还含有适量的水溶性 B 族维生素，如硫胺素（维生素 B_1）、核黄素（维生素 B_2）、维生素 B_6、叶酸、肌醇等，另外还含有具有维生素 A 原作用的类胡萝卜素。果蔬的各种维生素的含量主要取决于果蔬的种类、品种、树龄、种植方法、成熟度等因素，果蔬汁制造工艺正确与否，对果蔬原汁的维生素含量，尤其是对维生素 C 的含量有很大的影响。在各种工艺因素中，氧气和加热对果蔬原汁维生素含量影响最大。因此，保存和强化维生素含量是果蔬加工中的一个重要课题。

四、矿　物　质

果蔬中的矿物质是人体摄取矿物质的重要来源之一。人类摄取的食物，按其燃烧后灰分的反应可区分为酸性和碱性。对于人体来说，果蔬大都是碱性食品。组成水果的矿物质百分比见表 1－7，其特点是钾占灰分的一半以上。水果种类不同，元素组成比例也不同。果汁中铁的含量一般为 1.9～12.7mg/kg，铜一般为 0.3～2.6mg/kg，浆果类果实中铁含量较高。这些金属元素往往和氧化、浑浊、褐变及维生素 C 的损失有一定关系。

表 1－7　　水果的矿物质组成　　单位:%

成分	苹果	柿子	梨	葡萄	梅	柑橘	香蕉
钾	57	67	51	57	66	44	56
钠	5	3	8	1	3	3	3
钙	10	6	8	12	3	23	1
镁	6	3	6	5	6	5	5
铁	1.1	0.7	—	—	1	1	0.3
锰	2	0.1	—	—	0.3	0.4	0.4
磷	17	1	14	16	13	13	5
硫	3	9	6	6	2	5	3
硅	1	2	3	3	5	1	2
氯	—	0.4	—	1	0.2	1	1.5

五、芳 香 物 质

果蔬的芳香物质就是水果和蔬菜在成熟过程中形成的各种挥发性芳香成分，这些成分混合在一起构成水果和蔬菜的芳香物质。由于果蔬的种类不同，芳香物质的成分也各不相同，这些物质都是微量的挥发性物质，是果蔬特殊气味的主要来源。芳香物质与其他营养成分一起决定果蔬的品质，也是判断果蔬成熟度的重要指标之一。目前，用气相色谱与质谱联用的方法可以分析和测定果蔬的香气成分及香气成分的主要组成。芳香物质的主要成分一般是醇类、酯类、醛类、酮类及烃类等挥发性油，另外还有酚类、含硫及含氮化合物。

在众多的果蔬芳香成分中，只有一部分芳香成分构成某种水果或蔬菜甚至某个果蔬品种的特有的、典型的芳香气味；有些芳香成分没有作用；还有一部分芳香成分会恶化果蔬原料香味的成分，造成水果和蔬菜的味道或香味产生变化。苹果、梨、桃、李的芳香成分主要为有机酸和醇产生的酯类；柑橘类果实的芳香物质主要是柠檬酸，含柠檬香味；香蕉的芳香物质主要是醋酸异戊酯和醋酸丁酯；葡萄的芳香物质主要是氨茴酸甲酯；番茄的芳香物质主要是乙醇、醋酸丙酯。果实只有达到一定的成熟度，才具有足够的香气。

果蔬贮藏后，所含的芳香物质量会由于挥发和酶的分解而降低。如果贮藏库温过高，芳香物质就损失得更快。利用冷藏可减少香味的损失。

六、含氮化合物

果蔬中存在的含氮物质种类很多，但其含量不大。新鲜水果和蔬菜的含氮物质如蛋白质、氨基酸、酰胺、铵盐、硝酸盐和亚硝酸盐，含量一般在0.2%～1.2%之间。尽管含量很低，但从果蔬加工工艺学的角度来看，含氮化合物却是相当重要的果蔬成分。其中关系最大而影响最多的是氨基酸，主要是美拉德反应的发生，这就要求在果蔬加工过程中应采取措施防止非酶褐变的发生，通常采用添加亚硫酸盐的方法。由于亚硫酸盐可与羰基化合物在常温下合成磺酸基，从而阻止了羰氨反应的进行。

作为呈味物质，在含氮物质中氨基酸是非常重要的一种，而且盐可以强化氨基酸的呈味效果，如在番茄汁的生产中加入0.5%的食盐，会使得酸味具有圆润感。另外，由于蛋白质的存在，在果蔬汁的加工过程中会产生起泡、凝固、沉淀等现象，从而影响产品的质量。但我们也可以利用这一性质来澄清果蔬汁。

七、色　　素

果蔬中的色素可分为水溶性色素和水不溶性色素两类：水溶性色素主要是

类黄酮化合物，水不溶性色素主要有类胡萝卜素和叶绿素。

1. 类黄酮化合物

类黄酮系色素包括黄酮类、花色素类、查尔酮类和多酚类等。

(1) 黄酮类

① 黄酮和黄酮醇：黄酮为2-苯基还原酮，其羟基化合物以游离形态或以糖苷形态广泛分布于植物界，特别是3-羟基化合物黄酮醇是植物中常见的成分。黄酮和黄酮醇含于花冠或叶中，尤其是果皮或种子中，这类化合物为淡黄色结晶，难溶于水，可溶解于热醇。槲皮黄素是分布最广的黄酮醇，存在于苹果、梨、柑橘、洋葱等中。

② 黄烷酮和黄烷酮醇：黄酮与黄酮醇的C_2-C_3双键饱和的产物分别称为黄烷酮和黄烷酮醇，为无色结晶，熔点比相应的黄酮或黄酮醇低，以游离形态或糖苷形态存在于树皮、花冠和果皮等部位。

③ 黄烷酮类色素：柚苷配基即5，7，4-三羟黄烷酮，以柚皮苷含于甜橙、葡萄柚等果皮中，与其结合的鼠李葡萄糖亦称新陈皮糖。橙皮素以橙皮苷即7-鼠李葡萄苷，含于柠檬、柑橘等果皮中。在柑橘属水果中，白皮层中多含柚皮苷，表皮多含橙皮苷。甘草黄素糖果苷4-葡萄苷含于甘草中。

④ 异黄酮：异黄酮是黄酮侧位苯基移至3位的产物，为无色或微黄色结晶，最多见于豆科，其次见于鸢尾科。主要有大豆黄素，其苷为7-葡萄苷，含于大豆中。大豆黄素在豆科植物中广泛分布，有抗乙酰胆碱作用，具有镇痉作用。此外还有甘草异黄酮，为我国东北产甘草的主要成分。

(2) 花色素类　花色素系色素是红至紫色调的色素，广泛分布于植物界，特别是水果和菠菜中含量较高，不仅含于花中，还存在于植物的根（如红萝卜）、叶（如紫苏、红叶）、果皮（如葡萄、茄子）、果汁（如葡萄）和种皮（如黑豆）等部位中，是构成果蔬色泽的重要成分。

花色素系大多为糖苷类，目前已确认的花色素仅有6种，分别是花葵素（别称天竺葵色素）、矢车菊色素（别称花青素）、翠雀素（别称飞燕草色素）、芍药素、牵牛花素和锦葵色素等。

花色素的主要性质：

① 花色素为花色苷的衍生物，具有阳离子的性质。花色素易溶于水，但色调易受pH影响，在酸性条件下呈红色，碱性条件下为暗蓝色。辣椒色素和藏花素等类胡萝卜素在酸碱作用下并不变色。这是两类色素的根本区别。

② 花色素不稳定，除pH外，金属离子也会改变花色素的色调，例如花色素遇铁变成灰紫色，遇锡呈紫色。

③ 花色素遇光或加热时容易变色，其他如抗坏血酸、酚酶等都会使花色素褪色。由于花色素易氧化、还原，分解时生成不溶性的褐色物质，因此在加

工过程中应注意护色。

2. 类胡萝卜素

类胡萝卜素是以胡萝卜的色素胡萝卜素为代表的植物色素，有烃、醇、酮、酸各种类型，为橙色、红色或黄色结晶。脂溶性的不溶于水，微溶于醚、醇。具有羟基的类胡萝卜素较为稳定。

果蔬中的类胡萝卜素多存在于叶中，有的存在于果实（番茄、西瓜、南瓜、辣椒、柿子、桃、李）、种子（玉米）和根（胡萝卜）中。

(1) 烃类　烃类包括胡萝卜素、番茄红素。

① 胡萝卜素（$C_{40}H_{56}$）：有α、β、γ三种异构体，只有α-胡萝卜素具有旋光性，暗红色结晶，广泛存在于胡萝卜、南瓜、柑橘果皮及其他果蔬内。

② 番茄红素（$C_{40}H_{56}$）：为褐红色结晶，存在于番茄、西瓜、柿子、杏的果肉及胡萝卜根内。

(2) 醇类

① 叶黄素（$C_{40}H_{56}O_2$）：黄色柱状结晶，多存在于植物叶中。

② 玉米黄素（$C_{40}H_{56}O_2$）：橙红色结晶，存在于玉米种子、辣椒果皮、柿果肉、酸橙果皮和果汁中。玉米黄素经光氧化同时生成β-紫罗酮。

(3) 酮类　辣椒黄素（$C_{40}H_{56}O_3$），红色针状结晶，以软脂酸、硬脂酸等的酯类存在于辣椒等植物中。

(4) 酸类

① 藏花酸（$C_{20}H_{24}O_4$）：有顺式和反式两种结构，红色板状结晶，与胡萝卜素、番茄红素同含于番红花中。

② 胭脂素（$C_{25}H_{30}O_4$）：别称胭脂树橙，为红紫色板状结晶。

类胡萝卜素在果蔬加工过程中一般不易被破坏，但在光照下或发生氧化作用时，发生的变化主要有：① 顺-反异构化：类胡萝卜素多为反式的多烯结构，当在加酸和光照情况下受热时，可能发生反至顺式的转化，成为顺式结构，在此情况下不会影响色调；② 氧化作用：类胡萝卜素发生氧化作用时会发生褪色。

3. 叶绿素

叶绿素是卟啉化合物的衍生体。卟啉是由 4 个吡咯核在其α位上通过—CH=所连接的大环状核。当卟啉核的中央结合镁（Mg）时成为叶绿素，结合铁（Fe）时为血色素，结合钴（Co）时则为维生素B_{12}，又称氰钴胺素。叶绿素为叶绿素 a（$C_{55}H_{72}N_4O_5Mg$）和叶绿素 b（$C_{55}H_{70}N_4O_6Mg$）的混合物，可以用溶剂和色谱分离。叶绿素 a 为蓝绿色的，叶绿素 b 呈黄绿色。两者的主要区别在于叶绿素 a 结合甲基（—CH_3），叶绿素 b 结合醛基（—CHO），叶绿素 a、b 均为非晶形，不溶于水。

许多绿色植物中存在叶绿素酶，叶绿素在叶绿素酶的作用下水解，游离成叶绿醇，又称植醇（$C_{20}H_{39}OH$）。叶绿素分子中镁的结合在碱中稳定，当有镁存在时均呈绿色。在果蔬加工中，叶绿素变成褐色，主要原因是由于在酸性环境下，由 H^+ 取代了卟啉核中的 Mg^{2+}，失去镁后生成脱镁叶绿素。在光照下，叶绿素会由于光化学反应而发生氧化，引起褪色现象。

八、单 宁 物 质

单宁具有收敛性的涩味，对果蔬及其制品的风味起着重要作用。在果实中普遍存在，在蔬菜中含量较少。在加工过程中，对含单宁的果蔬，如处理不当，常会引起各种不同的色变。

1. 单宁的分类

根据单宁物质的结构构成，可以将其区分为水解型单宁和缩合型单宁两大类。它们都是具有多羟基的酚类衍生物。

（1）水解型单宁　水解型单宁也称焦性没食子酸单宁，是由没食子酸或没食子酸衍生物以酯键或苷键形成的酯或苷，如单宁酸、绿原酸等。绿原酸在苹果中和L-表儿茶素以微量共存，是苹果变色的主要原因。绿原酸25倍的水溶液具有收敛性的弱酸味，在水溶液中加入明胶溶液不生成沉淀，但若明胶溶液含有食盐则可生成沉淀。

（2）缩合型单宁　缩合型单宁也叫儿茶酚单宁，相当于黄酮、黄烷酮和花色素的还原体，植物体中的儿茶素类往往与其对应的黄酮醇共存。儿茶素和无色花色素存在于苹果、桃、葡萄、梨等木本果实中。

2. 单宁与加工制品品质的关系

（1）涩味　单宁具有收敛性，它会使得细胞蛋白凝固，从而感觉到涩味。食品中的涩味主要是由于单宁的作用引起的。适度的涩味对一部分食品是不可缺少的，如茶中的儿茶素引起的涩味。果实在成熟过程中，其涩味会逐渐降低，即单宁含量逐渐减少。但柿子、橄榄例外，它们成熟时仍具有强烈的涩味。

单宁的涩味在一定程度时，可以起到强化酸味的作用。此外，适量单宁有增加果实加工制品清凉感的作用。

（2）变色　单宁物质所引起的变色是果蔬加工中最常见的变色现象之一。由单宁物质引起的变色有如下几个方面：

① 酶褐变：由酶和单宁物质引起的褐变，在苹果、梨、桃、杏、香蕉、樱桃、葡萄、草莓等水果中经常遇到，而橙、柠檬、菠萝、番茄等果蔬，因缺少诱发褐变作用的酶，故加工中褐变问题较少。为防止单宁物质引起的褐变，在加工中应尽可能地选用原料中单宁含量少的品种，同时限制与氧的接触，如

采用浸泡和真空操作等。还可以通过控制酶的活性来防止酶褐变，如使用加热的方法或加入某些允许加入的抑制酶活性的化学成分。

② 遇酸的变色：在酸性条件下加热，单宁会形成“红粉”，这种变化产物可能是单宁的聚合物。在花生内皮中含有少量这种物质。

③ 遇碱的变色：在碱性条件下，单宁变黑，这在使用碱去皮的果蔬加工中应特别注意。

④ 遇金属离子的变色：焦性没食子酸型单宁遇 Fe^{3+} 变蓝黑色，儿茶酚型单宁遇 Fe^{3+} 变绿黑色。单宁物质与锡长时间共热时呈玫瑰色。因此，在果蔬加工中要避免使用铁制工器具。

(3) 单宁对蛋白质的凝固作用　单宁的鞣革作用就是利用单宁和蛋白质的反应生成大分子聚合物。在果汁加工中，常利用这一特性来澄清果汁。通常将精制的单宁加入果汁后再加明胶，加入量视原果汁的单宁含量及澄清效果而定。当其凝固沉淀时，果汁的悬浮体也被缠绕而随之下沉。

九、酶

果蔬中存在各种酶，例如果胶酯酶（PE）、聚半乳糖醛酸酶（PG）等果胶分解酶，及多酚氧化酶（PPO）、抗坏血酸氧化酶（AAO）、脂肪氧化酶、柠檬苦素分解酶等。这些酶对果蔬的生理成熟起着重要作用，同时对果蔬制造和产品保藏中的品质产生各种影响。因此在果蔬加工过程中，有时要利用某些酶的作用，有时则要抑制或破坏酶的活性（又称活力）。

1. 果胶分解酶

果胶分解酶主要作用是保持果蔬汁浑浊稳定性，不生成凝胶的沉淀。果胶分解酶大致可分为 PE 和 PG。

PE 分布于各种水果中，但在不同的果实和果实不同部位其活性是不同的。PE 在甜橙汁的胞膜中的活性最高，其余顺次为囊衣、果皮、种子和果汁。在果皮中的表皮层中的活性要比在白皮层中的高。葡萄柚与甜橙不同，汁胞膜中的 PE 活性最高，其次是果皮囊衣。柠檬中的 PE 活性依次是果皮、果汁和种子。在其他水果中，如在苹果中的 PE 的活性一般比柑橘弱，但随其成熟度增加而增强，且耐热性强。洋梨中的 PE 的活性随其成熟度的增加而增强，在成熟的早期阶段达到最高值，以后活性逐渐降低，但收获后不再降低。桃中的 PE 的活性随其成熟度增加而增加。香蕉在追熟期，果皮从绿色变为黄色时，PE 的活性增加，在完熟阶段其活性最强。番茄在从绿色变为红熟和全红时，PE 的活性增强，追熟中也有增强。番茄浆经过 60℃、15s 的热处理，PE 的活性降至 1/5，而 82.5℃、15s 的加热条件可以使其全部失活。

实验表明，加热至 93℃时，PE 尚残存活性，因此灭酶时需要进行 98℃以上的热处理。提取精制的浓缩果汁，酶在 pH 3.5、68～70℃、5min 加热条件下会完全失去活性。但在果汁中，68℃、40min 加热其活性尚残存 80%。完全使 PE 失活需要 80℃、15min 的加热条件。这是因为在提取精制中酶已经劣化，而 PE 在果汁中不易失活是由于其他成分的保护作用。

PG 分布在甜橙、柠檬的不同部位，其中以表皮中活性最强，其次为白皮层和果浆中。未成熟的桃子、洋梨、番茄等果蔬没有 PG，在追熟过程中，PG 的活性增强。

2. PPO

一些果蔬的肉和汁在空气中放置时就会产生褐变，使其色调、风味和营养价值发生变化，以致影响产品的品质。这种褐变包括非酶褐变和酶促褐变。酶促褐变的基质是多酚类物质，由于多酚氧化酶的作用，多酚类物质被氧化成苯醌，聚合或共聚成类黑精，形成色素。

生产中为防止褐变，须控制发生褐变的条件。可以采取破坏或抑制水果中氧化酶活性的方法，如浸渍或喷雾食盐水、抗坏血酸溶液等方法。食盐水使基质与氧隔离，且有抑制酶的作用。抗坏血酸既是酶的抑制剂，又是抗氧剂。由于 PPO 耐热性差，90℃、10s 或 87℃、30s 就可使 99%的酶失去活性，因此采用热处理，如用热烫、巴氏杀菌灭酶等方法使 PPO 失活，最终可避免褐变。由于褐变反应必须有氧参与，除氧也是一种有效的手段，因此加工时应尽量减少果蔬与氧接触的机会，在水果破碎后尽快提取或榨汁，最好采用封闭式系统加工。

第三节　甜　味　剂

甜味剂是以赋予食品甜味为主要目的的食品添加剂，是软饮料生产中常用的配料之一。软饮料中使用甜味剂的目的，除赋予饮料甜味外，还能改进饮料的可口性和某些食用性质，以适应不同人的喜好需要。

甜味剂按来源可分为天然甜味剂和人工合成甜味剂。天然甜味剂包括糖类、多元醇类、甜苷类等。

一、糖　　类

软饮料生产中使用的糖类主要有蔗糖、葡萄糖、麦芽糖、果葡糖浆等，它们具有较高的营养价值，是软饮料生产中的主要配料，一般不作为食品添加剂来限制使用。糖类甜味剂对食品不仅有调整甜味的作用，还有防止食品腐败变质和抗氧化等功效。

1. 蔗糖

蔗糖是由甘蔗或甜菜中提取的，属于双糖。按晶体外形和色泽的不同，可分为白砂糖、绵白糖、赤砂糖、土红糖、冰糖、方糖等。

白砂糖是软饮料生产中最常用的糖，其质量好坏直接影响产品质量。质量差的白砂糖会导致饮料产生沉淀物、悬浮物及异味等，还可能在装瓶时出现大量泡沫。用于软饮料生产的白砂糖应达到下列要求：① 含蔗糖量不小于99%；② 含还原糖量不大于0.2%；③ 水分含量不大于0.5%；④ 灰分含量不大于0.2%；⑤ 感官指标：色泽洁白明亮；晶粒大小均匀一致，整齐干燥；水溶液清澈透明，不带臭味和杂味。对质量达不到要求的糖要经过净化处理才能用于饮料生产。

就口感而言，10%浓度时蔗糖的甜度一般有快适感，20%浓度则成为不易消散的甜感，故一般软饮料的糖浓度控制在8%～14%为宜。当蔗糖与其他呈味成分混合时，会产生对比、增效、减效等效应，如蔗糖与葡萄糖混合后，有增效作用，其甜度感觉不会减低；蔗糖中添加少量的食盐可增加甜味感；酸味或苦味强的饮料中增加蔗糖用量可使酸味或苦味减弱。

2. 葡萄糖

结晶葡萄糖产品主要为含水 α-葡萄糖，含有一分子结晶水，此外还有无水 α-葡萄糖和无水 β-葡萄糖。α-葡萄糖与 β-葡萄糖的甜度比约为1.5∶1。

葡萄糖作为甜味剂，其特点是能够使配合的风味更加精细，而且固体葡萄糖溶于水时是吸热反应，因而给人们以清凉的感觉。葡萄糖的甜度为蔗糖的70%～75%，通常使用时，可将葡萄糖与蔗糖混合，即用10%～18%的葡萄糖代替蔗糖，其甜度不受影响。

3. 果葡糖浆

酶法糖化淀粉所得糖化液，经葡萄糖异构酶作用，将42%的葡萄糖转化成果糖，所得糖分主要为果糖和葡萄糖的糖浆，称为果葡糖浆，也称为异构糖。不同类型的果葡糖浆甜度不同。果葡糖浆具有可口的风味和许多优良的理化特性，在软饮料中应用也有其优势，果糖含量为55%的果葡糖浆大量用于可口可乐等软饮料中，果葡糖浆因价格低廉而作为取代蔗糖的新甜味剂，使用量在不断增加。

4. 功能性低聚糖

低聚糖或称寡糖，是由2～10个单糖通过糖苷键连接形成的直链或支链的低度聚合糖，有普通低聚糖和功能性低聚糖两大类。蔗糖、麦芽糖、乳糖、海藻糖等属于普通低聚糖，它们可被机体消化吸收，不是肠道有益菌——双歧杆菌的增殖因子。功能性低聚糖包括水苏糖、棉子糖、帕拉金糖、乳酮糖、环糊精、低聚果糖、低聚木糖、低聚半乳糖、低聚乳果糖、低聚异麦芽糖、低聚龙胆糖、低聚壳聚糖等，人体胃肠内没有水解这些低聚糖（除帕拉金糖外）的酶系统，它们不被消化吸收而直接进入大肠内优先为双歧杆菌所利用，是双歧杆菌的增殖因子。

功能性低聚糖可作为功能性甜味剂用来替代或部分替代食品中的蔗糖。低聚果糖的甜度与蔗糖相似，耐热性和耐酸性也和蔗糖一样，使用范围较广。低聚木糖、大豆低聚糖和半乳糖低聚糖在酸性条件下的热稳定性比蔗糖好，适用于在清凉饮料、酸奶、乳酸菌发酵饮料等酸性饮料和需经高温灭菌处理的果茶等饮料中应用，可提高产品的稳定性。低聚异麦芽糖具有浓郁的风味，并可防止茶类饮料的沉淀。低聚龙胆糖有苦味，但有赋予制品以醇厚风味、屏蔽涩味的效果，可用于咖啡等饮料。

二、多 元 醇 类

多元醇也称为糖醇，是由相应的糖加氢还原制得，主要有木糖醇、山梨醇、甘露醇、麦芽糖醇等。这类甜味剂比糖类耐热性好，不会引起龋齿，含热量低，代谢时也不需胰岛素的作用，具有一定的保健功能。

1. 木糖醇

木糖醇为白色结晶或结晶性粉末，有清凉甜味，对热稳定，在 pH 3～8 时稳定性好，不发生美拉德反应，可提供能量但不经胰岛素作用，是糖尿病人理想的代糖品。

2. 山梨醇

山梨醇是由葡萄糖还原制得，为无色无味的针状晶体，其甜度与葡萄糖大体相当，但能给人以浓厚感，在体内被缓慢地吸收利用，但血糖值不增加，在软饮料生产中，可以替代部分蔗糖使用。

3. 麦芽糖醇

麦芽糖醇系由麦芽糖还原而制得的一种双糖醇，甜度为蔗糖的 75%～95%，几乎不被人体吸收，不能被微生物利用，不增高胆固醇，麦芽糖醇不结晶，不发酵，150℃以下不发生分解，是保健食品饮料的一种较好的低热量甜味剂。

三、甜味氨基酸、甜肽类

食品中的一些氨基酸和蛋白质也具有甜味，特别是近年来研制的一些肽衍生物，甜度是蔗糖的几十倍至数百倍，可作为低热能甜味剂使用。这类甜味剂主要有天冬酰苯丙氨酸甲酯、天冬氨酰丙氨酰胺、索马甜等。

1. 天冬酰苯丙氨酸甲酯

天冬酰苯丙氨酸甲酯，又称甜味素、阿斯巴甜、蛋白糖，为白色晶体粉末，有强甜味，甜度是蔗糖的 100～200 倍。热稳定性差，高温加热后，其甜味下降或消失。甜味素味质好，几乎不增加热量，可用于糖尿病、肥胖症等患者的疗效食品的甜味剂，亦可用于防龋齿食品。

甜味素在饮料中的主要作用表现在：提供甜味，口感类似蔗糖；能量可降低 95%左右；增强饮料风味，延长味觉停留时间，对水果香型风味效果更佳；避免营养素的稀释，保持食品的营养价值。可用于汽水、咖啡饮料中，但苯丙酮尿症患者不宜食用。

2. 天冬氨酰丙氨酰胺

天冬氨酰丙氨酰胺又称阿力甜，为结晶性粉末，甜度是蔗糖的 2000 倍。阿力甜甜味品质好，甜味特性类似于蔗糖，对热、酸稳定性好，饮料中最大使用量为 0.1g/kg。

3. 索马甜

索马甜是一种蛋白质，对热较稳定。索马甜甜味来得慢，消失得也慢，因此应用时最好与其他甜味剂混合使用。

四、甜 苷 类

甜苷类甜味剂往往具有较高的甜度、较低的热值，常带有副味，除作为甜味剂外，还具有增加风味的作用及其他一些药用价值。

1. 甜菊糖苷

甜菊糖苷又名甜叶菊苷，是从甜叶菊的叶子中提取出来的一种甜苷，为白色或黄色粉末，低浓度时味甜，高浓度时味苦，甜度为蔗糖的 200～300 倍，适用于糖尿病人饮用的低糖饮料，并具有使人体降压、促进代谢、治疗胃酸过多症等作用。可用于固体饮料、健康饮料和低能量可乐饮料，在使用时注意它在碱性条件下不稳定。

2. 二氢查耳酮

二氢查耳酮（dihydrochalcone）是以柑橘为原料制备的天然甜味剂，具有甜度大（比蔗糖甜 300～500 倍）、能量值低、稳定性好等优良特点。它口感清爽、愉快，能降低人体对饮料或医药品中可能带有的苦味的敏感程度。新橙皮柑二氢查耳酮的甜度约为糖精的 7 倍，柚皮苷二氢查耳酮甜度为糖精的 3～5 倍。二氢查耳酮甜度高，不吸潮，毒性小，是一类理想的甜味剂，但它们的甜味迟发，并有甘草样后味，所以一般用量为总甜味剂的 2.5%为宜。

其他甜苷有罗汉果苷、白云参苷、甜叶悬钩子苷等。

和其他添加剂一样，复合甜味剂的应用也越来越多。由于每一种甜味剂其甜味的口感和质感与蔗糖都有区别，且用量大时往往会产生不良风味和后味，用复合甜味剂可克服这些不足。甜味剂经复合后有协同增效作用，不仅可以消除苦味、涩味，使味道更接近蔗糖，同时也相应提高了甜度，还可配制成不同甜度的甜味剂，使生产厂家方便使用，降低成本。

第四节 酸 味 剂

酸味剂是以赋予食品酸味为主要目的的食品添加剂，是酸度调节剂的一种。酸味剂是软饮料生产中仅次于甜味剂的一种重要原料。

酸味是无机酸、有机酸及其酸性盐所特有的味道。由于酸味剂化学结构的不同，产生的酸味、敏锐度和显味速度也不相同。软饮料生产中使用的多数为有机酸，而且味质不尽相同，这主要是因为其阴离子的构成不同，通常羟基给人以柔和感，羟基多的有机酸酸味丰盈，羧基具有令人爽口的酸味，氨基产生鲜味和副味。

一、酸味剂在饮料中的作用

酸味剂不仅赋予食品以酸味，控制食品体系的酸碱性，而且具有增进食欲的作用。酸味剂在饮料中的作用主要有以下几点：

(1) 提供爽快的酸味和可口性能。通过酸味的调节，可得到口味适宜的软饮料制品。

(2) 具有一定的防腐作用。酸味剂降低了食品体系的 pH，可以抑制许多有害微生物的繁殖，并有助于提高酸型防腐剂的防腐效果。

(3) 可作为香味辅助剂，广泛用干调香。如酒石酸可以辅助葡萄的香味，磷酸可以辅助可乐饮料的香味，苹果酸可以辅助许多水果和果酱的香味。

(4) 可以阻止饮料褐变、营养素损失。许多酸味剂有络合金属离子的能力，能阻止氧化或褐变反应的作用。

(5) 具有护色作用。酸味剂具有还原性，在果蔬汁加工中具有护色作用。

(6) 酸味剂可以改善饮料中糖的甜度，加强饮料的解渴效果。

(7) 有助于溶解纤维素及 Ca、P 等物质，促进消化吸收。

二、常用酸味剂的种类、特性

软饮料生产中常用的酸味剂有柠檬酸、酒石酸、苹果酸、富马酸、乳酸、葡萄糖酸、磷酸、己二酸等。

1. 柠檬酸

柠檬酸又称枸橼酸，是应用最为广泛的酸味剂，大多用发酵法制备。柠檬酸有一水合物和无水物两种，为无色半透明结晶或白色晶体颗粒或粉末，无臭。柠檬酸具有圆润、爽快的酸味，特别适用于柑橘类饮料，其他软饮料中也单独使用或合并使用。在软饮料中的使用量为1～3g/kg。若软饮料中添加了山梨酸钾作为防腐剂时，使用柠檬酸作为酸味剂时需注意，因为这两种溶液同时添加混合会形成难溶解的山梨酸晶体，导致其分散不均，影响软饮料感官品质和山梨酸钾的防腐效果。

在制成水溶液贮备供生产应用时，通常配成50%的浓度。无水柠檬酸比结晶柠檬酸有较小的吸湿性，常用在固体饮料中。

2. 酒石酸

酒石酸为无色半透明结晶颗粒或白色结晶性粉末，无臭，具有稍涩的收敛味，酸感强度是柠檬酸的1.2～1.3倍。酒石酸的一般使用量为1～2g/kg，通常在葡萄饮料中使用，一般较少单独使用，以和柠檬酸、苹果酸等并用为好。由于DL-酒石酸不易吸湿潮解，宜于制造固体饮料。

3. 苹果酸

苹果酸为白色结晶或粉末，无臭，其酸味是略带刺激性的收敛味，酸味爽口，酸感强度为柠檬酸的1.2倍左右。苹果酸的味觉与柠檬酸不同，柠檬酸的酸味有迅速达到最高并很快降低的特点，苹果酸则显味缓慢，不能达到最高点，但其刺激性可保留较长时间，就整体来说效果更大。苹果酸可单独使用，也可与柠檬酸并用，可使软饮料产生独特的风味，主要用于清凉饮料、含乳饮料、可乐饮料和果汁中，一般使用量为0.5～5.5g/kg。由于苹果酸的酸味比柠檬酸刺激性强，因而对使用人工甜味剂的饮料具有掩蔽后味的效果。

4. 富马酸

富马酸又称延胡索酸，为白色结晶或结晶性粉末，无臭，具有特异酸味，酸味为柠檬酸的1.5～1.8倍。有较弱的抗氧化作用。因富马酸难溶于水，因此常将其制成微粉，基本上不单独使用，多与柠檬酸、酒石酸复配使用，使酸味更趋完美，能呈现果实酸味。为了克服富马酸在水中溶解度低的弱点，目前美国已有公司生产一种能溶解于水的改良酸，由富马酸与其他一些成分混合而成。这种改良酸主要用于固体饮料和强化蛋白饮料。

5. 乳酸

乳酸为无色或浅黄色的透明黏稠液体，无臭，略有脂肪酸味，味质有涩、软的收敛味，与水果中所含酸的酸味不同。乳酸主要用于乳酸饮料中，一般添加量为0.4～2.0g/kg，常与柠檬酸等酸味剂并用。

6. 葡萄糖酸

葡萄糖酸用作酸味剂的是葡萄糖酸液，其中含葡萄糖酸50%～52%。葡萄糖酸液为无色至浅黄色透明浆状液体，无臭或略带臭气味，酸味约为柠檬酸的一半，具有和柠檬酸相似的柔和酸味，主要用于清凉饮料中，一般用量为0.1～4.0g/kg，常与其他酸味剂并用。

7. 磷酸

磷酸为无色透明糖浆状液体，无臭，用于食品添加剂的磷酸浓度应在55%以上。磷酸是一种无机酸，其酸感强度是柠檬酸的2.3～2.5倍，具有强烈的收敛味和涩味。在非果味汽水中，用磷酸作酸味剂可以和叶、根、坚果或草味的香气有较好的调和，特别是在可乐型汽水中，磷酸提供一种独特的酸味，且可以与可乐型香精很好地调和。

磷酸独特的风味和酸味几乎只用于可乐香型碳酸饮料，用作可乐型饮料时用量为0.2～0.6g/kg，用于甜味可乐饮料时用量为0.5～0.8g/kg。生产汽水和酸梅汁可用磷酸代替柠檬酸，其用量汽水为1～1.5g/kg，酸梅汁浓缩液为2.2g/kg。

8. 已二酸

已二酸俗名肥酸，为白色结晶或晶体粉末，它不吸湿，相当稳定，可燃烧。已二酸的酸味柔和、持久，并能改善味感，使饮料风味保持长久，能形成后酸味，主要用于固体饮料。

在使用酸味剂时应当注意几个问题：① 酸度的高低不完全取决于pH，还与软饮料中的成分有关，酸味与甜味相抵，与咸味相增。实际应用中要注意积累经验；② 在选择酸味剂时，要考虑酸味剂在某种软饮料中的稳定性和溶解性；③ 不同酸味剂有不同的副味，要充分利用副味对软饮料风味的协同作用。

第五节　香料和香精

为提高食品的风味而添加的香味物质，称为食用香味料，包括食用香料和食用香精。

香料和香精是软饮料生产中不可或缺的重要原料。其赋香作用可以使软饮料带有香味，使人们在饮用时感到一种愉快的享受，满足人们对食品香味的需要。软饮料加工中的某些工艺，如加热、脱臭、抽真空等，会使香味成分挥发，造成香味的减弱，添加香味剂可以恢复软饮料原有的香味，也可以根据需要某些特征味道强化，起到辅助、补充和稳定作用；某些软饮料生产的原料可能有令人不易接受的气味，添加适当的香味剂可以消除其中的不良气味，起到矫味作用；香味剂的使用还可以改变软饮料原有的风味，人为地产生各种风味。天然香料还有杀菌、防腐、治疗等作用，如天竺葵叶中提取的精油，除了有玫瑰香气外，还有镇静作用；紫薇、茉莉的香味可以杀灭白喉菌和痢疾杆菌；菊花的香味可以治疗感冒。

一、香　　料

1. 香料的概念

香料，亦称香原料，指在一定浓度下具有香气或香味，用于配制香精的物质。香料都是有机化合物，可以是混合物，也可以是单一化合物。食用香料不但能增进食欲，有助消化，而且对增加食品的花色品种和提高食品质量具有重要作用。

2. 香料的分类

食用香料的品种多、用量少，大多存在于天然食品中。

食用香料按来源不同可分为天然香料和人工合成香料两大类。

（1）天然香料　包括香辛料及其提取物，天然香料一般认为它们具有较高的安全性。

① 香辛料：是指各种具有特殊香气、香味的植物全草、叶、根、茎、树皮、果实或种子，如月桂叶、桂皮、茴香和胡椒等，用以提高食品风味。一般香辛料含有一定量挥发性精油，可以作为提取精油、酊剂、油树脂、浸膏等的原料。

② 天然提取香料：是指用蒸馏、压榨、提取、吸附等物理方法，从芳香植物的不同部位组织或分泌物中提取而得到的一类天然香料。由于提取方法不同，形成的制品也不同，包括精油、酊剂、浸膏、香膏、香树脂、净油、油树脂等。

精油也称芳香油，是天然香料的一大类，一般以芳香植物不同部位组织或分泌物为原料，采用压榨、冷磨、提取、水蒸气蒸馏、吸附等方法提取得到，是一种含有萜烯、脂环族、脂肪族等有机物的混合物，如薄荷油、甜橙油、桂皮油等。精油的成分十分复杂，其含量常因原料栽培地区和条件的不同而有很大差异，香味也因此而明显不同。世界上精油品种在3000种以上，适用于食品的约有百余种。在各种精油中，中国生产的桂皮油在世界市场上占有重要地位。

酊剂是指用一定浓度的乙醇，在室温下浸提天然动物的分泌物或植物的果实、种子、根茎等并经澄清过滤后所得的制品，如香荚兰酊、安息香酊等。

浸膏是用有机溶剂如石油醚浸提香料组织的可溶性物质，最后脱脂、浓缩得到的膏状物质，如茉莉浸膏、桂花浸膏、晚香玉浸膏等。

香膏是指芳香植物所渗出的带有香成分的树脂样分泌物。

香树脂是指用有机溶剂浸提香料植物所渗出的带有香气成分的树脂样分泌物，最后除去所用溶剂和水分所得到的制品。

净油是指植物浸膏或香膏、香树脂等用乙醇重新浸提后再除去溶剂后而得的高纯度制品。也有经冷冻处理，滤去不溶于乙醇的蜡、脂肪和萜烯类化合物等，再在减压低温下蒸去乙醇后所得的物质，是天然香料中的高级品种，如玫瑰净油。

油树脂是指用有机溶剂浸提香辛料后除去溶剂而得到的一类天然香料，呈黏稠状液体。

天然香料的提取物与原料相比具有很多优点。不仅经济效益高、符合严格的卫生要求，而且可直接或配制后用于食品，相互混合可直接配制香精，提取品耐储藏，不易变质，可长年供应。

(2) 人工合成香料　包括天然等同香料和人造香料。

① 天然等同香料：是用化学合成方法得到或天然芳香原料经化学过程分离得到的物质。这些物质与人类消费的天然产品中存在的物质，在化学上是相同的。这类香料品种很多，占食用香料的大多数，对调配食用香精十分重要。

② 人造香料：是在供人类消费的天然产品中尚未发现的香味物质，均是用化学合成方法制得，其化学结构迄今在自然界中尚未发现存在，此类香料品种较少。

二、香　　精

1. 香精的概念和组成

香精亦称调和香料，是由人工调配出来的多种香料的混合体。香精具有一定的香型，如玫瑰香精、茉莉香精、柠檬香精等。

食用香精是由香精基、稀释剂或载体组成。

香精基是由多种天然和合成食用香料组成的具有一定香型的混合物，香精基是食用香精的灵魂，它的优劣对香精的生命力起决定性作用。香精基的主要组成部分为主香体、辅助剂、定香剂。

主香体是构成香精主体香味的基本香料，它决定着香精香型，在香精中所占比例不一定最高，但是必不可少；辅助剂在香精中起调节香气和香味的作用，可以延长主香体香气，使主香连续饱满，清新幽雅；定香剂与主香香基有机地结合，调节香精中各组分的挥发速度，使呈香物质香气的挥发尽量成比例。

稀释剂常用的有食用乙醇、蒸馏水、丙二醇、丙三醇、精制食用油和三乙酸甘油酯等。载体常用的有蔗糖、葡萄糖、糊精、食盐、阿拉伯树胶、二氧化硅等。

2. 香精的分类

食用香精可以从不同角度采用不同的分类方法。

(1) 按用途分类　可分为软饮料用、冷饮制品用、酒用、糖果糕点用、茶叶用、乳制品用、肉制品用、调味品用等。

(2) 按剂型分类　可分为液体（包括水溶性、油溶性、乳化体）、固体（包括粉末状、颗粒状）、半固体。

(3) 按组成属性分类　可分为天然、天然等同和人造3类。

(4) 按香气类型分类　可分为果香型、坚果型、花香型、辛香型、菜香型、酒香型、乳香型、肉香型等。

三、常用香料、香精的种类

1. 常用香料的种类

软饮料生产中常用的香料有柠檬油、白柠檬油、橘子油、甜橙油等。

(1) 柠檬油　柠檬油为浅黄色至深黄色、澄清、透明的油状液体，具有清甜的柠檬果香气，味辛辣微苦，易溶于乙醇、冰醋酸，几乎不溶于水。柠檬油是柠檬型香精的主要原料，是软饮料生产中的常用赋香剂。可赋予软饮料以浓郁的柠檬鲜果皮的特征气味。

(2) 白柠檬油　白柠檬油呈黄色至浅棕绿色，有柑橘的香气，味微苦，溶于大多数非挥发性油和矿物质油，不溶于甘油和丙二醇。可用于可乐饮料中。

(3) 橘子油　橘子油是黄色（蒸馏油）、橙红色（冷榨油）油状液体，具有清甜的橘子香气，易溶于乙醇，微溶于丙二醇，不溶于甘油，广泛用于配制多种食用香精，也可直接添加到橘子汁、柠檬汁等果汁中。

(4) 甜橙油　甜橙油为黄色（蒸馏油）、橙色或红棕色（冷榨油）油状液体，具有清甜的橙子果香味，易溶于乙醇，不溶于甘油和丙二醇。主要用于调配橘子、甜橙等果型香精，也可直接用于清凉饮料中。

2. 常用香精的种类

软饮料中常使用水溶性香精、乳化香精和粉末香精。

(1) 水溶性香精　水溶性香精也称水质香精，能在一定的用量范围内完全溶解于水或低度乙醇中。它是将香基与蒸馏水、乙醇、丙二醇、甘油等水溶性稀释剂，按一定比例和适当的顺序互相混溶、搅拌、过滤、着色而成。这类香精浓度较低，又由于酒精的沸点低，大多不能耐热，在较高的温度下，酒精很易蒸发，将一些低沸点的香料成分带走，影响香味和质量。因而这类香精仅适用于不经加热操作的产品，或加香时温度不高的产品，适用于软饮料和酒类的赋香。汽水中用量一般为0.2～1g/kg。在软饮料生产中，香精一般在配料时加入，并用滤纸过滤，然后倒入配料容器，搅拌均匀后灌装。果汁粉中使用水溶性香精时，可在调粉时添加，用量为1～6g/kg。

(2) 乳化香精　乳化香精是亲油性香基加入蒸馏水与乳化剂、稳定剂、色素等调和而成的乳状香精，是一种水包油（O/W）型乳化体，在水中能迅速分散成稳定的乳浊剂，不适用于要求透明度高的饮料。乳化的效果可以抑制香精的挥发，可使油溶性香味剂溶于水中，并可节约溶剂，降低成本。这种香精多用于果汁饮料，可使饮料外观接近天然果汁，其中乳化剂常用胶类、变性淀粉等。使用中乳化香精可能出现沉淀、分层等问题，可通过加乳化剂、调整香料密度、加密度调节剂等方法解决。

（3）粉末香精　粉末香精也称喷雾干燥香精，主要成分为微胶囊香精，是由香基和基料、乳化剂等通过混合、乳化、喷雾干燥等工序而制成，由于基料可以形成薄膜，包裹了香精或使香精吸附在基料上，所以防止了香味成分的挥发和变质，而且储运方便。这类香精多用于固体饮料，如果汁粉类产品。

（4）油溶性香精　油溶性香精也称耐热型香精，是将各种香料和辅助剂调制成的香基中加入精炼植物油、甘油、丙二醇等稀释剂，配制成可溶于油类的香精。此类香精香气较浓郁、持久，香味强度较强，较耐热，适合于需较高温操作的一些产品，主要用于焙烤食品和糖果。

3. 香精使用中应注意的问题

香精在软饮料中的使用量虽很少，但对软饮料的香气和气味起着决定性的作用。要想取得良好的加香效果，除了选择质量好的食用香精外，还要注意以下一些问题：

（1）使用量　香精在饮料中的使用量，与香味效果的好坏关系很大，用量过多或不足，都不能取得良好的效果。由于香精产品的不同、制造商的不同、习惯使用量的不同，因此使用量应先参考各种香精的参考用量，通过反复的加香试验，最后确定最适合于当地消费者口味的用量。

（2）均匀性　香精在软饮料中必须分散均匀，才能使产品香味一致，如果加香不匀，必然会造成产品部分香味过强或过弱的严重质量问题。

（3）其他原料质量　除香精外，其他原料如果质量差，对香味效果亦有一定的影响，如软饮料中的水处理不好，使用粗制糖等，都会使香精的香味受到干扰而降低了质量。

（4）糖酸比　适度的糖酸比，对香味效果可以起到很大的帮助作用，如在柠檬汽水中用少量酸味料配制，即使使用高质量的柠檬香精，也不能取得良好的香味效果。一般软饮料中以接近天然原料的糖酸比为好。

（5）温度　软饮料用香精的溶剂和香料的沸点都较低，易挥发，因此在加香时，必须控制糖浆温度，一般控制在常温以下。

（6）使用增香剂　生产中还常使用增香剂来使香精产生更好的效果。常用的增香剂有麦芽酚类和吡嗪类化合物。麦芽酚广泛应用于调和香料和软饮料的增香。麦芽酚对软饮料原有甜味有增效作用，加在天然果汁调配的原料中，可明显提高果味；对酸味和苦味有消杀作用，加入软饮料中，可抑制苦味、酸味，麦芽酚可以使两个或两个以上的风味更加协调，起到“风味乳化剂”的作用。

第六节　色　素

食用色素，又称食品着色剂，是指能使食品着色和改善食品色泽的食品添加剂。色泽是人们评价食品感官质量的重要方面，不论食品的营养、风味和质构如何优良，如果色泽不良，消费者就难以接受。因此食品的色泽是消费者选择食品的第一感觉，也是判断食品质量优劣和是否新鲜的指标之一。但在加工过程中，食品中的天然色素会发生变色或褪色，因此在食品加工中色素的使用非常普遍。

软饮料的色泽是评价其质量的一项重要指标。来自软饮料原料的天然色素，在加工中由于受到光、热、酸碱度、氧等的影响而发生脱色、褪色或变色，为了保持其色泽，需要用色素进行人工补色或调色，还可以克服原料本身参差不齐的天然色，提高产品的商品性。不同的颜色对人感觉器官的作用不尽相同，使人产生的心理感受也不一样。绿色和蓝色给人以新鲜、清爽的感觉；红色给人以味浓、成熟、好吃的感觉，而且比较鲜艳，引人注目，能刺激消费者的购买欲；橙色给人以甘甜、成熟和醇美的感觉；而咖啡色给人以风味独特浓郁的感觉，所以软饮料着色中常使用以上色泽。

用于软饮料的色素应符合下述条件：① 无味、无臭，对人体无害；② 水溶性色素的溶解性好，溶后透明、色调鲜明；③ 加色素的制品放置后不出现沉淀，不结块；④ 分散性色素要能迅速分散，得到均一而稳定的乳浊液；⑤ 对热、光、氧化、还原、酸、蛋白质等较稳定；⑥ 不起泡（碳酸饮料中更需要这一特点）；⑦ 使用方法简单，保管简单。

食品色素按其来源不同可分为天然色素和合成色素两大类。

一、天 然 色 素

1. 概念和分类

天然色素是利用一定的加工方法从天然物中获得的有机色素。主要从植物组织中提取，也有来自动物组织和微生物的。天然色素按来源不同可分为3类：

① 植物色素：如绿色的叶绿素、橙色的胡萝卜素、红色或紫色的花青素等；

② 动物色素：如肌肉中的红色素、虾和蟹表皮的类胡萝卜素等；

③ 微生物色素：如红曲红素等。

按化学结构可以分成6类：

① 多酚类衍生物：如花青素、高粱红等；

② 异戊二烯衍生物：如β-胡萝卜素、辣椒红等；

③ 吡咯衍生物：如叶绿素、血红素等；

④ 酮类衍生物：如红曲红素、姜黄素等；

⑤ 醌类衍生物：如紫胶红、胭脂虫红等；

⑥ 其他类色素：如甜菜红、焦糖色素等。

2. 天然色素的特性

天然色素的安全性比较高，对颜色的模仿性和着色色谱的自然性比较好，但天然色素的染着性、坚牢性比较差，在加工和流通过程中容易受外界因素的影响，调色性也较差，不同色素的相容性差，而且产品的差异性较大，同一品种的色素在成分、性质上受原料、产地及加工方法的不同而有较大的变化。一般来说，食用天然色素的性质不稳定，耐光、耐热性较差，并随pH不同而发生颜色的改变。

软饮料生产中常用天然色素的特性见表1-8。

表1-8　主要天然色素的特性

色素名称	溶解性	pH不同时的色调变化	金属影响②	耐热性③	耐光性③
甜菜红	水溶性	无变化	－	×	×
花色素	水溶性	红—暗蓝色	＋＋	△	△
红曲红素	水溶性①	无变化	－	▲	×
紫胶红	水溶性	红橙色—红色—紫色	＋＋	▲	▲
胭脂虫红	水溶性	红橙色—红色—紫色	＋＋	▲	▲
辣椒红素	油溶性	无变化	＋	○	△
胭脂树橙	油溶性	无变化	＋	▲	×
姜黄素	溶于热水	淡黄色—红褐色	＋＋	▲	△
栀子黄色素	水溶性	无变化	＋	○	○
红花黄	水溶性	无变化	＋	○	○
叶绿素	油溶性	pH 5以下黄褐色	＋＋	○	×
焦糖	水溶性	注意等电点	－	▲	▲
可可豆色素	水溶性	无变化	＋＋	▲	▲

① 色素本身是油溶性的，但易于和氨基酸、蛋白质结合，结合后成为水溶性的，商品为水溶性的。

② －：不受金属影响；＋：受金属影响；＋＋：受金属影响发生很大变化而褪色。

③ ▲—稳定；○—比较稳定；△—比较不稳定；×—不稳定。

3. 主要天然色素

（1）甜菜红 甜菜红又称甜菜根红，为红紫色至深紫色液体，块状、粉状或糊状物；溶于水，不溶于乙醇、甘油；染着性好，不因氧化而变色，受金属离子影响小；pH 4～7 时呈色稳定，在碱性条件下变为黄色；耐热性差，在60℃下加热 30min 严重褪色，遇光略褪色。可用于果味型饮料、果汁型饮料、汽水等软饮料中。

（2）姜黄素 姜黄素为黄色结晶性粉末，不溶于水，可溶于乙醇和丙二醇；在中性或酸性条件下呈黄色，在碱性时则呈红褐色；对光、热、氧化作用以及金属离子等不稳定，但耐还原性好；着色力强，尤其是对蛋白的着色更好。可用于汽水中。

（3）红花黄 红花黄为黄色至棕黄色粉末；易溶于水，微溶于乙醇，耐光性较好，对热相当稳定；在 pH 4.5～7 时呈黄色，色调稳定，在碱性溶液中则带红色，遇铁离子变为黑色。可用于果汁饮料、碳酸饮料中。

（4）紫胶红 紫胶红又称虫胶红，为紫红色至鲜红色粉末或液体；微溶于水、乙醇和丙二醇，在酸性条件下对光和热稳定，对金属离子不稳定；其色调随 pH 变化而改变，pH＜4 时为橙黄色，pH 在 4.0～5.0 时为橙红色，pH＞6 时为紫红色，pH＞12 时放置则褪色。可用于果蔬汁饮料、碳酸饮料中，最适用于不含蛋白质、淀粉的果味水、汽水等。

（5）焦糖色素 焦糖色素又称酱色，是将食品级的糖类物质经高温焦化而成。为深褐色至黑色液体、糊状物、块状或粉末，有特殊的甜香气和愉快的焦苦味，易溶于水，对光和热稳定性好。它由 3 种不同方法生产：① 不加氨生产法；② 亚硫酸氨法；③ 加氨法。不同的生产方法应用范围不同，①和③法生产的可用于果汁（味）饮料，②法生产的可用于碳酸饮料。

（6）红曲红素 红曲红素为暗红色粉末，易溶于中性及碱性溶液，几乎不受金属离子、氧化剂、还原剂的影响，但经阳光直射时会褪色；对含蛋白质高的食品着色性极好。可用于风味乳饮料。

（7）栀子黄 栀子黄为黄色至橙黄色粉末、液体或膏状，易溶于水，不溶于油脂；耐还原性、盐性和微生物性好，在 pH 4～12 范围内稳定；在低 pH 时耐热性、耐光性较差，对金属离子铝、钙、铅、铜、锡、锌稳定，但遇铁离子变黑。可用于果汁（味）饮料中。

（8）葡萄皮色素 葡萄皮色素又称葡萄皮红，为红至紫色液体、粉末状，色调随 pH 而变化，酸性时呈红至紫红色，碱性时呈暗蓝色，铁离子存在时呈暗紫色，着色性不强，维生素 C 可提高耐光性，聚磷酸盐能使色调稳定。可用于碳酸饮料、果汁（味）饮料中。

（9）可可壳色 可可壳色为巧克力色粉末，易溶于水及稀乙醇，耐热、耐光性好；可可壳色在pH>5.5时，红色色度较强，在pH<5.5时黄橙色度较强，但巧克力本色不变；pH 8以上可沉淀，遇还原剂时易褪色。可用于碳酸饮料、豆奶饮料中。

（10）橡子壳棕　橡子壳棕为棕黑色粉末，易溶于水及乙醇水溶液，浓度为0.03%时呈亮红色，0.01%时呈红黄色，0.1%时呈咖啡色，水溶液pH 3～7范围内为红黄色，pH为7时颜色加深，对热稳定。可用于可乐型饮料。

（11）栀子蓝　栀子蓝为蓝色粉末，易溶于水、含水乙醇，在pH 3～8范围内颜色稳定，耐热性好，吸湿性强，耐光性差，故在使用时应当注意避光保存，它可以和红、黄色素任意调配成各种中间色调。可用于果汁（味）饮料。

（12）叶绿素铜钠　叶绿素铜钠为黑绿色粉末，易溶于水，水溶液为清澈透明的蓝绿色，耐光性比叶绿素强，在pH 6.5以下时，遇钙会产生沉淀。本品不宜加入酸性饮料中。

4. 天然色素的正确使用

（1）使用要有针对性，以取得最佳效果。

（2）为了加强其稳定性，天然色素使用时可加入保护剂。如胡萝卜素耐光性较差，可与维生素C、B族维生素一起使用。

（3）天然色素因含杂质较多，使用时易沉淀，所以一般使用前应采取过滤、离心分离等措施。

（4）为避免加工过程对天然色素的影响，最好在最后的工序中加入。

（5）天然色素应避光保存，保存环境要干燥、阴凉。

天然色素并非绝对安全，确定一种天然色素能否作为食用色素时，必须经过安全性评价。食用天然色素易在金属离子的催化作用下分解、变色或形成不溶的盐类，因此，所用加工装置及包装材料等的性质均应稳定，并防止污染。

二、合成色素

1. 概念和分类

合成色素是用人工合成方法所制得的有机色素。

按其化学结构可分成两类：偶氮类色素和非偶氮类色素，前者如苋菜红、柠檬黄等，后者如赤藓红、亮蓝等。油溶性偶氮类色素不溶于水，进入人体内不易排出体外，毒性较大，目前基本上不再使用。水溶性偶氮类色素较容易排出体外，毒性较低，目前世界各国使用的合成色素大部分为水溶性偶氮类色素。

2. 合成色素的特性

合成色素的着色力强，色彩鲜艳，不易褪色；稳定性好，易溶解，并且可以任意调色；使用较方便，成本低，但安全性低，一定要按照GB 2760《食品添加剂使用卫生标准》中限定的用量和适用范围使用。

食用合成色素的性质见表1-9。

表1-9　　食用合成色素的使用性质

名称	溶解度/%		0.1%水溶液色调	稳定性										
	20℃	50℃		热	光	氧化	还原	维生素C	酸	碱	食盐	单宁	微生物	金属
苋莱红	11	17	带紫红色	◎	○	△	×	×	◎	□	△	□	△	□
胭脂红	41	51	红色	◎	○	△	×	×	○	△	◎	□	△	□
柠檬黄	12	60	黄色	◎	○	△	×	×	◎	○	□	○	□	×
日落黄	26	38	橙色	◎	○	△	×	×	◎	○	□	○	□	×
亮蓝	18		蓝色	◎	◎	△	○	○	◎	○	◎	○	□	□
靛蓝	1.1	3.2	紫蓝色	△	△	△	×	△	□	△	△	△	□	□

注：◎—非常稳定；○—稳定；□—一般；△—稍不稳定；×—不稳定。

3. 合成色素的正确使用

（1）称量准确，以免形成色差。

（2）色素一定要配成溶液再使用。一般用适当的溶剂将色素溶解，配成浓度为1%～10%的溶液后再使用。配制溶液要使用蒸馏水或冷开水，配制溶液尽可能不用金属器皿，剩余溶液应于冷暗处密封保存。最好是现配现用。

（3）使用合成色素，即使不超过使用标准，也不要染得过于鲜艳，需掌握好分寸，尤其要注意符合自然并均匀统一。

（4）使用混合色素时，要用溶解性、浸透性、染着性等性质相近的色素，并防止褪色与变色的情况发生。

（5）特殊颜色可以通过拼色来实现。由红、黄、蓝三种基本色拼制出不同的色调，拼色的方法如下：

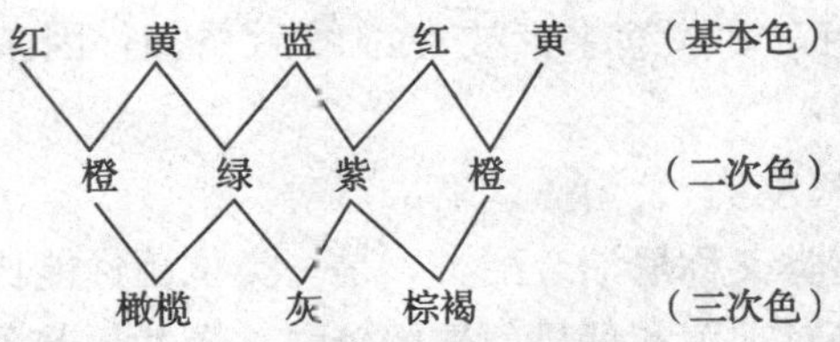

（6）在软饮料生产中，为避免各种因素对合成色素的影响，色素加入应尽量放在最后。

（7）出口食品和饮料使用的色素，其使用范围和最大使用量必须符合出口对象国家和地区的有关法规的规定。

第七节 防腐剂和抗氧化剂

一、防 腐 剂

防腐剂是指能杀灭、抑制或阻止微生物生长的一类食品添加剂。防腐剂可使微生物的蛋白质凝固或变性，从而干扰其生存和繁殖；或者改变细胞膜的渗透性，使微生物体内的酶类和代谢产物逸出导致其失活；或者干扰微生物体的酶系，破坏其正常代谢，抑制酶的活性，达到食品防腐的目的。

软饮料生产中除了高压杀菌产品外，一般都要使用防腐剂。常用的防腐剂有苯甲酸和苯甲酸钠、对羟基苯甲酸酯类、山梨酸和山梨酸钾等。

1. 苯甲酸和苯甲酸钠

苯甲酸为白色有光泽的片状或针状结晶，性质稳定，有吸湿性。苯甲酸钠为白色颗粒或结晶性粉末。

苯甲酸难溶于水，而苯甲酸钠易溶于水，因此苯甲酸钠相对使用较多。它们都可抑制发酵，亦可抑菌，但苯甲酸钠效力稍弱。两者都是酸性防腐剂，因pH不同作用效果也有所不同，当pH在3.5以下时作用效果较好；当pH在5以上时效果显著降低。此外，作用效果与软饮料成分和微生物污染程度也有很大关系。

一般对pH为2.0～3.5的果汁，苯甲酸起作用的浓度为0.1%，但作为软饮料的允许使用量均低于0.1%，所以单独使用时不可能长时间起防腐作用，因此往往和其他防腐剂并用，或与其他保存技术并用，如加热、冷处理、辐照等。

使用时先将苯甲酸钠配制成20%～30%的水溶液，边搅拌边徐徐加入果汁或其他饮料中。若突然加入，或加入结晶的苯甲酸，则难溶的苯甲酸会析出沉淀而失去防腐作用，对浓缩果汁要在浓缩后添加，因苯甲酸在100℃开始升华。

2. 对羟基苯甲酸酯类

对羟基苯甲酸酯类又称尼泊金酯类，是一类抗菌性能比苯甲酸及其盐类更好的防腐剂，特别是对霉菌和酵母菌作用较强，毒性比苯甲酸低。用于防腐剂的对羟基苯甲酸酯类有：对羟基苯甲酸甲酯、对羟基苯甲酸乙酯、对羟基苯甲酸丙酯、对羟基苯甲酸丁酯和对羟基苯甲酸异丁酯。抗菌性一般与烷基链长成正比，以抑菌作用较强的丁酯使用较广，也可以互相配合使用。它们的抗菌能力是由其未水解的酯分子起作用，所以其抗菌效果受pH影响不大，在pH 4～8的范围内都有良好的效果。碱性过强，因酯键水解会影响其抗菌效果。

作为软饮料防腐剂，对羟基苯甲酸酯的浓度需在0.005%～0.01%才能较好地起作用，但残留的舌感麻痹给人以不舒服的感觉，因而其添加量宜控制在0.005%以下，并同时使用其他防腐剂或其他保存技术才可获得较好的效果。使用时先将其制成30%左右的酒精溶液，在充分搅拌的条件下徐徐加入，当乳浊之后，再渐渐溶解。

3. 山梨酸和山梨酸钾

山梨酸又名花楸酸，为无色针状结晶体粉末，无臭或微带刺激性臭味，山梨酸钾为白色至浅黄色鳞片状结晶或粉末状，无臭或微有臭味。

山梨酸是一种不饱和单羧基脂肪酸，为酸性防腐剂，在pH小于5时使用，效果良好。山梨酸和山梨酸钾是防腐剂中对人体毒害较小的，在人体内可按脂肪酸氧化途径被吸收利用，是公认的比较安全的防腐剂，目前世界上所有国家都允许使用。可用于碳酸饮料、果汁（味）饮料、桶装浓缩果蔬汁、乳酸饮料、含乳饮料等，最大使用量按《食品添加剂使用卫生标准》中的规定执行。

山梨酸难溶于水，因而需将其预先溶于醋酸、乙醇、丙二醇中使用。在乳酸菌饮料等饮料中，可使用易溶于水、食盐水、砂糖液的山梨酸钾，它虽非强力的抑制剂，但有较广的抗菌谱，对霉菌、酵母、好氧菌都有作用。山梨酸和山梨酸钾在使用时，若制品含菌量较多，则其自身可被微生物利用作为能源，所以卫生条件要求严格。

4. 有机酸类

乙酸、丙酸、乳酸等有机酸类及其酯，是食品工业中使用的酸性防腐剂，可用于软饮料的防腐。

5. 微生物菌素类

微生物菌素是一类新型的防腐剂，主要应用的是乳酸链球菌素。乳酸链球菌素是由乳酸链球菌产生的一种多肽物质，也称为乳酸菌肽，是一种天然的食品防腐剂，能有效地杀灭引起食品腐败的革兰氏阳性腐败菌，具有无毒、无副作用、安全可靠、高效等优点，同时使用该产品作为食品防腐剂，还能降低食品灭菌温度，缩短食品灭菌时间，使食品保持原有的营养、风味和色泽。

乳酸链球菌素可广泛应用于乳制品如消毒牛奶，植物蛋白饮料如花生奶、豆奶，罐装饮料等。

使用时先将乳酸链球菌素制成5%～6%的蒸馏水悬液，放置30～60min后加入饮料中，充分混合，一般使用量为0.1～0.2g/kg。

6. 亚硫酸盐类

亚硫酸盐类在食品添加剂中列入漂白剂，其本身有抗氧化和漂白的作用，由于它同时也具有防腐作用，也用于原料果汁的保存。一般使用亚硫酸钠或亚硫酸氢钠，其抑菌作用在酸性环境中较强。

亚硫酸盐的添加量一般为1g/kg。使用亚硫酸盐防腐，要注意有些加工环节会降低其作用，如加热和真空处理会使二氧化硫挥发，亚硫酸盐会被氧化成硫酸盐而失去防腐能力，也可能和糖结合而失去防腐能力。亚硫酸盐在防腐作用的同时还可以防止果汁褐变，防止维生素C分解。尽管有这些作用，但由于亚硫酸盐类有效防腐作用所需的浓度可引起果汁变味，所以不能用于原料果汁以外的制品。另外在使用中还要注意避免和金属接触，以免还原生成硫化氢而带来异味。亚硫酸盐还会加快金属罐的腐蚀，因此金属罐装制品不宜使用亚硫酸盐。

7. 注意事项

在使用防腐剂时，应当注意以下几方面的问题：

(1) 防腐剂的种类，使用范围，最大使用量，都应当以《食品添加剂使用卫生标准》中规定为标准，不能随意增加种类，扩大使用范围，增大使用浓度。

(2) 不同防腐剂有其发挥最佳效果的最适pH，使用任何一种防腐剂，都应当了解其发挥作用的最佳pH以及食品本身的pH是否与之相符。

(3) 不同防腐剂对不同微生物的作用不同，使用时应当了解食品中引起腐败的主要微生物的种类是什么。

(4) 防腐剂作用是有限的，应当保持加工场所、器具、人员的清洁、卫生。

(5) 酸性防腐剂在加热时会随水蒸气蒸发，降低其防腐效果。因此，应当在加热后或接近包装前添加。

(6) 要考虑防腐剂的溶解性。任何一种防腐剂，都有其合适的溶剂，只有充分溶解时，才能充分发挥作用。因此，不同产品中要考虑使用不同的防腐剂，或者要考虑采用合适的方法使之溶解。

二、抗氧化剂

构成食品感官性质的许多成分，无论是色泽、味道、香气，都很容易被氧化而受到破坏，因此，加工中常使用抗氧化剂来减缓这些变化。抗氧化剂是指能阻止或延缓食品氧化，以提高食品稳定性和延长贮存期的食品添加剂。抗氧化剂有油溶性抗氧化剂和水溶性抗氧化剂两大类，软饮料生产中经常使用的是水溶性抗氧化剂，如抗坏血酸、异抗坏血酸、亚硫酸盐类、葡萄糖氧化酶、过氧化氢酶等。

1. 抗坏血酸、异抗坏血酸及其钠盐

它们为白色至微黄色（或黄白色）结晶或结晶性粉末，无臭，有酸味。抗坏血酸一般对果实饮料的使用量为0.1～0.5g/kg，使用钠盐时，其用量要增加一倍。抗坏血酸的使用最好在果实破碎或刚破碎完毕加入，且应在添加后尽快与空气隔绝，否则在空气中长时间放置，会因氧化而失效。也不能预先配制成溶液放置，只能在使用前将其溶解并立即加入制品中。

异抗血酸也称赤藻糖酸、D-阿拉伯抗坏血酸，其生理功能是抗坏血酸的1/20，但其抗氧化性能优于抗坏血酸。使用量与使用方法都与抗坏血酸一致。

2. 二氧化硫和亚硫酸盐

亚硫酸盐本身有漂白作用和防腐作用，同时也有抗氧化作用。亚硫酸盐类都是褐变氧化酶的强抑制剂，现被广泛应用于果汁加工中。它们不仅可以防止果汁褐变，而且可以避免维生素C的氧化。实验结果证实，1mg/kg的SO_2就能降低酶的活性约20%，10mg/kg时几乎可以完全抑制酶的活性。作为防止氧化变色用量远低于其防腐用量。如防止柑橘汁在15～20℃贮藏时变色，以SO_2计，只需10～90mg/kg，而葡萄浓缩汁只需20mg/kg即可。但此类抗氧化剂只能使用在半成品中。

3. 葡萄糖氧化酶

葡萄糖氧化酶可将2mol葡萄糖氧化成2mol葡萄糖酸而消耗1mol氧，从而表现出抗氧化作用。反应过程中生成的过氧化氢因同时存在的过氧化氢酶而分解。在果实饮料中添加可以防止褐变和风味变化，防止金属罐中锡、铁离子的溶出。

4. 植酸、聚磷酸盐类

可在果实饮料中使用。

5. 使用抗氧化剂时的注意事项

(1) 抗氧化剂的用量小，故应充分溶解、分散；

(2) 抗氧化剂对紫外线敏感，应当避光保存；

(3) 注意结合使用抗氧化剂的增效剂，这些增效剂往往是金属离子的螯合剂，以有机酸居多，如柠檬酸、琥珀酸、富马酸、抗坏血酸等。

(4) 抗氧化剂的用量必须符合《食品添加剂使用卫生标准》的要求。

第八节　乳化剂及乳化稳定剂

用于改善和稳定食品各组分的物理性质或组织结构的食品添加剂，称为品质改良剂，它能赋予食品一定的形态和结构，满足食品加工工艺性能要求。品质改良剂包括乳化剂、乳化稳定剂、膨松剂和面团改良剂等，在软饮料中应用较多的品质改良剂是乳化剂和乳化稳定剂。

一、乳 化 剂

乳化剂是指添加于食品后可显著降低油水两相界面张力，使互不相溶的油（疏水性物质）和水（亲水性物质）形成稳定乳浊液的食品添加剂。乳化剂分子既含亲水基，又含疏水基，在油水两相界面上，亲水基伸入水相，疏水基伸入油相，使两相形成均匀稳定的乳浊液，体现出表面活性。

1. 乳化剂的分类

全世界用于食品生产的乳化剂有 60 多种，其分类方法也很多。主要有以下几种分类方法：

（1）按来源可分为天然乳化剂和人工合成乳化剂　天然乳化剂如大豆磷脂、田菁胶、酪蛋白酸钠等；合成乳化剂如蔗糖脂肪酸酯、硬脂酰乳酸钙、山梨醇酐单油酸酯（司盘 80）等。

（2）按溶解性可分为水溶性乳化剂和油溶性乳化剂。

（3）按解离特性可分为离子型乳化剂和非离子型乳化剂两大类　乳化剂溶于水时，凡是能离解成离子的，称为离子型乳化剂，此类乳化剂品种较少，如卵磷脂、羧甲基纤维素等。

非离子型乳化剂在水中不电离，溶于水时，疏水基和亲水基在同一分子上，分别起亲油和亲水的作用，大多数食品乳化剂属于此类，如甘油酯类、山梨醇酯类、木糖醇酯类、蔗糖酯类和丙二醇酯类等。

（4）按水中显示活性部分的离子可分为阳离子型乳化剂和阴离子型乳化剂。

（5）按作用可分为水包油型乳化剂和油包水型乳化剂。

2. 乳化亲水亲油平衡值（HLB）

乳化剂几乎都是非离子性物质，而且分子中都有亲水基和亲油基。不同乳化剂因其结构不同，所产生的亲水性亲油性有所不同。按照美国 Atlas 公司 Griffin 于 1949 年提出的亲水亲油平衡理论，乳化剂整个分子亲水亲油的倾向和强弱取决于亲水亲油两类基团作用的比较，两类基团的实际亲和力平衡后分子所表现的综合效果可用乳化亲水亲油平衡值（简称 HLB 值）表示，HLB 值在 3～6 之间的乳化剂易形成油包水型（W/O）乳浊液，如脂肪酸甘油酯类乳化剂、山梨醇酯类乳化剂等。HLB 值在 9 以上的乳化剂，易形成水包油型（O/W）乳浊液，如低酯化度的蔗糖酯、聚山梨酯系列乳化剂、聚甘油酯类乳化剂等。

当两种或两种以上的乳化剂混合使用时，混合乳化剂的 HLB 可以根据各自的 HLB 的混合比例大致计算，用公式表示为

$$HLB=\frac{(\omega_A\times HLB_A)+(\omega_B\times HLB_B)+(\omega_C\times HLB_C)+\cdots}{100}$$

式中　　ω_A、ω_B、ω_C——A、B、C 三种乳化剂在混合乳化剂中各自所占的百分比；

HLB_A、HLB_B、HLB_C——A、B、C 三种乳化剂相应的亲水亲油平衡值。

例如：以 46%山梨醇酐单油酸酯（司盘 80）和 54%的聚氧乙烯山梨醇酐单油酸酯（吐温 80）混合，两者各自的 HLB 分别为 4.3 和 15.0，混合乳化剂的 HLB 为

$$HLB = \frac{46 \times 4.3 + 54 \times 15}{100} = 10.08 \approx 10$$

3. 乳化剂的作用

乳化剂在溶液中有乳化、润湿、分散、起泡、增溶、消泡等一系列表面活性作用，这些作用与乳化剂的 HLB 值有关，HLB 值不同，其作用也不同。HLB 值在 1～3 之间的乳化剂具消泡作用，HLB 值在 3.5～6 之间的乳化剂为油溶性乳化剂，HLB 值在 7～9 之间的乳化剂具润湿作用，HLB 值在 8～18 之间的为水溶性乳化剂，HLB 值在 13～15 之间的具有去污作用，HLB 值在 15～18 之间的具有增溶作用。常用乳化剂的 HLB 值见表 1－10，乳化剂 HLB 值与乳化剂分散性、用途的关系见表 1－11 所示。

表 1－10　　常用乳化剂及其 HLB 值

乳化剂名称	HLB
蔗糖脂肪酸酯	3.0～15.0
蔗糖甘油脂肪酸酯	3.0～18.0
大豆磷脂	3.0～11.0
聚甘油脂肪酸酯	6.0～15.0
甘油单油酸酯	3.4
甘油单硬脂酸酯	3.8
甘油单月桂酸酯	5.2
聚氧乙烯甘油单硬脂酸酯	13.1
山梨醇酐单油酸酯（司盘 80）	4.3
山梨醇酐单棕榈酸酯	6.7
山梨醇酐单硬脂酸酯（司盘 60）	4.7
山梨醇酐单月桂酸酯（司盘 20）	8.9
聚氧乙烯山梨醇酐单硬脂酸酯（吐温 60）	14.9
聚氧乙烯山梨醇酐单油酸酯（吐温 80）	15.0
聚氧乙烯山梨醇酐单月桂酸酯（吐温 20）	16.7

表 1-11　　乳化剂 HLB 值与其分散性、用途的关系

HLB值	在水中的分散性	HLB值	主要用途
1～3	不分散	1.5～3	消泡剂
3～6	分散不好	3.5～6	W/O 型乳化剂
6～8	强烈搅拌后呈乳状分散液	7～9	湿润剂
8～10	稳定性乳状分散	8～18	O/W 型乳化剂
10～13	半透明至透明分散	13～15	洗涤剂（渗透剂）
13 以上	溶解、透明	15～18	增溶剂

软饮料生产中使用乳化剂主要起乳化作用、润湿作用、分散作用和增溶作用。

4. 常用的乳化剂

软饮料中常用的乳化剂有蔗糖脂肪酸酯、山梨醇酐脂肪酸酯类乳化剂、聚山梨酯类乳化剂、大豆磷脂、酪蛋白酸钠等。

（1）蔗糖脂肪酸酯　蔗糖脂肪酸酯又称脂肪酸蔗糖酯，简称蔗糖酯、SE，它由蔗糖与脂肪酸酯化反应而得，控制酯化程度可以得到 HLB 值为 1～16 的不同产品，产品牌号按 HLB 值分档。产品呈稠厚凝胶、软质固体或白色至浅灰色粉末，无臭或微臭，溶于水、乙醇，水溶液有黏度并有湿润性，适用于 O/W 型饮料的乳化，因此在蛋白饮料中应用较多。蔗糖酯还可提高一些脂溶性色素的水溶性，如 β-胡萝卜素用蔗糖酯处理后，可用于水溶性果汁、清凉饮料等的着色。

（2）山梨醇酐脂肪酸酯类乳化剂　山梨醇酐脂肪酸酯（司盘，Span）类乳化剂是由山梨醇或山梨聚糖加热失水成酐后再与脂肪酸酯化而得。由于所用的脂肪酸不同，可制得一系列不同的脂肪酸酯，因而有不同的 HLB 值和不同的性状。

此类乳化剂的乳化能力优于其他乳化剂，味温和，有特殊气味。由于风味较差，故很少单独使用，一般与其他乳化剂配合使用，在软饮料中的最大使用量为 3g/kg。

山梨醇酐脂肪酸酯类乳化剂的特性见表 1-12。

表 1-12　　山梨醇酐脂肪酸酯类乳化剂特性比较

名　称	HLB值	性　状
山梨醇酐单月桂酸酯（司盘 20）	8.6	淡褐色油状
山梨醇酐单棕榈酸酯（司盘 40）	6.7	淡褐色油状
山梨醇酐单硬脂酸酯（司盘 60）	4.7	淡黄色蜡状
山梨醇酐三硬脂酸酯（司盘 65）	2.1	淡黄色蜡状
山梨醇酐单油酸酯（司盘 80）	4.3	黄褐色油状
山梨醇酐三油酸酯（司盘 85）	1.8	淡黄色蜡状

（3）聚山梨酯类乳化剂　聚山梨酯（吐温，Tween）类乳化剂是由山梨醇酐脂肪酸酯类乳化剂在碱性催化剂存在下和环氧乙烷加成精制而成，也称聚氧乙烯山梨醇酐脂肪酸酯。由于脂肪酸种类的不同，可有一系列产品。这类乳化剂的特点是亲水性好（HLB值14～18），乳化能力强，软饮料中使用的有聚山梨酯60和聚山梨酯80，常温下为黄色至橙色油状液体，有轻微特殊臭味，略带苦味，极易溶于水，形成无臭无色的溶液，不溶于矿物油和植物油。由于HLB值较高，价格又远低于同等HLB值的蔗糖酯等乳化剂，通常与低HLB值的甘油酯、山梨醇酐脂肪酸酯、蔗糖酯合用，以适应各类软饮料的需要。在软饮料中的最大使用量为1.5g/kg。

（4）大豆磷脂　大豆磷脂亦可简称为磷脂，是由生产大豆油的副产品提取制成。大豆磷脂的主要成分是卵磷脂、脑磷脂、肌醇磷脂，为浅黄色至棕色透明的黏稠状液态物质，或白色至浅棕色粉末或颗粒，无臭或略带坚果类气味，纯品不稳定，遇空气或光则颜色加深，不溶于水，在水中膨润呈胶体溶液。

大豆磷脂乳化能力较强，适用于豆乳等植物蛋白饮料或乳饮料，具有改进饮料组织结构、提高产品稳定性和保鲜性的作用。在豆乳粉、麦乳精等固体饮料中添加适量大豆磷脂具有生化功能。食用磷脂还可降低人体的胆固醇，具有乳化剂和营养剂的双重功效。

（5）酪蛋白酸钠　酪蛋白酸钠即酪朊酸钠，为白色到淡黄色的颗粒、粉末，无臭、无味或稍有特异香味，溶于水，商品酪蛋白酸钠含蛋白质大于90%（以干基计）。在蛋白饮料中常用作乳化剂、增稠剂和蛋白质强化剂，能增进脂肪和水分的亲和性，使各成分均匀混合分散，对脂肪含量明显高于蛋白质含量的蛋白饮料尤为适用，如椰子汁、核桃乳、腰果乳等。

酪蛋白酸钠本身即可认为是一种乳制品，将其应用于乳品，可提高制品的质量和蛋白质含量。生产乳固体饮料时通常易出现蛋白质含量低于国家标准8%和产品比体积小等问题，若多加奶油、炼乳亦不理想，此时如适当添加酪蛋白酸钠，可使问题得到较好的解决。酸奶除要求具有一定的蛋白质含量外，还需要有一定的胶凝性，适当添加酪蛋白酸钠可增加胶凝能力和提高硬度，使之口感更好，从而提高产品质量。酪蛋白酸钠用于植物蛋白饮料，可防止脂肪析出，提高稳定性，以及保持饮料的澄清等。

（6）阿拉伯胶　阿拉伯胶又称阿拉伯树胶、金合欢胶，具有良好的乳化特性，特别适合于O/W型乳化体系。广泛用于乳化香精中，柠檬油、柑橘油和其他饮料中香料的乳化剂就是利用阿拉伯胶的乳化能力。在可乐等碳酸饮料中阿拉伯胶用于乳化、分散香精油和油溶性色素，避免在贮藏期间精油及色素上浮而出现瓶颈处的色素圈；阿拉伯胶还与植物油及树脂等一起用作饮料的混浊剂。

此外还有单硬脂酸甘油酯、三聚甘油单硬脂酸酯等乳化剂也用于一些软饮料的复合乳化剂中。在饮料中使用单硬脂酸甘油酯 50 份与蔗糖酯 25 份，失水山梨醇脂肪酸酯 25 份复配的乳化剂，可使饮料增香、混浊化，并可获得良好的色泽。

二、乳化稳定剂

乳化稳定剂是指用于改善或稳定食品饮料的物理性质和组织状态的一种添加剂。乳化稳定剂虽无表面活性，但因其水溶液的黏性和胶质保护性而有稳定乳浊液的作用。软饮料生产中使用乳化稳定剂可以使饮料具有所要求的形态和外观，并使其稳定、均匀。

软饮料生产中常用的乳化稳定剂有十多种，如琼脂、果胶、羧甲基纤维素钠、海藻酸丙二醇酯、明胶、阿拉伯胶、黄原胶、瓜尔豆胶、卡拉胶等。

1. 琼脂

琼脂，又名琼胶、冻粉或洋菜，是一种多糖物质，由海藻提取制得。有条状、片状、粒状和粉状等，颜色由白至淡黄，半透明，具胶质感，无臭或有轻微的特征性气味，不溶于冷水，溶于沸水。在冷水中浸泡缓慢吸水膨胀软化，吸水率可高达 20 倍。在沸水中极易溶解成溶胶，温度降低后便成凝胶，即使 0.5%的低浓度也能形成凝胶；1.5%的琼脂溶胶在 32～39℃之间可以形成坚实而有弹性的凝胶，并在 85℃以下不融化为溶胶，这一特性可用于区别琼脂和其他海藻胶。

琼脂具有胶凝特性、稳定性，能与一些物质形成络合物，并含有多种微量元素，具有清热解暑、开胃健脾之功能，琼脂食用后不被人体酶分解，所以几乎没有营养价值。琼脂在食品工业中可用作增稠剂、凝固剂、悬浮剂、乳化剂、稳定剂和保鲜剂。

在蛋白饮料产品中，琼脂可作为发酵酸牛奶的增稠剂和凝固剂，以增加酸牛奶凝块的硬度并防止有水析出。但琼脂的水溶液对热和酸很不稳定，尤其在低硬度条件下加热会降解，故在生产设计中应注意。琼脂还广泛用于制造粒粒橙等悬浮饮料，其使用浓度为 0.01%～0.05%。

2. 果胶

果胶系指可溶性果胶，主要成分是多缩半乳糖醛酸甲酯。果胶为淡黄褐色粉末，稍有特异臭，口感黏滑，溶于 20 倍水形成乳白色黏稠状胶态溶液，呈弱酸性，耐热性强，几乎不溶于乙醇及其他有机溶剂。果胶的可溶性使其在饮料生产中常被使用，是一种优良的食品添加剂。

在蛋白饮料中果胶既可作为增稠剂和胶凝剂，又可作为乳化剂和稳定剂。果胶在酸性乳饮料的利用上，由于乳饮料中的蛋白质以酪蛋白占多数，在等电点（pH 4.6）以下会产生凝集，在加热时凝集特别严重，而乳饮料制造过程中杀菌是不可避免的，为了防止凝集、沉淀，添加酯化度为70%的高甲氧基果胶能起到很好的效果。

在发酵型乳酸饮料、配制型果味（果汁）酸奶饮料和果汁饮料中使用果胶，起悬浮剂和稳定剂的作用，可使蛋白和果汁稳定，即使在pH下降到3.6时，也不会出现沉淀和分层。在果汁或果汁汽水中加入适量的果胶溶液，能延长果肉的悬浮效果，同时改善饮料的口感。在速溶饮料粉中加入适量的果胶能改善饮料的质感和风味。

对于粒粒橙及带果肉型饮料，果胶可解决粒粒橙及含果肉悬浮饮料的分层、粘壁问题，增强果肉的悬浮能力，加强制品纯正的口感。

3. 羧甲基纤维素钠

羧甲基纤维素钠，简称CMC-Na，是葡萄糖聚合度为100～2000的纤维素衍生物，为白色纤维状或颗粒状粉末，无臭、无味，有吸湿性，是亲水性高分子胶，水溶性好，黏度较高。CMC-Na有良好的假塑性赋形作用，可与多数植物胶相溶，具有增黏、分散、稳定等作用。含有1%柠檬酸或5%醋酸的耐酸型CMC-Na溶液，可在室温下保存数月而不发生明显变化，这一优良性质使其在酸性饮料中被普遍使用。

CMC-Na在果汁饮料中可起到增黏作用；在酸性饮料如酸牛奶、果汁牛奶、乳酸菌饮料中可防止蛋白沉淀，使产品均匀稳定；在蛋白饮料中由于其乳化性能和对蛋白质的凝胶作用，可防止蛋白饮料出现分层、油花、沉淀等。

CMC-Na应用于液体饮料中，可使其在容器中悬浮均匀饱满、色泽鲜艳、醒目，并可延长保鲜期，其使用量按饮料总量的0.3%～0.4%添加。应用于豆奶中，可以起到悬浮、乳化稳定的作用，防止脂肪上浮下沉，并对豆奶增白、增甜、除豆腥味等有良好效果，使用量为0.5%。

4. 海藻酸丙二醇酯

海藻酸丙二醇酯，简称PGA，为黄色至淡黄色纤维状粉末或粗粉，无臭、无味。在pH 3～4的酸性溶液中能形成凝胶，不产生沉淀，抗盐性强，对铁、铜、铝、钡等金属离子不稳定。当酸浓度上升时，溶液的黏稠度增加。本品除具有良好的胶体性质外，因分子中有丙二醇基，故亲油性大，乳化稳定性好，常用作酸性乳饮料的乳化剂和稳定剂。

(1) PGA在酸奶中的应用　酸奶分为凝固型和搅拌型两类，凝固型酸奶直接被发酵成固态，如果添加果汁，往往会沉积在凝固型酸奶底部，而其他的发酵混合物料则处在顶部；搅拌型酸奶添加果汁会有沉淀的现象发生。虽然酸奶中常常添加稳定剂，但卡拉胶在低pH的酸性乳产品中并不是很稳定；添加果胶作为稳定剂的酸奶存放时间长，但产品的质地易变硬；淀粉在酸奶中用量过多会使口感过黏，并且热量偏高。在酸奶中使用PGA能产生优异的口感和稳定性，其主要优点是：① PGA 能够增强酸奶产品天然的质地口感，即使在乳固形物降低的条件下也能很好地呈现出这种特性；② 能够有效地防止产品形成不美观的粗糙凹凸表面，使产品的外观平滑亮泽；③ 与所有其他配料完全融合，在发酵期间任何 pH 范围均可适用，并且在温和搅拌的条件下，容易均匀分散在酸奶中；④ 提供乳化作用，能够使含脂的酸奶平滑、圆润，口感更好。

（2）PGA 在调配型酸性含乳饮料中的应用　调配型酸性含乳饮料是指用乳酸、柠檬酸或果汁等将牛奶或豆奶的 pH 调整到酪蛋白的等电点以下而制成的一种乳饮料，蛋白质含量应大于 1%。沉淀和分层是该饮料生产和储藏过程中最常见的质量问题，其主要原因在于选用的稳定剂不合适，在产品保质期内达不到应有的效果。最适宜的稳定剂是 PGA 与其他稳定剂的复合稳定剂或果胶，但从性价比方面考虑，使用 PGA 与其他稳定剂的复合稳定剂更具市场竞争力。可以和 PGA 复配使用的稳定剂包括耐酸性 CMC、黄原胶、果胶等，总用量一般在 0.5%以下，其中 PGA 用量占 60%～70%，但 PGA 与其他稳定剂的确切配比和用量必须针对具体的饮料品种并通过实验来确定。

5. 明胶

明胶是由动物的皮和骨提取精制而成。为乳白色至淡黄色、半透明、微带光泽的薄片或颗粒。

明胶可用于果汁产品的澄清，还可用于不同类型的酸奶中，可使低脂酸奶达到类似高脂酸奶的组织状态，提高其可接受性。在酸奶制品中，明胶分子的功能是形成弱的凝胶网状结构，防止乳渗出和分离。

6. 瓜尔豆胶

瓜尔豆胶是由瓜尔豆种子的胚乳提取精制而成，主要成分为半乳甘露聚糖，为白色至浅黄色自由流动的粉末，能分散在水中形成黏稠液。水溶性好，吸水性强，黏度高，老化时间短，与其他胶体有良好的协同增效作用。

可用于果汁饮料，在加工过程中，先将瓜尔豆胶快速搅拌，溶解于少量果汁内，然后将此溶液加入大量果汁内，使最后瓜尔豆胶的浓度不超过 0.5%。对即溶果汁干粉，添加不超过 0.05%的瓜尔豆胶于果汁干粉中混合即可，可防止果汁饮料油环的形成。瓜尔豆胶不能避免果汁饮品因果肉囊及其他固体沉淀而呈现的混浊，但它可以减缓沉淀过程，更重要的是，只要轻轻摇动瓶子，瓜尔豆胶能使已沉淀的成分再次均匀散开，不会形成小块。

7. 海藻酸钠

海藻酸钠又称藻酸钠、海藻胶或藻朊酸钠，由海藻中提取。水溶性好，吸水性强，海藻酸钠与牛乳中的钙离子作用形成海藻酸钙，形成均一胶冻，在酸性条件下这一作用更为明显。适当地将海藻酸钠添加到凝固型酸奶中可以起到良好的效果，在配制型果汁奶和搅拌型酸奶中应用也较多。

用海藻酸盐稳定的冰冻牛奶具有良好的口感，无黏感或僵硬感，它还可以防止酸奶产品在消毒过程中产生黏度下降现象。

8. 卡拉胶

卡拉胶又名鹿角藻胶、角叉胶，从海洋藻类植物中提取精制而成，为白色至淡黄色粉末，易溶于热水成半透明的胶体溶液，不溶于冷水。有较强的凝胶性和较高的黏度，又有良好的口溶性和搅拌性能。

卡拉胶与瓜尔豆胶、刺槐豆胶、魔芋胶有良好的协同增效作用，具有很强的蛋白质稳定作用，可与蛋白质形成均相、稳定的三维网络结构，从而起到乳化和稳定蛋白的作用，防止乳清析出。卡拉胶在软饮料中的作用主要是凝胶、悬浮、赋形和增稠等，如在巧克力牛奶或可可豆奶中可悬浮可可粉颗粒，防止浓缩牛奶脂肪分离，提高植物蛋白饮料在受热时的稳定性。

9. 黄原胶

黄原胶又称汉生胶、黄杆菌胶，由黄单胞菌发酵提取制成，为高分子酸性杂多糖，白色或黄棕色粉末。假塑性好、耐酸碱、耐高温，在低浓度下也有很高的黏度，1%水溶液的黏度相当于明胶的100倍。有良好的悬浮稳定性、很好的口感和风味释放能力。它与瓜尔豆胶、羟甲基纤维素、魔芋胶、刺槐豆胶等复配使用，在黏稠度、悬浮性能、胶凝性上都有良好的协同增效作用。

黄原胶的流变性可使果汁有良好的灌注性，并能赋予饮料爽口的特性，可以在低pH下完全溶解，并且用低浓度溶液能长时间有效地悬浮果肉，使制品保持风味、浓度、口感和组织的均一稳定。黄原胶可提高巧克力饮料的口味，使其口感丰满、浓郁，香味释出良好。黄原胶有较强的热稳定性，一般的高温杀菌对其不会有影响，可用于果汁饮料、果肉饮料、速溶固体饮料等，用量1～4g/kg。在乳品生产中，黄原胶能使高速搅拌牛奶、含乳饮料得到稳定，增加黏度，防止脂肪上浮，提高热稳定性，改善液体的乳化稳定性。

10. 亚麻子胶

亚麻子胶又名富兰克胶、胡麻胶，是一种以多糖为主的种子胶，颗粒状胶为黄色晶体，粉状胶为白色至米黄色粉末，有甜味或无味。亚麻子胶具有黏度大、乳化性能优异、发泡稳定、保湿性和悬浮稳定性突出等特点，可形成弹性很好的软质凝胶，并具有一定的耐酸碱能力。在饮料工业中可作为理想的天然食品添加剂应用于液态奶及其他饮料的生产加工中。

亚麻子胶用于果蔬饮料可使产品中果肉长久地悬浮稳定，并能避免脂溶性成分发生上浮分离形成脂肪圈，用量为0.5～1g/kg。用于蛋白类饮料，可起到很好的乳化稳定作用和悬浮稳定作用，能明显延长食品的保质期。用于乳饮料，具有稳定乳蛋白和乳脂肪的作用，可防止乳蛋白沉淀和乳脂肪上浮。

11. 罗望子胶

罗望子胶又称罗望子多糖胶，简称为 TSP，为黄褐色或灰色粉末，无臭、无味，易分散于水中，加热则形成黏稠状液体。罗望子胶具有良好的耐热、耐盐、耐酸、耐冷冻和解冻性。

罗望子胶在食品工业中是一种用途广泛的食用胶，作为食品添加剂主要利用其增稠性、胶凝性和乳化能力，可用于果汁、乳饮料等产品，起稳定作用。

12. 黄蓍胶

黄蓍胶，又名黄芪胶，是一种从亚湿豆科黄蓍属灌木的渗出物中提炼的天然植物胶。黄蓍胶在食品工业中广泛用作乳化剂、稳定剂和增稠剂。

黄蓍胶的悬浮性和假塑流变性可用以稳定复合饮料的不溶性固体。黄蓍胶和阿拉伯胶的混合物可增强饮料的悬浮性。

13. 复合稳定剂

和其他复合食品添加剂类似，复合稳定剂与单体稳定剂相比具有十分显著的优点。通过稳定剂的复合，可以发挥各种单一稳定剂的互补作用，使各种稳定剂协同增效，从而扩大稳定剂的使用范围或增强功能；还可同时降低每一种稳定剂的用量和成本，方便食品生产企业采购、运输、储存和使用，缩短企业新产品开发的周期，降低费用。

复合稳定剂使用方便，安全可靠。某个品种的复合稳定剂对应地使用于某种或某些食品加工工艺、储藏中解决某个或某些问题，且厂家对各种产品都有详细的使用说明，使用时只需按使用说明一次性添加即可。省去了企业对多种单体稳定剂进行多次称量、溶解并按序添加的烦琐过程，大大减少了因步骤的不合理可能导致的产品质量波动。因此复合稳定剂在软饮料生产中应用越来越多，主要应用于以下方面：

(1) 液态奶　食品添加剂市场上，针对不同乳制品的生产特点和工艺要求开发出一系列乳品生产专用复合稳定剂，如普通型奶类饮料乳化稳定剂；酸性奶专用型乳化稳定剂，适用于乳酸奶、果汁奶、酸豆奶等各种酸性蛋白饮料；高脂奶专用型乳化稳定剂，适用于花生奶、椰子奶、核桃奶、杏仁奶、芝麻奶、甜牛奶等各种高脂肪含量的中性或酸性蛋白饮料；低脂奶专用型乳化稳定剂，适用于豆奶、咖啡奶、巧克力奶等各种中性蛋白饮料；发酵奶专用型乳化稳定剂；强化乳高脂奶专用乳化稳定剂，适用于植脂乳、杏仁乳等含油脂和蛋白质特别高的蛋白饮料。

(2) 悬浮饮料　悬浮饮料是市场上新近兴起的一种天然饮料，配以透明包装，能给人以直观、真实和明快的感觉，并且飘浮流畅的食物颗粒符合消费者崇尚自然的心理，所以深受消费者喜爱，市场潜力巨大。悬浮是指食物颗粒能较好地均匀分布于饮料之中，在保质期内，不产生明显的分层和下沉现象，一般认为悬浮饮料的悬浮并不是靠稳定剂的黏度，而是依靠稳定剂所形成的凝胶三维网络把食物颗粒“固定”在相应的网络内，达到长时间悬浮的效果。

琼脂的悬浮能力很强，但获得的悬浮饮料的流动性和透明度不太理想，有时还会出现凝胶析出现象；添加低酯果胶获得的悬浮饮料透明度很好，但悬浮能力较差；卡拉胶的悬浮能力和饮料透明度较好，但不耐酸和高温，在一定程度上影响饮料的悬浮稳定性；结冷胶悬浮效果很理想，耐酸、耐高温能力都较强，悬浮饮料在储藏过程中也有很好的稳定性，但市场价格很高。目前市场上使用复配了上述多种稳定剂的复合稳定剂制成的悬浮饮料，悬浮性能好、透明度高、耐酸、耐高温、稳定性好、口感舒适清爽，且稳定剂使用成本也不高。

常见稳定剂应用于软饮料中的主要作用和添加量见表 1－13。

表 1－13　常见稳定剂应用于软饮料中的主要作用和用量

稳定剂	食品	功能	用量/（g/kg）
果胶	果汁饮料	增稠、稳定	0.1～5
果胶	乳制品	稳定、胶凝	1～10
明胶	酸乳	胶凝	3～10
黄原胶	果汁饮料	悬浮稳定、增加口感	0.2～2
琼脂	悬浮饮料	悬浮	0.5～2
羧甲基纤维素钠	酸性乳	稳定	1～2
	固体混合饮料	增稠	1～3

第九节　二 氧 化 碳

二氧化碳是碳酸饮料的主要原料之一，主要用于软饮料的碳酸化，通过它在水中的溶解和气化所引起的变化，赋予饮料一种特殊风味。

一、二氧化碳的物理特性与质量要求

1. 二氧化碳的物理性质

二氧化碳在标准状态下，是无色而微有刺激性的气体，标准状态下的摩尔体积为 22.26L，密度为 1.9769g/L，比体积为 505.8mL/g，相对密度为 1.528，临界温度为 31.1℃，临界压力为 7.38MPa，临界密度为 0.464kg/L，相对分子质量为 44.01。

液态二氧化碳也称液化碳酸气，是无色透明的液体，挥发时吸收大量的

热。液态二氧化碳加压冷却变成的固体称为“干冰”，为半透明乳白色固体，可在减压条件下变成液体，在常压下可直接升华为气体。

2. 二氧化碳的质量指标

根据GB 1791—1994和FAO/WHO的规定，软饮料中的二氧化碳应符合表1－14所示要求。

表1－14　　二氧化碳的质量指标

指　　标	GB 1791—1994（液体）	FAO/WHO（1982）
二氧化碳的含量/%	≥99.5	—
气味	无异常臭味和杂味	—
酸度	水溶液呈微酸性	正常
含油量	符合规定	符合规定
蒸发残渣	—	符合规定
磷化氢、硫化氢和其他还原物质试验	—	阴性
一氧化碳含量/（μL/L）	—	≤10

二、二氧化碳的来源

国内饮料工业中使用的二氧化碳主要来源于以下几方面。

1. 天然二氧化碳气

天然二氧化碳气是天然气气井中喷出的气体，其纯度可达99.5%，出井后气体喷出压力可达5.89MPa，气体经过脱硫净化后，即可装钢瓶出售、使用。

2. 酿酒工业的副产品

酿酒时，常将微生物发酵作用所产生的二氧化碳进行回收，经过脱臭和水洗后，制得液态二氧化碳，用于生产碳酸饮料。

脱臭和水洗可以用高锰酸钾溶液，再经氯化钙脱水，最后加压液化即成。

3. 燃烧石灰的副产品

燃烧石灰是利用碳酸钙在高温下生成氧化钙，同时排出二氧化碳的过程，将所排出的二氧化碳进行回收、净化和利用。

4. 化工厂的副产品

许多化工厂都可以回收二氧化碳，如石油精炼、合成氨、制氢等。

5. 中和法生产二氧化碳

用硫酸和小苏打反应产生二氧化碳。反应式为：

$$2NaHCO_3 + H_2SO_4 \longrightarrow Na_2SO_4 + 2H_2O + 2CO_2\uparrow$$

硫酸的纯度很重要，最好用药用或化学纯的硫酸，理论上 1kg 小苏打在标准状态时可以产生 270L 二氧化碳，实际可得 250L。

第十节　包装容器和材料

在软饮料消费日趋多元化的今天，消费者对产品的选择性越来越强，良好的包装对产品具有保护和促销作用。因此许多新型的包装容器和材料，逐渐应用于软饮料包装之中。

应用于软饮料的包装容器和材料一般应具备以下条件：① 良好的卫生安全性：包装材料不得含有危害人体健康的成分；② 具有一定的化学稳定性：不与饮料发生作用而影响其品质；③ 适宜的加工性能：具有良好的机械适应性，易密封性；④ 优良的综合保护性能：具有优良的阻气性、保香性、阻光性、防潮性等，保护产品在保质期内不发生质量劣变现象；⑤ 良好的方便性：流通贮运方便，消费者开启方便，开封后的保存性和再利用性良好等；⑥ 突出的商品性：具有突出的光亮性、透明性、图示性等商品展示性。此外，还必须考虑其环保和经济方面的特性。

一、包装容器的分类

包装容器通常有以下两种分类方法。

1. 按包装材料分类

(1) 纸质容器　以纸和纸板为材料所制的包装容器，如纸盒、纸箱、纸杯、纸袋等。

(2) 玻璃容器　主要有玻璃瓶、玻璃罐等。

(3) 金属容器　以镀锡薄钢板、镀锌板、铝合金薄板等材料所制成的包装容器，如金属罐、金属软管等。

(4) 塑料容器　主要有塑料瓶、塑料袋、塑料箱等。

(5) 陶瓷容器　主要有陶瓷瓶、陶瓷罐等。

(6) 复合软包装容器　用复合软包装材料制成的包装容器，如蒸煮袋、复合纸盒等。

2. 按包装形式分类

(1) 瓶装容器　玻璃瓶、塑料瓶等。

(2) 罐装容器　金属罐、玻璃罐等。

(3) 箱装容器　纸箱、塑料箱等。

(4) 盒装容器　纸盒、塑料盒、金属盒等。

(5) 袋装容器　塑料袋、纸袋等。

(6) 杯装容器　塑料杯、纸杯等。

二、包装材料的性能特点

各种包装材料有其各自的性能特点，了解包装材料性能特点，是合理科学使用包装材料的基础和前提。

1. 纸类包装材料性能特点

在现代包装工业体系中，纸和纸包装容器占有非常重要的地位，我国纸包装材料占包装材料总量的40%左右，之所以它会独占鳌头，是因为其有一系列优点：加工性能好、印刷性能优良、具有一定机械力学性能、便于复合加工、成型性好、卫生安全性好，且原料来源广泛、品种多样、成本低廉，容易大批量生产，重量较轻，缓冲性好，应用广泛，废弃物可回收利用，无白色污染。但纸容器耐压性和密封精度不及玻璃和金属容器，不能进行加热杀菌。

用作软饮料包装的纸类包装材料的性能主要体现在以下几方面：

(1) 机械力学性能　具有一定的强度、挺度和机械适应性，另外，纸还具有折叠性、弹性及撕裂性等，很适合制作成型包装容器。

(2) 阻隔性能　纸主要由多孔性的纤维组成，对水分、气体、光线、油脂等具有一定程度的渗透性，单一的纸类包装材料其阻隔性能差，可以通过适当的表面加工来改善其阻隔性能。

(3) 印刷性能　纸吸收和粘结油墨的能力较强，印刷性能好，其印刷性能主要决定于表面平滑度、施胶度及粘结力等。

(4) 加工使用性能　纸具有良好的加工使用性能，容易实现机械化加工操作；容易加工成具有各种功能的包装容器；容易设计各种功能性结构；可方便地在纸表面进行浸渍、涂布、复合等加工处理，提高其防潮性、防虫性、阻隔性、热封性、强度等。

(5) 卫生安全性能　纸是卫生、无毒、无害的，且在自然条件下能够被微生物降解，对环境无污染。但纸在加工过程中会残留有一定的化学物质，如硫酸法制浆过程残留的碱液及盐类等。

2. 金属包装材料的性能特点

金属包装材料按材质主要分为两类：一类为钢基包装材料，包括镀锡薄钢板（马口铁）、镀铬薄钢板（TFS板）、涂料板、镀锌板、不锈钢板等；另一类为铝质包装材料，包括铝合金薄板、铝箔、铝丝等。

金属包装材料的性能表现为：

(1) 高阻隔性能　金属材料可阻挡气、水、油、光等物质的通过，对食品有极好的保护功能，使包装食品有较长的货架寿命。

(2) 机械力学性能优良　金属材料具有良好的抗张、抗压、抗弯强度、韧性和硬度，包装食品表现出耐压、耐温湿度和耐虫害，食品便于运输和贮存；同时适宜包装的机械化、自动化操作，密封可靠，效率高。

(3) 容器成型加工性好，生产效率高　金属具有良好塑性变形性能，使其易于制成各种形状的容器。现代金属容器加工技术与设备都较成熟，生产效率高。

(4) 具有良好的耐高、低温性，良好的导热性、耐热冲击性　金属材料这一特性可适应软饮料的冷热加工、高温杀菌以及杀菌后的快速冷却等加工需要。

(5) 表面装饰性好　金属具有光泽，且可通过表面彩印装饰提供更理想的美观的商品形象，以吸引消费者，促进销售。

(6) 金属包装废弃物较易回收处理　金属包装废弃物的回收处理减少了对环境的污染，同时回炉再生可节约资源、节省能源。

金属包装材料的主要缺点是：化学稳定性差，不耐酸碱腐蚀，同时金属离子易析出而影响软饮料风味，价格较贵。

3. 玻璃包装材料的性能特点

玻璃具有其他包装材料无可比拟的优点：高阻隔性，光亮透明，化学稳定性好，易成型。但玻璃容器重量大且容易破碎。

玻璃的主要性能体现在以下几个方面：

(1) 化学稳定性　具有极好的化学稳定性，可抗气体、水、酸、碱等侵蚀，不与被包装的食品发生作用，具有良好的包装安全性。

(2) 物理性能

① 密度较大：玻璃密度为 2.5g/cm^3 左右，这一性能使玻璃容器较重，运输费用较高，不利于食品的仓储搬运及消费者的携带。

② 透明光亮：玻璃具有良好的透光性，可充分显示内装食品的形状和色泽。

③ 导热性能差：玻璃的热膨胀系数较低，因此它可耐高温，用作食品包装能经受加工过程的杀菌、消毒、清洗等高温处理，能适应食品微波加工及其他热加工；但是，玻璃对温度骤变而产生的热冲击适应能力差。

④ 高阻隔性：玻璃具有对气、汽、水、油等各种物质的高阻隔性，其透过率为 0。

(3) 机械力学性能　玻璃的硬度高，抗压强度较高，但抗张强度低，脆性高，抗冲击强度很低。

(4) 加工成型性能　具有良好的成型加工工艺性，熔炼好的玻璃液可以加工制成各种形状结构的容器，而且易于上色，外观光亮，用于食品包装美化效果好，但印刷等二次加工性差。

（5）原料来源丰富　玻璃制品的价格较便宜且稳定，它还具有可回收再用的特点，废弃玻璃制品可回炉熔炼再成型制品，这可节约原材料、降低能耗。形状质量合格的回收玻璃容器经清洗消毒后可再使用。但玻璃熔炼、加工的能耗高。

4. 塑料包装材料的性能特点

（1）塑料包装材料的性能　塑料是以合成树脂为主要原料，添加稳定剂、着色剂、润滑剂和增塑剂等组分而制得的合成材料。它用于饮料包装表现出的优越性有以下几点：

① 重量轻，方便运输、销售，便于携带使用。

② 化学稳定性好，耐一般酸碱盐及油脂的腐蚀。

③ 包装制品的成型加工性好，可加工成各种形状，适用于各种物态的软饮料包装。

④ 透明、易着色、易印刷，且光泽鲜艳、光亮，装饰效果好。

⑤ 有一定的阻透性和一定的强度，有良好的封合性，对食品有很好的保护作用。

⑥ 易于与其他材料复合，构成比单质材料包装性能更好的复合材料，可适应各种包装操作。

塑料包装存在的缺点是：某些品种还存在卫生安全方面的问题；包装废弃物的回收处理对环境的污染等问题。

（2）用于软饮料包装的塑料种类及特性　除有毒性杂质的塑料外，几乎所有塑料都可用于饮料包装。常用的塑料种类有：聚乙烯、聚氯乙烯、聚丙烯、聚酯、聚偏二氯乙烯及聚碳酸酯等。

① 聚乙烯（PE）：PE 是世界上产量最大的合成树脂，也是消耗量最大的塑料包装材料。

PE 产品主要有低密度聚乙烯（LDPE）和高密度聚乙烯（HDPE）。

PE 的阻水阻湿性好，但阻气和阻有机蒸汽的性能差；具有良好的化学稳定性，常温下与一般酸碱不起作用，但耐油性稍差；有一定的机械抗拉和抗撕裂强度，柔韧性好；耐低温性好，能适应食品的冷冻处理，但耐高温性能差，不能用于高温杀菌；光泽度、透明度不高，印刷性能差；加工成型方便，制品灵活多样，且热封性能很好。

② 聚氯乙烯（PVC）：PVC 塑料以聚氯乙烯树脂为主体，加入增塑剂、稳定剂等添加剂混合组成。PVC 塑料大致可分为硬制品、软制品和糊状制品三类。

PVC 的阻气阻油性优于 PE 塑料，阻湿性较 PE 差；化学稳定性优良，透明度、光泽性好；机械力学性能好；耐高低温性差，使用温度－15～55℃，有低温脆性；着色性、印刷性和热封性较好。

③ 聚丙烯（PP）：PP 是由丙烯聚合而成，聚丙烯塑料的主要成分是聚丙烯树脂。

PP 的阻隔性优于 PE，但阻气性较差；机械力学性能较好，强度、硬度、刚性都高于 PE，尤其是具有良好的抗弯强度；化学稳定性良好；耐高温性优良，耐低温性比较差；光泽度高，透明性好，印刷性差，印刷前表面需经一定处理，但表面装潢印刷效果好；成型加工性能良好，但制品收缩率较大，热封性比 PE 差。

④ 聚酯（PET）：PET 是聚对苯二甲酸乙二醇酯的简称，俗称涤纶。

PET 具有优良的阻气、阻湿、阻油性，化学稳定性良好；具高强韧性能，抗拉强度和抗冲强度都很高，还具有良好的耐磨和耐折叠性；具有优良的耐高低温性能；光亮透明，可阻挡紫外线；印刷性能良好；卫生安全性好，但成型加工、热封较困难。

⑤ 聚偏二氯乙烯（PVDC）：PVDC 塑料是由 PVDC 树脂和少量增塑剂和稳定剂制成。

PVDC 阻隔性高，且受环境温度的影响小，耐高低温性良好；化学稳定性很好；透明性、光泽性良好，但热封性较差，膜封口强度低。

⑥ 聚碳酸酯（PC）：PC 是具有碳酸酯结构的树脂总称。PC 是无色透明、光洁美观的塑料，外观很像有机玻璃，PC 阻止紫外线透过性能及防潮保香性能好，透气透湿率低，耐温范围广，耐冲击，容易成型，但价格较贵。

5. 陶瓷包装材料的性能特点

陶瓷是无机非金属材料，内部由离子晶体及共价晶体构成，同时还有一部分玻璃相和气孔，是一种复杂的多相体系及多晶材料，陶瓷材料的组成和内部结构决定了其制品的性能特点是：

① 原料丰富，成型工艺简单，价格便宜。

② 耐火、耐热、耐药性好，可反复使用，废弃物对环境污染小。

③ 造型色彩美观，装饰效果好。

④ 具有高刚硬性能、高抗压强度。

陶瓷容器的缺点是：抗张强度低、脆性，抗振性能差，重量大。

6. 复合包装材料的性能特点

复合包装材料主要由铝箔、镀铝薄膜与塑料、纸质等复合而成。

（1）用于食品包装的复合材料结构要求

① 内层要求：无毒、无味，耐油、耐化学性能好，具有热封性或粘合性，常用的有 PP、PE、PVDC 等热塑性材料。

② 中层要求：具有高阻隔性（阻气、阻香、防潮和阻光），常用的有铝

箔、PVDC等。

③ 外层要求：光学性能好，印刷性好，耐磨耐热，具有强度和刚性，常用的有PET、PC、PP、纸、铝箔、玻璃纸等。

（2）复合软包装材料的性能

① 综合包装性能好：综合了构成复合材料的所有单膜性能，具有高阻隔性、高强度、良好热封、耐高低温性和包装操作适应性。

② 卫生安全性好：可将印刷装饰层处于中间，具有不污染内容物并保护印刷装饰层的作用。

实训　水的预处理

一、实训目的

（1）通过紫外线杀菌水处理的实践过程，了解水处理中常出现的实际问题。

（2）掌握水处理的基本原理和常用方法。

（3）培养学生的实践技能。

二、材料与设备

流水型紫外线杀菌装置、离子交换器、井水或自来水。

三、工艺流程

工艺流程见图1－5。

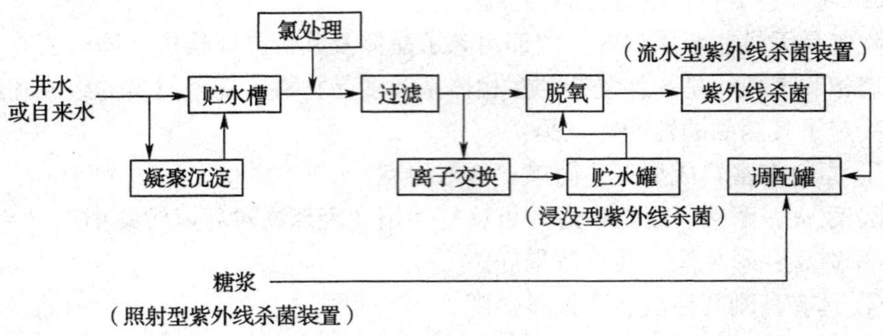

图1－5　紫外线杀菌的水处理流程

四、操作要点

（1）紫外线穿透力小，但研究表明，在蒸馏水中，紫外线可穿透1～2cm的深度，因此常用于饮用水的杀菌。由于紫外线的穿透力小，因此对紫外线的杀菌效果不应估计过高。

（2）紫外线杀菌装置可分为流水型、浸没型和照射型三种类型。还有内照式和外照式之分，可根据用途进行选择。紫外线的杀菌效果与其波长、强度和照射时间有关。

(3) 所需照射的能量可用单位面积的紫外线强度和照射时间的乘积即 $\mu W \cdot s/cm^2$ 表示。

(4) 紫外线杀菌一般采用低压汞灯发射 253.7nm 的紫外线，管壁选用紫外线透过率极高的石英玻璃制成。

(5) 根据点灯方式，紫外灯管可分为热阴极型、冷阴极型和细长管型三种，各有其特点，可根据杀菌装置种类和使用目的选择，以获得最佳杀菌效果。

(6) 对于常用的流水型紫外线杀菌装置，应采用紫外线强度大的细长管型灯，以在短时间内产生较强的杀菌作用。对于贮水槽内用的浸没式杀菌装置，宜选用寿命较长的冷阴极型灯。

五、注意点

(1) 在选择紫外线杀菌装置时，应结合杀灭对象菌所需的照射能量来确定水的流速（水流量）。因不同的对象致死所需的照射能量差异较大，在对象菌不明确时，可用一般细菌的致死量 $25\mu W \cdot s/cm^2$ 作为参考值。

(2) 原水水质对紫外线杀菌效果也有影响，因此在紫外线杀菌前要进行水质分析。可根据紫外线对原水的透过率确定水的流量。

六、检测

对照饮用水和饮料用水标准，检测如下项目：

(1) 浊度

(2) 色度

(3) 总碱度

(4) 游离氯含量

(5) 总硬度

(6) 致病菌含量

(7) pH

七、报告

实验结束时应完成实验报告，认真总结紫外线杀菌效果及影响因素。

思考题

1. 硬水软化的常用方法有哪些？分别说明离子交换法、电渗析法的软化原理。

2. 饮料生产上水消毒的方法有哪些？分别说明其杀菌原理。

3. 果蔬化学成分主要有哪些？各有什么样的性质？

4. 哪些甜味剂适于生产适合糖尿病、肥胖症病人及防龋齿的食品？为什么？

5. 简述酸味剂在饮料中的作用。

6. 在软饮料中使用香精应注意哪些问题？

7. 天然色素和合成色素各有哪些特性？如何正确使用？

8. 在使用防腐剂时，应注意哪些问题？

9. 什么是 HLB 值？乳化剂的作用与 HLB 值有何关系？

10. 简述复合稳定剂的优点及其在饮料中的应用。

11. 简述二氧化碳的来源和性质。

12. 软饮料用包装容器和材料应具备哪些条件？

13. 包装容器是如何分类的？复合软包装材料的优点有哪些？

第二章　碳酸饮料的加工技术

［教学目标］

1. 掌握碳酸饮料的概念。

2. 重点掌握碳酸饮料生产的基本工艺过程，明确碳酸饮料加工中常见的质量问题及解决途径。

3. 了解汽水的配方及原位清洗。

第一节　碳酸饮料加工的方法

一、碳酸饮料的分类及工艺流程

碳酸饮料是指充有二氧化碳气体的软饮料的总称，俗称汽水。饮料中充入的二氧化碳气体可增强饮料的特殊味感。它能使饮料风味突出、口感强烈，还能使人产生清凉舒爽的感觉，是人们在炎热的夏天消暑解渴的饮品。目前，国内外生产碳酸饮料的方法有两种：一次灌装法和二次灌装法。

1. 一次灌装法及工艺流程

一次灌装法有两种形式：一是将各种原辅料按工艺要求配制成调味糖浆，然后与碳酸水（充有二氧化碳的水）在配比器内按一定比例进行混合，进入灌装机一次灌装，其流程见图 2-1；二是将调味糖浆与水预先按照一定比例泵入汽水混合机内，进行定量混合后再冷却，然后将该混合物碳酸化后再装入容器，其流程见图 2-2。

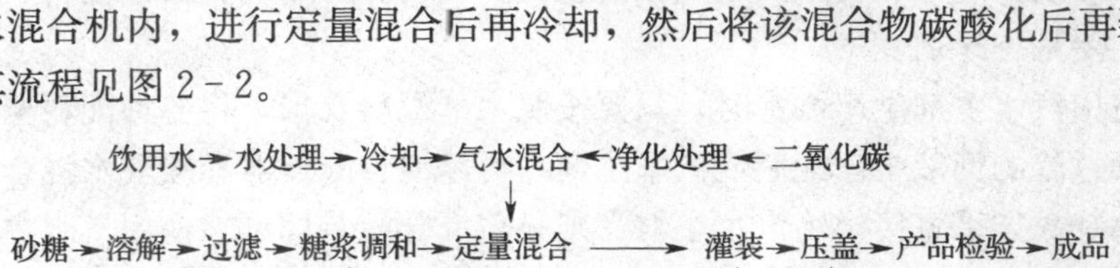

饮用水→水处理→冷却→气水混合←净化处理←二氧化碳

↓

砂糖→溶解→过滤→糖浆调和→定量混合 ——→ 灌装→压盖→产品检验→成品

↑ 酸味剂、香料及其他辅料（→糖浆调和）

容器→清洗→消毒→检验（→灌装）

消毒←瓶或罐盖（→压盖）

图 2-1　加碳酸水的一次灌装法工艺流程图

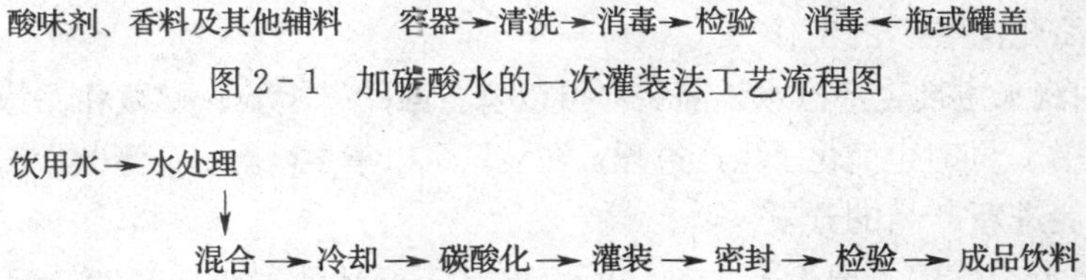

饮用水→水处理

↓

混合→冷却→碳酸化→灌装→密封→检验→成品饮料

↑

糖浆→调配（→混合）

检验←清洗←容器（检验→灌装）

图 2-2　先混合后碳酸化的一次灌装法流程示意图

一次灌装法又称为预调式灌装法、成品灌装法或前混合（premix）法。碳酸饮料生产工艺的发展趋势为一次灌装法，因为这种方法适合于大型化、自动化、连续化和使用主剂的碳酸饮料生产。像广东健力宝饮料公司、沈阳八王寺汽水厂、上海汽水厂以及可口可乐公司、百事可乐公司在中国的生产工厂均采用一次灌装生产线。

2. 二次灌装法及工艺流程

二次灌装法是先把调味糖浆定量注入容器中，然后再充入碳酸水至规定量，密封后再混合均匀。二次灌装法又称为现调式灌装法、成品灌装法。其工艺过程见图 2-3。

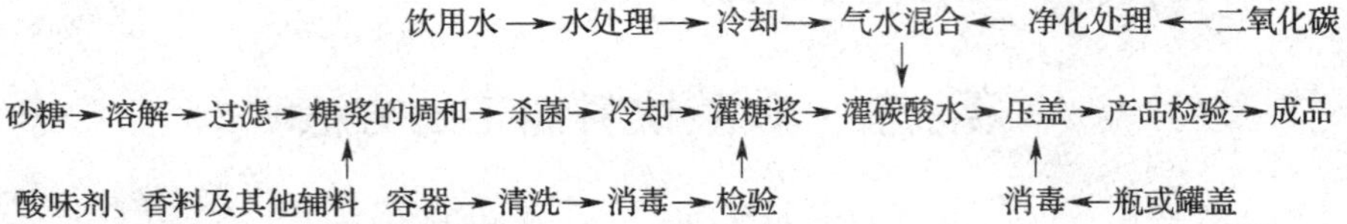

饮用水→水处理→冷却→气水混合←净化处理←二氧化碳

↓（气水混合→灌碳酸水）

砂糖→溶解→过滤→糖浆的调和→杀菌→冷却→灌糖浆→灌碳酸水→压盖→产品检验→成品

↑（酸味剂、香料及其他辅料→糖浆的调和；检验→灌糖浆；消毒→压盖）

酸味剂、香料及其他辅料　容器→清洗→消毒→检验　消毒←瓶或罐盖

图 2-3　二次罐装法工艺流程图

二、汽 水 主 剂

碳酸饮料的内容物分为四个部分：第一部分是水，占 90%以上，除了有解渴效果外，还是风味物质的载体；第二部分是糖，赋予汽水以甜味和浓厚感；第三部分是二氧化碳，赋予汽水以清凉的感觉；第四部分是赋予汽水主要风味的其他添加剂，也就是汽水主剂。

汽水主剂的组分中包含有香味剂、酸味剂、防腐剂和其他添加剂等，状态有粉末和液体两类。粉末类组分主要包括酸味剂、防腐剂和其他辅料，液体类组分主要是香味剂。

使用汽水主剂生产汽水时，只要按照主剂配料要求，将各种配料全部加入经消毒过滤的糖液中，配制成汽水主剂，再经混合配比器和碳酸水混合后，就可以灌装。如果直接供给汽水主料，则只需混合灌装即可。使用汽水主剂有以下特点。

1. 简化灌装厂的工作

使用汽水主剂生产汽水，灌装厂可以省去采购、检验、贮藏和保管汽水原料等许多工作，同时也简化了生产过程，灌装厂可以集中精力提高灌装生产技术。

2. 促进新产品的开发

汽水主剂厂因主要生产主剂，所以着重于新品种主剂的开发，因而能够及时开发市场所需求的新产品。

3. 保证产品质量的稳定

汽水主剂生产厂是汽水配料生产方面的专业化工厂，负责汽水主剂中所有添加剂的采购、检验和加工，能够保证主剂成品的质量稳定，从而就保证了汽水产品质量的稳定。

4. 发挥最大的品牌效应

主剂形式的汽水生产是主剂厂和灌装厂联合的生产形式。灌装产品大量使用主剂生产厂家的品牌，市场上会充分发挥品牌的效应，使各灌装厂均收到良好的经济效益。

在生产过程中，汽水主剂是汽水的主要成分，它对汽水质量的优劣起着决定性的作用，使用汽水主剂是碳酸饮料工业发展的趋势。

第二节 调和糖浆的配制

调和糖浆又称基料或底料，无论是一次灌装法还是二次灌装法，调和糖浆的制造方法是相同的。把砂糖溶解在水中所得糖水溶液一般称为原糖浆或单糖浆。向原糖浆中再加入其他甜味剂、酸味剂、果汁、香精香料、色素、防腐剂等，充分混合均匀后，得到浓稠状的糖浆，称为调和糖浆。

一、原糖浆的制备

1. 原糖浆的制备方法

制备原糖浆必须采用优质的砂糖作原料，将砂糖溶解于一定量的水中，制成预计浓度的糖液，再经过滤、澄清后备用。原糖浆的制备分为冷溶法和热溶法。

（1）冷溶法　按用量要求将糖和无菌水备齐，操作时先将无菌水加入溶糖锅内，加入称量好的糖，开动搅拌机，常温下进行搅拌，待完全溶化后，过滤去杂，即成为具有一定浓度的糖液。这种糖液的浓度一般配成 45～65°Bx[①]，如要存放一天则必须配成 65°Bx。此方法设备比较简单，省去了加热和冷却过程，节省能耗，而且口感好。缺点是溶糖时间较长，不经加热，缺少杀菌工序，糖液易被污染。采用这种溶糖方法来生产糖浆时，一定要有严格的卫生控制措施。

（2）热溶法　此方法是将定量的糖和水一起加热，并不断搅拌，使糖完全溶解。热溶法能杀灭糖液中的细菌，糖溶解迅速，短期内可生产大量糖液。

糖溶解过程中，糖的溶解度与糖液温度的关系见表 2－1。

---

① 白利度，是指含糖量的质量分数。

表 2-1　　蔗糖的溶解度与温度的关系

温度/℃	溶解度/%	温度/℃	溶解度/%
0	64.18	55	73.20
5	64.87	60	74.18
10	65.58	65	75.18
15	66.23	70	76.22
20	67.09	75	77.27
25	67.89	80	78.36
30	68.70	85	79.46
35	69.55	90	80.61
40	70.42	95	81.77
45	71.32	100	82.97
50	72.25		

由表可以看出，温度越高，蔗糖的溶解度越大。表中数字显示，100℃时糖的溶解度约为 83，待冷却到 0℃时糖的溶解度约为 64，有 19g 的糖不溶解而析出。糖液太稀易变质，糖液太浓虽保存性好，但黏度大且有白砂糖析出，不利于生产。糖液浓度以 55～60°Bx 为宜。

热溶法所用溶糖锅，一般采用不锈钢夹层锅，并备有搅拌器，锅底部有放料管道。其操作过程是先将糖和水用量正确配备，将水放入夹层锅，用蒸汽加温至沸点，加入砂糖，搅拌使之溶解，然后停止搅拌，维持煮沸 5min，以达到杀菌的目的。热溶法在加热过程中，有一部分水被蒸发掉，所以在配制调和糖浆前，还应该测定其浓度。

2. 原糖浆浓度的测定

测定糖浆的浓度，可使用密度计测定法和白利度测定法。

(1) 密度计测定方法　密度计测定方法操作简便、快速，准确性较高。将糖液盛放于玻璃量筒中，使密度计浮于糖液中（注意勿使密度计与容器壁接触），糖液面在密度计上所显示出的读数即为糖浆浓度。如果测定碳酸饮料中糖的浓度，必须使饮料中的二氧化碳完全逸出，然后再进行测定。在读数时，观察视线要与液面平行，读出半月形最低点的刻度的读数。

测定糖液的浓度需同时测量其温度，糖液的浓度因温度不同而异。

(2) 白利度测定法　白利度（°Bx）是我国及英国等国家通用检测食糖量的标度。如：白利度 55°Bx，说明 100g 糖液中含糖 55g。又如：白利度 50°Bx，相对密度 1.230（表 2-2），说明 1000mL 此糖液，质量为 1230.0g，此糖液中 50%（614.8g）为糖，50%（614.8mL）为水。

3. 原糖浆配制中糖和水量的计算

生产各种浓度的原糖浆，只需知道糖与水的质量，或知道糖浆浓度及体积，即能求出所需的糖与水的质量。

例 1：生产白利度 55°Bx 的糖浆，1kg 糖需多少水？

糖与水的质量比 55∶45＝1∶X

X＝0.818，即需 0.818kg 或 0.818L 水。

例 2：糖浆 23L 其浓度 55°Bx，问需糖与水各多少克？

55°Bx 的相对密度为 1.257（表 2－2）

23L×1.26kg/L＝28.98kg

28.98kg×0.55＝15.94kg（糖质量）

28.98kg×0.45＝13.04kg（水质量）

现将生产 1L 不同白利度糖浆所需糖与水的质量列于表 2－2 中。

表 2－2　　糖浆制备速算表

白利糖度/°Bx	相对密度	制糖浆 1L 所需		对 1L 水		°Bé① (15℃)
		蔗糖量/g	水量/mL	蔗糖添加量/g	制成的糖液量/mL	
50	1.230	614.8	614.8	1000	1626.5	27.7
51	1.235	629.9	605.2	1040.8	1652.3	28.2
52	1.241	645.1	595.5	1093.3	1679.3	28.8
53	1.246	660.5	585.7	1127.7	1707.4	29.3
54	1.252	676.0	575.9	1173.8	1736.4	29.8
55	1.257	691.6	565.9	1222.1	1767.1	30.4
56	1.263	707.4	555.8	1272.8	1799.2	30.9
57	1.269	723.3	545.7	1325.5	1832.5	31.4
58	1.275	739.4	535.4	1381.0	1867.7	31.9
59	1.281	755.5	525.1	1438.3	1904.4	32.5
60	1.286	771.9	514.5	1500.3	1943.6	33.0
61	1.292	788.3	504.0	1564.1	1984.1	33.5
62	1.298	804.9	493.4	1631.3	2026.7	34.0
63	1.304	821.7	483.6	1699.1	2069.4	34.5
64	1.310	838.6	471.7	1777.8	2120.0	35.1
65	1.316	855.5	460.7	1857.1	2170.6	35.6

①波美度，是表示溶液浓度的一种方法。把波美密度计浸入所测溶液中，得到的度数叫波美度。

注：如要调制 180L 糖度 55°Bx 的糖浆，需要多少砂糖和水？

第 3 栏 0.692×180＝124.56kg 砂糖。

第 4 栏 0.566×180＝101.88L 水。

如用热水时，水温增高，相对体积的变化如表 2－3 所示。

表 2－3　　水温升高时体积的变化

水温/℃	相对体积	水温/℃	相对体积
0	1.0000	70	1.0217
40	1.0068	80	1.0280
50	1.0111	90	1.0348
60	1.0161	100	1.0422

例：制造白利度 55°Bx 的糖液时，如用 100℃热水溶解，100kg 糖需水多少？

按前式计算用常温水 81.8L，如用 100℃热水应按温水的 1.0422 倍计算。

即 81.8L×1.0422＝85.25L

4. 制备原糖浆的要求

（1）原糖浆是调和糖浆的主要成分，因此糖液质量的优劣直接关系到调和糖浆的质量和特点，为保证质量，必须选择优质的原料。我国在碳酸饮料中使用最多的甜味剂是蔗糖，一般使用质量等级在一级以上的白砂糖，也可添加异构糖、麦芽糖和甜菊苷等甜味料。

（2）制备糖液过程中必须充分保证清洁卫生，并对器具和管道进行定期和不定期的清洗消毒。

（3）单纯糖液配制好后再过滤，其目的是除去糖液中的杂质或微生物。通常用板框过滤机、棉饼过滤机等过滤，并用硅藻土作助滤剂，为保证过滤速度，热溶糖浆可趁热过滤，过滤之后迅速冷却，以便保存。在生产中切记不要将糖液长期保存在 30℃左右，以免微生物繁殖。

二、其他料液的配制

碳酸饮料所用的原料，除白砂糖外，还有酸味料、香料、色素，有的还要添加其他甜味剂和防腐剂，这些称之为色、香、味添加剂，简称为添加剂。这些添加剂在配制调和糖浆时往往不能直接加入，必须先制成一定浓度的水溶液，经过滤后计量添加。

1. 人工合成甜味剂的配制

碳酸饮料中甜味料除砂糖外，还普遍使用糖精钠，糖精钠极易溶于水中，可配成 20％的水溶液经过滤后加入。

2. 防腐剂溶液的配制

碳酸饮料中常用的防腐剂是苯甲酸及其钠盐，山梨酸及其钾盐。由于苯甲酸、山梨酸难溶于水，生产上一般用其盐类。使用时无论是单独使用还是联合并用，都必须配成溶液。一般是用温水将其配成25％的溶液后加入。

3．酸味料液的配制

饮料中用得最多的酸味剂是柠檬酸。柠檬酸液的浓度以50％浓度较为适宜。调制时应注意柠檬酸溶解时的吸热现象，故在冬季须用热水溶解柠檬酸，以颗粒较小柠檬酸为好。柠檬酸有吸湿性，长时间暴露在空气中会潮解，存放时要保藏在防潮容器中。

4．色素溶液的配制

色素液一般调制为5％浓度的水溶液，溶解色素的器具宜用不锈钢或无毒塑料制品。用0.01％分析天平准确称取色素，加水，充分搅拌使之完全溶解。色素液应保存在玻璃瓶中，并放在避光的地方。由于色素液的稳定性较差，一般是现用现配，用多少配多少。制成的色素液用计量设备准确计量。

由于焦糖色素黏度大，称量困难，可把原液适当稀释。色素液混入的异物较难发现，要用滤纸或其他方法进行过滤。

5．调香

香精本身虽然没有什么营养价值，但对消费者的嗜好来说是很重要的。要使饮品有特色，就必须添加能突出特点的风味物质。加入的香精必须与主体香味和谐，这对于提高饮料产品的质量非常重要。

香精在饮料中可单独使用，也可联合使用。实践证明将2～3个不同香型的香精联合使用，能产生一种特殊的风味，如花生香精与奶油香精混合使用、橘子香精和柠檬香精混用等，但使用量不超过0.1％。

为了保证饮料产品有好的味道，必须进行调香试验和口味试验。调香的配方确定之后，再根据此香型风味来选定最适宜的糖度、酸度及碳酸气的容积。酸味和甜味应根据饮料风味的种类做相应的调整。为了得到酸度、糖度、气体容积和风味最适当的制品，应尽可能配制几种不同糖度、酸度的饮品，让较多的人品尝，把评选的结果按统计的方法，选出最佳方案。这样可以避免由于个人嗜好的差别造成失误。

三、调和糖浆的配制

1．调和糖浆

调和糖浆是指已经调配有各种添加剂，可直接用于饮料生产的糖浆。其调配过程是将所需的已经过滤的原糖浆投入配料罐中（配料罐应为不锈钢材料制成的，内装有搅拌器，并有体积刻度），当原糖浆加到一定体积时，在搅拌的条件下，将各种所需添加剂依次加入。

调和糖浆与碳酸水混合后即得最终产品，因此调和糖浆的优劣直接影响到饮料产品的质量，所以调和糖浆的配制是饮料生产中的关键工序。在生产中应注意以下操作：

（1）对配料室及工作人员的要求　调和糖浆的配制主要在配料室进行，配料室是饮料生产中最重要的工作场所，所以对它的要求首先是清洁卫生，室内应具备良好的清洗、消毒、排水、换气、防尘、防鼠、防蝇等设施；其次，从事调和糖浆的操作人员，进入配料室必须穿戴专用的工作帽、工作服和工作鞋等，手要经过洗涤、消毒，严禁非本室操作人员进入。

（2）调和糖浆的加料顺序

糖液→甜味剂液→防腐剂→酸味剂→乳化剂→香精→色素液→加水定量

调和糖浆配制时的加料顺序是十分重要的，加料次序不当，将有可能失去原料应起的作用。糖精钠和苯甲酸钠应在加酸前加入，否则两者在酸性糖浆中会析出，很难再溶解；若料温过高时加入香精，香精将很快挥发而失去香味；加入乳化剂和香精时，要缓慢地搅拌，避免小油滴浮于液面或产生沉淀；乳化剂可以帮助香精溶解，应在加香精前加入，这样可减少搅拌的时间。顺序变更，有时还会产生化学反应，或使制品形成乳状溶液或变质。

（3）配料时注意事项

① 各种添加剂要分别溶解，按顺序边加边搅拌，但不能过分搅拌，否则会使糖浆混入过多的空气而影响碳酸化过程。

② 配制的基料必须当天使用，不能隔夜。

③ 配料完毕后，立即测定糖浆的浓度，其测定方法与测定原糖浆的浓度相同。同时抽出少量糖浆加碳酸水，观察其色泽，品味，检查是否与标准样相符合。

2. 糖浆的定量

一般工厂使用的糖浆其浓度在 55～60°Bx，通常用 1 份糖浆，5 份碳酸水（或 4 份碳酸水）的配比来生产汽水。由于糖浆量占汽水量的 20%左右，因此在定量上稍有差错，就会使汽水的味道起很大的变化。定量过多，汽水会太甜、太香，还会增加成本；定量过少，汽水会淡而无味。故控制糖浆定量是控制成本和产品质量统一的主要操作。要使定量准确，应经常校正糖浆定量器，校正时要反复测定。要保证成品的一致性，配料计量必须准确，用量过多或过少都不行。实际生产中注意做好以下记录：① 糖的每批投料量；② 配制糖浆的容器的体积及相对密度；③ 成品汽水的含糖百分比及每瓶糖浆注入量；④ 该批糖浆生产的汽水产量。

四、糖、酸、香精参考用量

在各种碳酸饮料的配方中，糖、酸、香精量可以参考表 2-4。

表 2-4　　各种碳酸饮料的糖、酸、香精用量

饮料名称	含糖量/%	柠檬酸量/（g/L）	国内香精参考用量/（g/L）
橘子	10～14	1.25～2.50	0.75～1.5
菠萝	10～14	1.25～1.55	0.75～1.5
草莓	10～14	1.50～2.25	0.75～1.5
香蕉	11～12	0.15～0.25	0.75～1.5
鲜橙	11～14	1.25～1.75	0.75～1.5
梨	10～13	0.65～1.55	0.75～1.5
葡萄	11～14	1	0.75～1.5
苹果	9～12	1	0.75～1.5
杏	11～12	0.5～1.0	0.75～1.5
樱桃	10～12	0.65～1.85	0.75～1.5
白柠檬	9～12	1.25～3.10	0.75～1.5
柠檬	9～12	1.25～3.10	0.75～1.5
芒果	11～14	0.5～1.5	0.75～1.5
石榴	10～14	1.25～3.10	0.75～1.5
可乐	11～12	磷酸，0.9～1.0	0.75～1.5

第三节　碳　酸　化

碳酸化过程就是将二氧化碳溶解到饮料中的过程。它是碳酸饮料生产中的重要工序，对产品的质量影响较大。

一、二氧化碳在饮料中的作用

1. 清凉作用

二氧化碳溶解在饮料中生成一定浓度的碳酸，碳酸在体内由于温度升高、压力降低而进行分解，此反应是吸热反应。当二氧化碳从体内排放出来时，能吸收和带走体内热量，起到清凉解热作用。

2. 抑制微生物生长，延长汽水保存期

碳酸饮料由于酸味强，pH 在 2.5～4，除耐酸菌外其他微生物难以繁殖，特别是因为二氧化碳含量高，空气含量非常低，所以能抑制好氧微生物的生长。汽水中含气量为 3.5～4 倍时，能使饮品的保存性能大大提高，国际上认为此含气量是汽水的安全区。

3. 突出香味

二氧化碳与饮料中的其他成分配合产生一种特殊的风味，从汽水中逸出时能带出香味。

4. 具有特殊的刹口感

饮用碳酸饮料时，饮料溢出大量的碳酸气泡沫，对口腔产生刺激性的刹口感，能给人以快感。

5. 刺激消化液分泌，增进食欲

饮用碳酸饮料，可刺激口腔唾液和肠胃消化液的分泌，增进食欲。

二、二氧化碳在水中的溶解度

在一定压力和温度下，二氧化碳在水中的最大溶解量称为溶解度。在汽水中的溶解量计算单位为溶解倍数，即在标准的压力和温度下1体积的水所能溶解二氧化碳的体积量。在碳酸饮料生产中，二氧化碳的溶解量是：在0.1MPa、温度为15.56℃时，1体积的水可以溶解1体积的二氧化碳气，称为1气体体积（即二氧化碳在水中的溶解度数值约为1）。

三、碳酸化原理与影响因素

1. 碳酸化原理

碳酸化作用是在压力的作用下，将二氧化碳气与水混合，化合成碳酸，其反应式为：

$$CO_2 + H_2O \longrightarrow H_2CO_3$$

2. 影响二氧化碳溶解度的因素

（1）温度和压力　在碳酸饮料生产中，二氧化碳与水混合的压力通常控制在10MPa以下。当温度一定时，气体的溶解度仍服从亨利定律和道尔顿定律，即二氧化碳的溶解度与二氧化碳的分压成正比，该压力越大，溶解度越大。

$$C=Hp$$

式中　C——二氧化碳的溶解度，g/100mL；

H——亨利常数（见表2-5）；

p——二氧化碳的分压，kPa。

表2-5　二氧化碳的亨利常数

温度/℃	亨利常数	温度/℃	亨利常数	温度/℃	亨利常数
0	1.173	25	0.759	60	0.359
5	1.424	30	0.665	70	0.243
10	1.194	35	0.592	80	0.145
15	1.019	40	0.530		
20	0.878	50	0.436		

一般说来，对果蔬汁型汽水和果蔬味型汽水，气压不宜高于196kPa；对可乐型汽水和勾兑苏打水，气压应在196～294kPa。

当压力一定时，二氧化碳在水中的溶解度随温度的降低而增大，随温度的升高而降低，见表 2-6。根据这一规律，在碳酸化时，尽可能保持低温。生产中饮料碳酸化的温度一般采用 2～5℃。

表 2-6　在 101330Pa（标准大气压）下二氧化碳的溶解度（1L 水中）

温度/℃	体积/L	质量/g	温度/℃	体积/L	质量/g
0	1.714	3.347	11	1.154	2.240
1	1.646	3.214	12	1.117	2.166
2	1.584	3.091	13	1.083	2.099
3	1.527	2.979	14	1.050	2.023
4	1.473	2.872	15	1.019	1.971
5	1.424	2.774	16	0.985	1.904
6	1.377	2.681	17	0.956	1.845
7	1.331	2.590	18	0.928	1.789
8	1.282	2.491	19	0.902	1.736
9	1.237	2.404	20	0.878	1.689
10	1.194	2.319	21	0.354	1.641

（2）气体和液体的接触面积和接触时间　二氧化碳气体和液体接触的表面积越大，其溶解度越大；在面积不变的情况下，二氧化碳气体和液体接触的时间越长，其溶解度越大。

（3）空气的影响　水、糖浆中空气的存在会降低二氧化碳的溶解度。二氧化碳中的杂质（空气）能阻碍二氧化碳的溶解。实验证明，水中溶解 1 体积的空气可少溶解 50 体积的二氧化碳。

（4）液体中存在的溶质的性质　溶质不同，对二氧化碳的吸附程度不同。纯水较含糖或含盐的水更容易溶解二氧化碳；当饮料中含有胶体物质时，可提高其溶解度。

二氧化碳溶解量的多少对于饮料的风味影响很大。二氧化碳溶解量过高，使饮料的甜酸味减弱；对于风味复杂的碳酸饮料，二氧化碳溶解量过高反而冲淡饮料应有的独特风味，对于含挥发性成分低的柑橘型碳酸饮料尤其如此。有些碳酸饮料由于所用香精含易挥发的萜类物质，二氧化碳过高会破坏原有的果香味而变苦。碳酸气过少给人的刺激太轻微，失去碳酸饮料应有的刹口感。

四、碳酸化方式和设备

1. 碳酸化系统

碳酸化系统一般是由调压站、水冷却器、混合机组成。

（1）二氧化碳气调压站　它是将二氧化碳气的压力调节到混合机所需压力的设备。在生产中最常用的是液体二氧化碳，当打开贮罐阀门时二氧化碳立即气化，其压力可达 7.8MPa。最普通的调压站只用一个降压阀，通过可调节的降压阀就可把二氧化碳气的压力调节到混合机所需要的压力。当二氧化碳不需净化时，必须经调压站才能送往混合机。

对于工业副产品的二氧化碳，即使纯度能达到近99%，也还带有少量的有机杂质并伴有异味，如发酵碳酸气会有酒精味等。所以在进入碳酸化器前要先经过净化处理，其过程见图2-4。

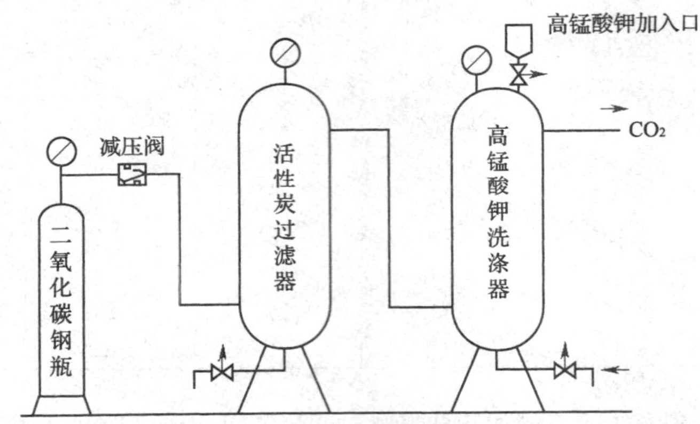

图2-4　二氧化碳净化处理流程示意图

钢瓶中的二氧化碳经减压阀减压至一恒定的压力后，输送至活性炭过滤器。为了使二氧化碳均匀地通过过滤介质活性炭，二氧化碳由过滤器底部经过一多孔管分散开来。过滤后的二氧化碳由过滤器上部的出口，经管道至高锰酸钾洗涤器。二氧化碳由洗涤器底部进入，经多孔管分散，再通过一定浓度的高锰酸钾溶液，最后从洗涤器上部出口送至混合器使用。也可将高锰酸钾溶液用泵加压，在洗涤器内由上而下喷成雾状与二氧化碳充分接触，洁净的二氧化碳再经过一次清水冒泡和脱水处理会更好。

（2）水冷却器　水冷却器主要将水温降到碳酸化所需要的温度。目前多采用板式热交换器，一般放在混合机前或脱气机前，也可以放在混合机后作为二次冷却用。

（3）汽水混合机　汽水混合机是混合水与二氧化碳的设备，或称碳酸化设备。混合机的混合形式主要有薄膜式、喷雾式和喷射式等三种：

① 薄膜式碳酸化罐：见图2-5。二氧化碳经过阀门3恒定地向密闭压力容器中输送，充满时内压控制在0.4～0.6MPa。经过冷却的水用泵压入，从容器中间直立管6上口溢出。溢出的水均匀落在圆盘5表面上，形成一层层较薄的水膜，水膜的表面就是二氧化碳和水的接触面，在水成膜状流过的过程中完成碳酸化。碳酸水由碳酸化器的底部出口1流出，被送往灌装机。

② 喷雾式混合器：见图2-6。喷雾式混合机是我国用得最多的混合机，喷雾法是增大二氧化碳和水接触面积的最有效方法之一。

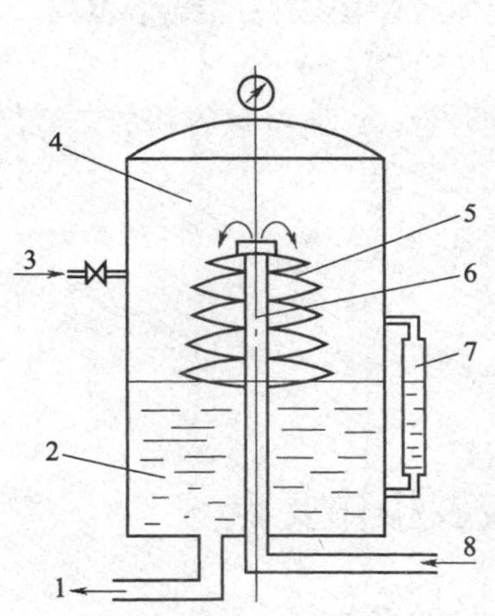

图 2-5 薄膜式碳酸化罐

1—碳酸水出口 2—碳酸水
3—二氧化碳进气阀 4—压力容器
5—圆盘 6—直立管
7—液位计 8—净冷水入口

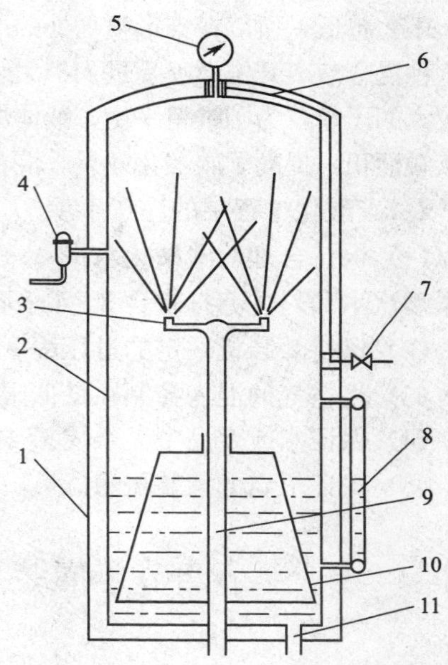

图 2-6 喷雾式碳酸化器结构示意图

1—外罩 2—内筒 3—雾化器喷嘴
4—二氧化碳止逆阀 5—压力表 6—排气管
7—放气阀 8—液位显示控制器
9—中心进水管 10—防雾筒
11—碳酸水出口

喷雾式混合器罐中安有几只雾化器，并充满二氧化碳。由泵压入的水，通过中心进水管 9 到达顶部的雾化器 3 时，即被雾化成直径极小的雾滴，与二氧化碳进行充分混合。常用的雾化方法有两种：离心喷雾法和压力喷雾法。

③ 喷射式混合机：见图 2-7。喷射式混合机是一种生产能力较大、结构新颖的汽水混合机，在国外引进设备及大型饮料厂中使用较多。这种混合机内部结构是一根管径发生变化的管子，其中部有锥形窄通路，连接二氧化碳入口。当加压的水流经此处时，由于截面逐渐缩小，流速加快，液体压力则降低。流速越

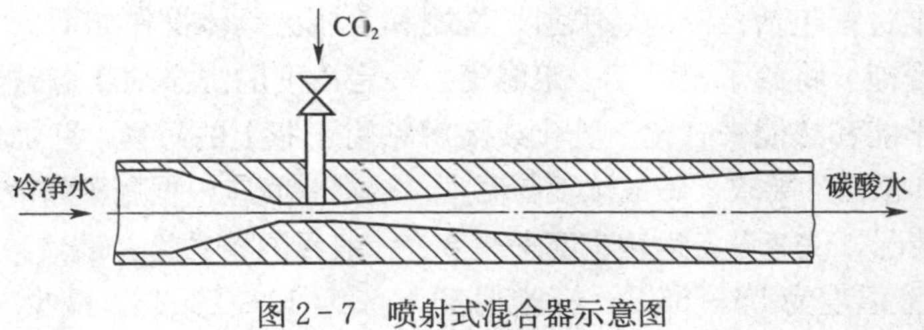

图 2-7 喷射式混合器示意图

大，压力越低，所以在锥形喷嘴处的压力最低。二氧化碳通过管道被不断吸入。当这种混合液离开锥形喷嘴进入扩大管时，周围的环境压力与液体的内部压力形成较大的压差，为了维持平衡，液体爆裂成细小的液滴，扩大了与管内二氧化碳的接触面积，提高了碳酸化效果。混合后的液体经管道贮存在混合容器内。

2. 碳酸化过程中的注意事项

(1) 保持合理的碳酸化水平　一般果汁型汽水含 2～3 倍容积的二氧化碳，可乐型汽水和勾兑苏打水含 3～4 倍容积的二氧化碳。

(2) 保持灌装机一定的过压程度。

(3) 将空气的混入控制在最低限度。

(4) 保证水或产品中无杂质。

(5) 保证恒定的灌装压力。

第四节　灌装生产线及操作要点

一、容器的洗涤与检验

1. 容器的清洗

由于碳酸饮料灌装后不再杀菌，因此容器的干净与否直接影响产品的质量和卫生指标。对一次使用的易拉罐、聚酯瓶等，由于包装严密，出厂后无污染，因而不需要清洗，或用无菌水洗涤喷淋即可用于生产。对于可回收的玻璃瓶来说比较脏，微生物残留在瓶内较多。洗瓶的目的就是将空瓶清洗干净，并消毒后使用。玻璃瓶经过洗涤后必须满足下列要求：

(1) 空瓶内外清洁无味，瓶口完整无损。

(2) 空瓶不残留余碱及其他洗涤剂。

(3) 瓶内经微生物检验，细菌菌落不得超过 2 个/mL，大肠杆菌、致病菌不得检出。

2. 洗瓶的步骤

目前饮料厂洗瓶的方法可分为手工洗瓶、半机械洗瓶和全自动洗瓶三种。洗瓶的基本过程包括：浸泡、喷射、洗刷和验瓶。具体操作如下：

(1) 浸泡　将瓶子浸没于一定温度、一定浓度的洗涤剂或烧碱液中，利用它们的化学能和热能来软化、乳化或溶解粘附于瓶上的污物，并加以杀菌。为达到清洗和杀菌的要求，碱液浓度与温度、浸泡时间应根据瓶子的清洁程度、瓶子的耐温情况、洗瓶设备运转速度来调节。一般浸泡条件为：碱液浓度为 2%～3.5%；碱液温度为 55～65℃；浸泡时间一般为 10～20min，最少 5min。应注意：温度每 0.5h 检查一次，碱液每班需检测 2 次，以确保其浓度在需要范围之内；氢氧化钠溶液会侵蚀皮肤，且操作中易溅入眼内，应注意工作时的防护。

（2）喷射　洗涤剂或清水在一定的压力（0.2～0.5MPa）下，通过一定形状的喷嘴（喷嘴口径一般较小），对瓶内、外进行喷射，利用洗涤剂的化学能和动能来去除污物。但若洗液流量太大，洗涤剂会起泡，要添加消泡剂。

（3）洗刷　用旋转洗刷将瓶内污物洗刷干净，瓶口向下，用无菌水冲洗空瓶内部，喷眼应保持水流通畅，压力要保持在1MPa，冲洗时间不少于5～10s，再将瓶子倒置，将水沥出。

（4）验瓶　已清洗过的瓶子在灌装前应经过检验，以便检出那些不清洁、破损及形状不合要求的瓶子，以保证饮料不被污染和避免灌装时的爆瓶现象。一般采用空瓶电子检查机和人工检查相结合的方法。

二、灌　装

1. 灌装方法及特点

（1）一次灌装　工艺先进，适合大型饮料厂。把处理水和调和糖浆以一定比例做连续的混合，压入碳酸气后灌装。常在混合机内配冷却器或冷却碳酸化器。目前多采用同步电动混合机。

一次灌装优点是糖浆和水的比例准确，灌装容量容易控制；当灌装容量发生变化时，不需要改变比例，产品质量一致；灌装时糖浆和水的温度一致，气泡少，二氧化碳气含量容易控制和稳定；产品质量稳定，含气量足，生产速度快。缺点是不适合带果肉碳酸饮料，设备复杂，混合机与糖浆接触，洗涤和消毒不方便。

（2）二次灌装　设备简单，投资少，适合中小型饮料厂。从卫生角度来讲，二次灌装容易保证产品卫生。由于糖浆和碳酸水温度不同，在向糖浆中灌碳酸水时容易产生大量泡沫，造成二氧化碳的损失及灌装量不足，可采取糖浆灌装前冷却方式解决。由于糖浆未经碳酸化，与碳酸水混合后会使含气量降低，因此必须使碳酸水的含气量高于成品预期的含气量。

采用二次灌装，糖浆定量灌装，而碳酸水的灌装量会由于瓶子的容量不一致，或灌装后液面高低不一致而难以准确，使成品的质量有差异。

大型二次灌装设备在灌装密封设备后设置翻转混匀机，使糖浆和碳酸水均匀混合。

（3）组合灌装　当灌装带肉果汁碳酸饮料时，按一般的一次灌装法组合各机，在调和机上装一个旁通，使调和糖浆按比例泵入另一管线而不与水混合，直接送入混合机末端，利用泵和控制系统将其与碳酸水混合，然后灌装。

2. 灌装系统

灌装系统是由灌糖浆、灌碳酸水和封盖等操作组合而成的体系，是碳酸饮料生产的关键部分之一。一次灌装系统在加糖浆工序中，配比器放在混合机之前，灌装系统由一个动力机构驱动的灌装机和压盖机组成；二次灌装系统由灌浆机、灌水机和压盖机组成。

（1）对灌装系统的主要技术要求

① 糖浆和水的比例准确：在一次灌装法中，配比器要保证正确运行，而在二次灌装法中，则要求保证灌糖浆量和灌装高度的准确。

② 保持合理一致的灌装高度：二次灌装法中，饮料的灌装高度不一致时，意味着瓶内糖浆和水的比例不同，产品的质量有偏差。此外，还会有其他的影响，例如，太满则在温度升高时由于饮料膨胀导致压力增加，容易造成漏气和容器破裂，太低则影响产品的外观。

③ 达到预期的二氧化碳含气量。

④ 封盖应封闭严密，以保证内容物的质量：不论是皇冠盖还是螺旋盖都要密封严密，不应使容器有任何损坏，金属罐的卷边应符合规定要求。

⑤ 灌装设备性能稳定，便于控制和维修。

（2）灌装方式

① 灌装原理：现在大多数生产碳酸饮料工厂都使用等压式灌装法。灌装是在高于大气压的条件下进行，贮液缸里保持一定的工作压力，灌装时，先要对瓶内充气加压，当其与贮液缸内压力相等时，液料以自重流入瓶子内，完成灌装。

灌装机通往瓶子有三条通路，进气管、料管和排气管。首先开启进气管，料罐上的压力气体（由通入的二氧化碳和无菌压缩空气组成）立即往下流，使瓶中压力与料液罐内的压力相等，这时进料管打开，饮料流下，直到瓶内液位与进料管相平为止。开启排气管，瓶颈处气体被排出，达到预期的灌装液面，立即封盖。

② 灌装机分类：灌装机按容器的输送形式可分为旋转型灌装机和直线型灌装机两种。旋转型灌装机灌装迅速、平稳、生产效率高，现在大中型企业液体灌装设备多采用旋转型。不论哪种形式的灌装机，按其各部件的功能大致可分为 5 个部分，即传动部分、瓶托升降部分、灌装阀及其控制部分、封盖部分及电气控制部分。

图 2－8 所示为旋转型灌装机原理图。空瓶由进瓶星轮沿导板准确同步地送到下转盘托瓶机构或托瓶气缸的瓶托 2 上。空瓶连同瓶托和灌装阀 4 一起转动，转到一定位置时，空瓶被托瓶机构顶起，瓶口与注液管 3 接触，并顶开灌装阀 4 或靠专门开阀装置 5 打开阀。贮液槽 7 中液体经注液管 6 流入瓶内，其灌装量由计量装置决定。当转盘连续回转至一定位置时，容器内已定量灌满，瓶托 2 下降，灌装阀 4 随之关闭，瓶由拨瓶星轮拨出至输送带运至封盖机封口。

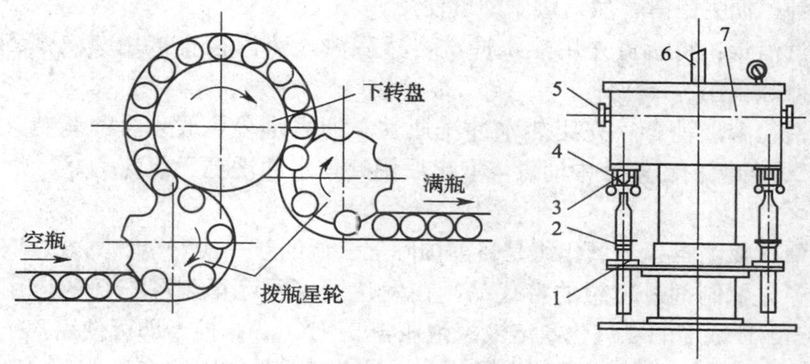

图 2-8 旋转灌装机原理图

1—下转盘 2—瓶托 3—注液管 4—灌装阀 5—开阀装置 6—进液管 7—贮液槽

目前国内使用的灌装线有玻璃瓶灌装线、易拉罐灌装线、聚酯瓶灌装线等。这些生产线自动化程度较高，其中玻璃瓶灌装线的最高生产能力为 36000 瓶/h，易拉罐生产线的最大灌装能力为 2000 罐/min，聚酯瓶灌装线的最高生产能力为 50～100 瓶/min。

三、压　盖

灌装后应及时压盖，停留时间不得超过 10s，以减少二氧化碳的逸散和空气的污染。压盖封口分为玻璃瓶的皇冠盖封口和易拉罐封口两种。易拉罐封口与罐头封罐一样，技术要求也基本相同。

皇冠盖压盖机有人工的填盖手压式、脚踏式和机械压紧式，还有连接在灌装机上的自动压盖机等多种。

压盖机的作用是用压力把瓶盖压褶在瓶嘴锁环上。压盖应密封不漏气，又不能太紧而损坏瓶嘴。自动压盖机所使用的瓶盖大小、高低应一致，并要调整好每个压盖头子的高度，否则会造成自动送盖障碍、瓶子压碎或压盖不严等现象。封盖的好坏，大多取决于缩口环的结构是否适中。工作中应经常检查调整，一旦发现效果不佳和磨损严重时，应立即检修和更换。另外，压盖好坏与玻璃瓶也有关，玻璃瓶高度、瓶口与瓶底同心度、瓶口尺寸等都会影响压盖质量。不合格的玻璃瓶压盖时很容易炸瓶，即使不炸瓶，也很容易漏气、漏水。

如果采用自动灌装线，可在灌装线上完成封盖过程。

压盖前，应对瓶盖进行清洗消毒。瓶盖清洗消毒的方法较多，可根据具体情况选择。常用的方法有：乙醇浸洗、蒸汽消毒、漂白粉溶液消毒和二氧化氯消毒。

乙醇浸洗：把瓶盖放在 75%的乙醇液中荡洗，再放入另一 75%乙醇中浸泡几分钟，沥去乙醇，然后烘干即可使用。

蒸汽消毒：将瓶盖先用热水冲洗，然后放入蒸汽柜直接用蒸汽蒸5min，取出，摊晾备用。

漂白粉溶液消毒：先用热水冲洗瓶盖，沥去水分，放入含氯量为150～200mg/kg的漂白粉溶液中消毒，取出后用处理水冲洗至无氯味为止，烘干后备用。

二氧化氯消毒：二氧化氯是目前国际上公认的新一代安全、高效、广谱的杀菌剂，是氯制剂最理想的替代品，在发达国家中已得到了广泛的应用。用40～50mg/L浓度的二氧化氯溶液浸泡瓶盖5～10min，控干即可使用。

上述方法中，蒸汽消毒较为简便，效果也好，是常用的方法。

压盖机需要的压缩空气应过滤后使用，以免吹送瓶盖时污染瓶盖。

四、成品检验及质量标准

1. 成品检验

成品的检验工作包括感官检验、理化检验、微生物检验三方面。

（1）感官检验方法

外观：从成品中抽取样品后，将饮料倒入一个清洁、干燥的烧杯中。而后放在一个明亮的白色背景之前观察，合格的产品应当没有任何异常颜色或混浊现象（果汁汽水例外）。

风味：从成品中抽取样品后，将饮料倒入一个清洁的试尝杯中品尝，合格的饮料应具有本产品的独特风味，无异味。

气味：把饮料倒入试味杯中，试嗅气味，样品无异味的为合格产品。

商标：产品商标应清晰、端正，不得有重影等现象。

瓶口空间距离：合格的成品中，瓶内饮料液面到瓶顶的空间距离应在3～6cm。

瓶盖：合格的成品瓶盖应压紧，不漏气，瓶盖图案清晰，不得有划伤现象。

包装检验：包装检验包括检查瓶盖封口，用手旋拧看其是否压紧，是否有漏标等现象。是否有合格证，合格证是否注明日期、班次。

（2）理化指标检验方法

砷的测定方法：按GB 5009.11执行。

铅的测定方法：按GB 5009.12执行。

铜的测定方法：按GB 5009.13执行。

（3）微生物指标检验方法

按GB/T 4789.21规定的方法检验。

2. 质量标准

（1）感官指标　产品应具有主要成分的纯净色泽、滋味，不得有异味、异臭和外来杂物。

（2）理化指标　见表2-7。

表2-7　碳酸饮料理化指标（GB 27592—2003）

项　目		标　准
食品添加剂		按GB 2760规定
铜含量（以Cu计）/（mg/kg）	≤	5
铅含量（以Pb计）/（mg/kg）	≤	0.3
砷含量（以As计）/（mg/kg）	≤	0.2

（3）微生物指标　见表2-8。

表2-8　碳酸饮料微生物指标（GB 27592—2003）

项　目		指　标
菌落总数/（个/mL）	≤	100
大肠菌群/（个/100mL）	≤	6
致病菌（沙门氏菌、金黄色葡萄球菌、志贺氏菌）		不得检出
霉菌数/（个/mL）	≤	10
酵母数/（个/mL）	≤	10

第五节　原位清洗

一、原位清洗概述

1. 定义

原位清洗（clean-in-place，CIP）是不拆卸设备或元件，在密闭的条件下，用一定温度和浓度的清洗液对清洗装置加以强力作用，对与食品接触的表面洗净和杀菌的方法。

2. CIP的历史

原位清洗系统最初于20世纪50年代在美国的乳品工业得到应用，1955年原位清洗系统与自动控制技术相结合，使其在食品工业的其他领域得以应用。

3. CIP的优点

与传统的手工拆卸机器零件的清洗方式相比，CIP的优点主要有：

（1）能维持一定的清洗效果，保证产品的安全性。

（2）节约操作时间、提高效率，以实现商业的最大利润。

（3）节省劳动力，保证操作的安全性。

（4）节省清洗用水和蒸汽。

相比之下，常规拆卸清洗的缺点是：费时、费力，易损坏联接件；设备停机时间长，利用率低；清洗不彻底，有时对操作者也不十分安全。

二、CIP 装 置

根据清洗液的使用方式可将原位清洗装置分为以下三种类型。

1. 清洗剂单次使用的CIP系统

清洗剂单次使用的CIP系统如图2-9所示，其特点有：

(1) 在该系统中，洗液只使用一次。

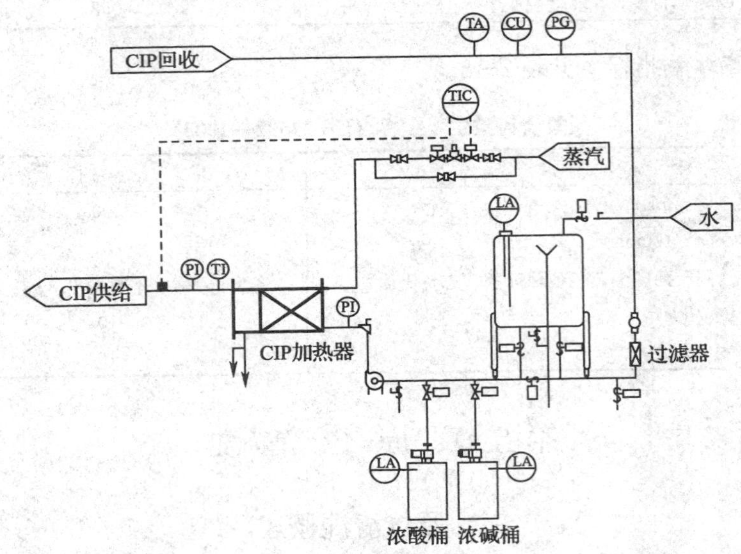

图2-9 清洗剂单次使用的CIP系统流程图

(2) 系统由CIP罐、CIP泵、回流泵、浓清洗剂泵、换热器和管路组成，没有大容量的稀释液贮桶。

(3) 被清洗对象（罐或管路）与CIP装置通过配管形成回路，清洗结束将清洗液排放。

(4) 所需设备比较简单，有时候可以不必设专门的CIP站，就可以实现CIP过程。

2. 清洗剂重复使用的CIP系统

清洗剂重复使用的CIP系统见图2-10。其特点：水、碱、酸等各种清洗液分别放在各自的贮桶里，清洗完毕碱酸等洗涤液回收。当洗涤剂浓度降低时，补充酸、碱再反复使用。

此系统在国内使用较为普遍，由于酸、碱清洗剂都是在贮液罐中稀释调配，因此系统比较庞大。

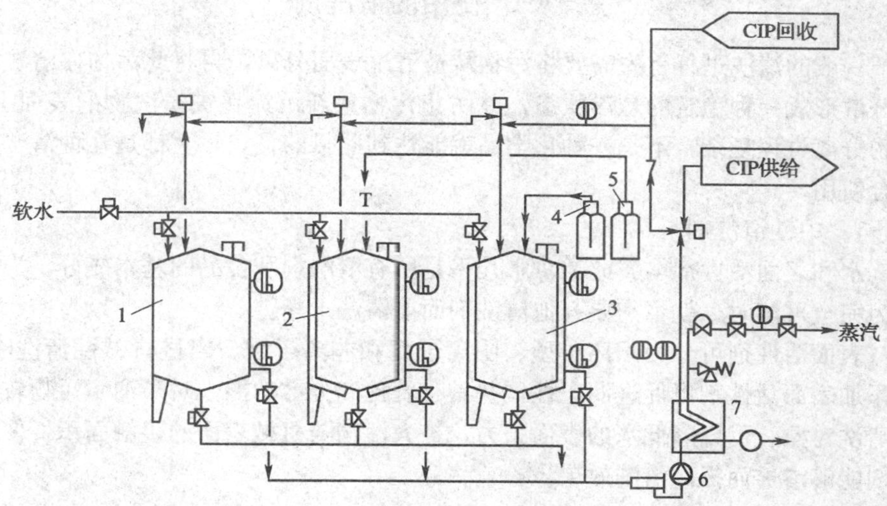

图 2-10　清洗剂重复使用的 CIP 系统流程图

1—水罐　2—碱罐　3—酸罐　4—浓碱罐　5—浓酸罐　6—CIP 泵　7—加热器

3. 清洗剂多次使用的 CIP 系统

清洗剂多次使用的 CIP 系统如图 2-11 所示。由于集中控制的重复使用的 CIP 系统的供水管路和回收管路太长，造成大量液体和热量损失，并且残留在管道里的产品和清洗剂被稀释。而清洗剂多次使用的 CIP 系统吸取了单次使用 CIP 系统不占空间、输送管路短和重复使用的 CIP 系统具有洗液回收的优点。在设计上，非集中控制的多次使用的 CIP 系统是由局部的、靠近被清洁设备的小型标准单元组成，清洗剂是由批式罐（批式罐是用来配制清洗剂用的）集中供给的，清洗完毕，清洗剂可以回收。

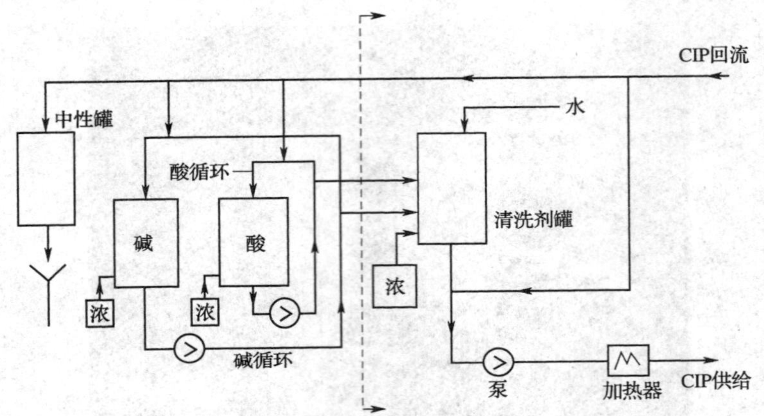

图 2-11　清洗剂多次使用的 CIP 系统流程图

三、CIP 使用的清洗剂

一般的清洗过程首先需要将污物从被清洗表面分离，再将此污物在清洗液中分散形成一种稳定的悬浮状态，并防止污物重新沉淀在被清洗物的表面上。污物分离过程复杂，不是一种化学品就能达到此目的，实际上都是几种清洗剂混合使用。

1. 中性清洗剂

水和表面活性剂均属此类。水几乎是所有清洗剂和食品的基本成分，当污物为完全可溶时，就不需要其他清洗剂而能清洗干净。

表面活性剂可分为阳离子型、阴离子型和非离子型。当进行碱性清洗时，如添加表面活性剂可促进润湿性，并具有乳化和分散功能。对于油脂污物较小的清洗对象，可以降低水的表面张力，扩大污物与机械表面的接触面积，使清洗剂能够渗透而提高清洗效果。

2. 酸性清洗剂

酸性清洗剂用以溶解设备表面矿物质沉积物，如钙镁的沉积物、硬水积石、啤酒积石、牛乳积石和草酸钙等。

常使用的无机酸为硝酸、磷酸、硫酸，有机酸为醇酸、葡萄糖酸、柠檬酸、乳酸和酒石酸。酸性清洗剂不受二氧化碳的影响，比氢氧化钠容易过水，可以冷清洗。使用合成的酸性清洗剂还具有抑制酵母和霉菌的作用。

3. 碱性清洗剂

碱性清洗剂是食品工厂使用最广泛的清洗剂。碱与脂肪结合形成肥皂，与蛋白质形成可溶性物质而易于被水清除。

最常用的碱为氢氧化钠、氢氧化钾等，氢氧化钠的缺点是很难过水，过水时要冲洗很长时间，但清洗效果是碳酸氢钠的 4 倍，且在适当的温度下具有杀菌效果，因而得到最广泛的应用。其他碱性清洗剂有碳酸钠、碳酸氢钠、原硅酸钠、甲基硅酸钠、磷酸钠等。

4．消毒剂

一些化学药品可作为 CIP 过程的消毒剂。如次氯酸盐、碘化物、二氧化氯、酸性阴离子表面活性剂等。在消毒设备时必须对设备和管路进行彻底的清洗，如果设备表面有食品残渣或污物存在，消毒剂的效力将会大大降低。

四、清洗效果与温度、时间的关系

提高清洗温度可以增大污物与清洗剂的化学反应速度，降低清洗液的黏度，增加污物中可溶性物质的溶解量。但温度不能过高，否则将造成污物中的蛋白质变性，使污物与设备间的结合力提高，反而阻碍清洗的进行。通常洗液温度为 60～80℃；对于热水消毒，水温必须高于 82℃。

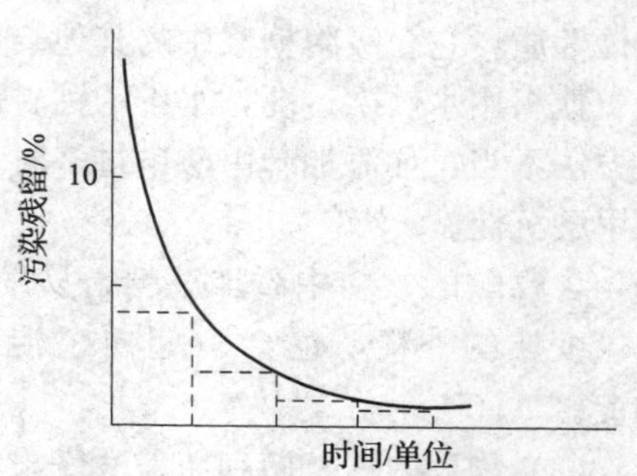

图 2-12　清洗效果与时间的关系

清洗效果与时间的关系见图 2-12。

五、CIP　程　序

CIP 的程序见表 2-9。

表 2-9　　**CIP 程序**

程序	内容	清洗介质	时间/单位	温度/℃
1	预冲洗	清水或工艺用水	3～5	常温或<60
2	碱洗	NaOH，1%～3%	10～20	60～80
3	中间冲洗	工艺用水	5～10	<60
4	酸性	HNO_3，1%～2%	10～20	60～80
5	最后冲洗	工艺用水	3～10	常温或<60
6	生产前消毒	工艺用水	15～30	92～95

第六节　碳酸饮料常见的质量问题及防止措施

一、混浊、沉淀

1．引起碳酸饮料混浊、沉淀的主要因素

（1）微生物　在饮料生产过程中有微生物侵入时，这些微生物会与糖分作用使糖变质，产生混浊；与柠檬酸作用使其形成丝状或白色云状沉淀，柠檬酸含量少时此现象尤为明显。

（2）化学反应　化学反应引起的混浊、沉淀，多数是由于糖中胶质凝聚而形成的。因为有的白砂糖糖蜜分离不完全，糖蜜中的胶质带入砂糖，时间一长即由原来的小微粒凝聚成块，出现混浊沉淀。如饮料中有焦糖色素存在，还将与胶质一起凝聚，更加难以处理。糖中除胶质外，有时还含有蛋白质，也容易引起凝聚造成沉淀。

生产透明的碳酸饮料时，应尽量不使用甜菜糖，因其含有的皂苷类物质有胶体性质，它会吸附糖浆中的其他杂质，慢慢形成絮块沉淀。

饮料用水硬度过高，水中的钙、镁与柠檬酸作用，生成不溶性沉淀物；配料方法不当，如添加苯甲酸钠过多时，则与柠檬酸作用生成结晶的小亮片状的苯甲酸沉淀。

含糅酸的饮料中添加蔗糖，易发生沉淀；香精用量过大，或者使用不合格、变质的香精，也会引起白色混浊或悬浮物；色素用量过大也会引起沉淀。

（3）物理因素　瓶和瓶盖洗涤未净时，附着的杂质被饮料浸泡后即会造成沉淀；操作不当，水和原浆过滤不清会造成饮料沉淀。

2. 防止饮料混浊、沉淀的措施

（1）保证足够的二氧化碳含量，防止空气混入　当碳酸饮料含气充足时，由于碳酸饮料 pH 一般为 3.1～3.8，二氧化碳气含量 2.5～3.5 倍，酸度较高，有一定的抗菌作用。二氧化碳的存在，相应地可降低氧压，抑制霉菌和好氧微生物的生长。当然，碳酸气含量高时，同样要保持生产上的清洁卫生。对于含气量较少的饮料品种和不含气的饮料品种，更要加强工艺管理，以免发生因微生物而产生的混浊和沉淀。

（2）减少生产各环节的污染　从水处理、配料、洗瓶、灌装、压盖等工序都要严格要求（生产卫生、环境卫生、个人卫生、产品卫生等），对所用的容器、设备、管道、阀门等要定期进行消毒灭菌。

（3）加强原料的管理　不用贮存时间过长的原料生产饮料。如果生产后有剩料长时间不用，要密封保存，下次用时要严格处理。

（4）加强过滤介质的消毒灭菌工作。

（5）生产用水硬度必须合适，注意不用硬度过高的水。

（6）注意选择合格的砂糖及添加剂　选用优质香料、食用色素，严格控制使用量。尽量不用或少用防腐剂。

二、杂　质

饮料产品中的杂质，主要是指肉眼可见的、具有一定形状的非化学反应产物，包括少量体积极小的灰尘、刷毛、商标纸碎片、草秆、瓶盖垫片、苍蝇、蚊子、其他昆虫和小动物等。杂质不仅影响到产品的质量和外观，还影响到生产厂家的信誉。

1. 产生杂质的原因

(1) 瓶子或瓶盖没有洗净。

(2) 饮料用水或原料中含有杂物。

(3) 机件碎屑或管道沉积物。

2. 采取的措施

(1) 加强洗瓶刷瓶工序的管理　瓶子在浸泡和碱洗时，必须保证浸泡水的温度、碱液浓度及浸泡洗涤时间，防止瓶中存有空气影响浸洗效果。旧商标要擦洗干净，并将瓶内脏水及杂物去净。刷瓶时，要将瓶刷插到底，瓶内必须有一半水，保证每只瓶都刷到 3 次以上。

(2) 提高过滤质量，对贮料缸、灌装设备及管路等设备要定期清洗，减少不洁因素。

(3) 及时更换混合机、灌装机易损部件（如橡胶、麻线、石棉等衬垫）及锈蚀的管道。

三、二氧化碳含量不足

二氧化碳含量低易使汽水保质期缩短，造成饮品的变质。

1. 造成二氧化碳含量低的原因

(1) 二氧化碳不纯　尤其是酒厂液体发酵回收的未经处理的二氧化碳和用酸碱法生产的二氧化碳。

(2) 水温过高　一般高于 20℃。

(3) 有空气混入。

(4) 混合机碳酸水阀门或管路漏气。

(5) 灌水机胶嘴漏气，簧筒弹簧太软；瓶托位置太低，造成边灌边漏气，或自动机灌装位置太低。

(6) 压盖不严或压盖不及时；瓶摘下后放置时间过长，使二氧化碳在高气温下散失；盖和瓶口不合格；瓶或盖不配套。

2. 采取的措施

选用纯净的二氧化碳，降低水温，保证混合机混合效果，根据所用水温高低不同确定混合压力，注意自动控制系统的变化，经常检查管路、阀门，随坏随修，保证密封。严格执行操作规程。注意管路、阀门是否漏气，注意灌装时的严密性，同时，注意混合机排空气阀的使用。灌装后的饮料要及时压盖，不要积压数量过多，时间过长。压盖时保持压盖机运行正常，发现问题及时解决。

四、非 糖 结 晶

有极少数饮料，生产后一段时间，在底部出现非砂糖的结晶状沉淀。虽然数量不多，但影响饮料的质量。

1．产生非糖结晶的原因

（1）糖精在酸性溶液中易形成结晶。

（2）水的硬度过高时，苯甲酸钠过多时与柠檬酸作用生成苯甲酸结晶。

（3）原料成分中若含有葡萄糖和果糖等糖类，同时又有苯肼存在，苯肼可以与这些糖形成一种很清晰的不溶于水的结晶。

2．防止非糖结晶形成的方法

（1）严格按照配料顺序下料　一般将糖精钠先加入糖液中，因有糖分子存在，再加柠檬酸时，其与糖精钠作用很少。苯甲酸钠在加酸前加入，但注意要与糖精钠相隔一段时间，以防止其相互影响。

（2）不使用硬度过高的水生产饮料。

（3）各种配料成分用量要严格掌握。

（4）严格选用原料，尤其是糖类。

其他原料使用时应考虑其中杂质和有关成分对饮料的影响。

五、变　　味

变味是指饮料生产后，放一段时间生成很难闻的气味。这种变味，一般是由于配料时所用容器设备没有洗净，造成微生物生长繁殖，产生酸败味或双乙酰味；也有的是瓶子盛装其他刺激味物质，没有刷净造成的。

解决的方法是：严格控制水处理、配料、洗瓶、灌装、压盖等工序的卫生，按操作规程操作。

六、辣　　味

有的碳酸饮料甜味不足，辣味有余，喝后很快就打嗝。这主要是由于此饮料中料量不足或无料造成的。其辣味主要是二氧化碳的酸辣味，因为无料、少料，则黏度低、阻力小，喝后二氧化碳很快从体内分解排放出来，使人打嗝。

要解决这个问题，主要是加强重视灌装操作。假如灌水时水、气路相通，胶嘴子有裂纹，瓶托偏低，瓶子矮，簧筒弹簧力量小等，则会造成少料或无料。也有的是手工灌料者漏灌造成的。

实训　碳酸饮料的加工

一、实训目的

(1) 通过实训加深对碳酸饮料生产技术的工艺流程、生产要点的理解。

(2) 掌握碳酸饮料加工生产的方法及操作要点。

(3) 培养学生认真、严谨的工作态度和一定的职业技术技能。

二、材料与设备

小型碳酸饮料灌装生产线（参考图 2-13），必备的生产原辅料。

三、工艺流程

容器→清洗→消毒↓；消毒←瓶盖↓

砂糖→溶解→过滤→糖浆调和→杀菌→冷却→灌糖浆→灌碳酸水→压盖→产品检验→成品

酸味剂、香料及其他辅料↑（糖浆调和）

水源水→净化处理→冷却→碳酸化←净化处理←二氧化碳；碳酸化↑（灌碳酸水）

四、操作要点

(1) 确定产品配方。

(2) 原糖浆的制备　把优质砂糖溶解于一定量的水中，根据生产的产品制成预计浓度的糖液，再经过滤、澄清后备用。

(3) 调和糖浆的配制。

① 添加剂的调制：先将添加剂按操作规程要求制成一定浓度的水溶液，经过滤后计量添加。

② 调和糖浆的投料顺序：

糖液→甜味剂液→防腐剂→酸味剂→乳化剂→香精→色素液→水加至规定体积量

按投料的顺序配制好调和糖浆。

(4) 碳酸化操作

① 根据产品调整二氧化碳气压。

② 用水冷却器将水温降到碳酸化所需要的温度。

③ 用汽水混合设备混合水与二氧化碳气体。

(5) 灌装生产线及操作要点。

① 容器的清洗与检验。

② 灌装。

③ 压盖。

五、质量检验

(1) 感官指标检验。

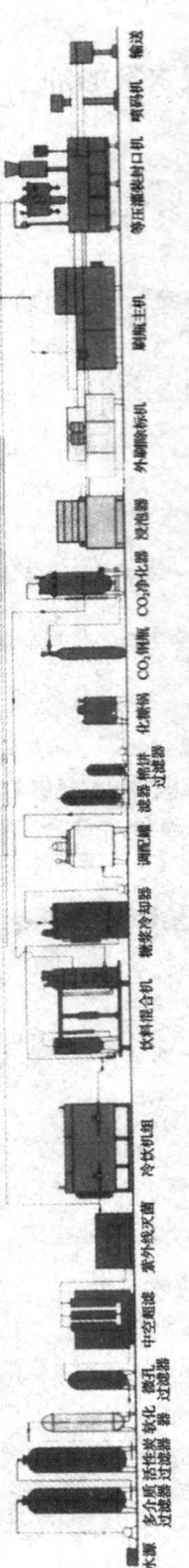

图 2-13　碳酸饮料生产线

（2）理化指标检验。

（3）微生物指标检验。

思考题

1. 什么叫碳酸饮料？它有哪些特点？
2. 试比较碳酸饮料生产中一次灌装法和二次灌装法的优劣。
3. 什么叫做汽水主剂？使用汽水主剂有什么好处？
4. 二氧化碳在碳酸饮料中起什么作用？
5. 砂糖液的制备按其溶化方法可分为哪几种？各具有何特点？
6. 在配制糖浆时为什么要强调加料顺序？
7. 何为碳酸化？影响碳酸化的因素有哪些？如何提高碳酸化效果？
8. 碳酸化系统由哪些部分组成？各组成部分的作用是什么？
9. 碳酸饮料的包装容器如何进行洗涤？
10. 如何对碳酸饮料的成品进行检验？
11. 简述 CIP 的定义及优点。
12. 碳酸饮料常见的质量问题有哪些？怎样防止？

第三章 果蔬汁饮料加工技术

[教学目标]

1. 重点掌握果蔬汁饮料生产的基本过程及单元操作要点。
2. 掌握果蔬汁饮料加工中常见的质量问题及解决途径。
3. 了解典型果蔬汁饮料的生产技术。

第一节 果蔬汁饮料加工的基本过程

一、原料选择

选择优质的制汁原料，采用合理的制汁工艺，才能制得优质高产的果蔬汁产品。果蔬汁加工工艺及技术条件，是根据果蔬制汁原料的性质、产品的规格和设备的性能等条件而制定的，在一定的设备条件和产品规格的前提下，加强原料的选择和处理，是保证品质、提高产量的重要技术措施。

1. 果蔬汁加工对原料的要求

加工果蔬汁的原料要求良好的风味和香味，无异味，色泽美好而稳定，糖酸比合适，并且在加工贮藏中能保持这些优良的品质，取汁容易，出汁率高。原料的新鲜度高，原料成熟度适宜，一般在九成左右成熟时采收，未成熟或过熟的果蔬均不合适。

2. 常见的制汁原料

大部分果品及部分蔬菜适合于制汁，常见的果品有橙类、柑橘、苹果、梨、猕猴桃、菠萝、葡萄、桃等，蔬菜有番茄、胡萝卜、芹菜、菠菜等。

二、挑选与清洗

为了保证果汁的质量，原料加工前必须进行挑选，剔除霉变、腐烂、未成熟和受伤变质的果实。清洗是减少杂质污染、降低微生物数量和农药残留的重要措施，一般先浸泡后喷淋或流水冲洗。对于农药残留较多的果实，可用0.5%～1.0%稀盐酸溶液、0.5%～1.0%稀碱溶液或0.1%～0.2%的洗涤剂进行处理后再用清水洗净；对于受微生物污染严重的果实，可用漂白粉、高锰酸钾等消毒剂溶液来进行消毒处理。

三、原料取汁前预处理

取汁方式视果蔬原料而定，同一原料也可采用不同的取汁方式。含果汁丰富的果实，大都采用压榨法提取果汁；含果汁较少的果实，如山楂等可采用浸提的方法提取汁液。为了提高出汁率和果蔬汁的质量，取汁前通常要进行破碎、加热和加酶等处理。

1. 破碎

原料取汁前的破碎是为了提高出汁率，尤其是对于皮、肉致密的果实，更有必要先行破碎。但果实破碎程度要适当，破碎后的果块应大小均匀。果块太大出汁率低，破碎过度则又会造成外层的果汁很快地被压榨出，形成了一层厚度，使内层果汁榨出困难，反而影响了出汁率。如苹果、梨用破碎机进行破碎时，破碎后果块以 3～4mm 大小为宜，草莓、葡萄以 2～3mm 为宜，樱桃为 5mm，橘子和番茄可以使用打浆机来破碎取汁，但橘子宜先去皮后打浆。

2. 加热处理

由于在破碎过程中和破碎以后果蔬中酶被释放，活性大大增加，特别是多酚氧化酶会引起果蔬汁色泽的变化，对果蔬汁加工极为不利。加热可以抑制酶的活性，使果肉组织软化，使细胞原生质中的蛋白质凝固，改变细胞膜的半透性，使果肉细胞中的可溶性物质容易向外扩散，有利于果蔬中可溶性固形物、色素和风味物质的提取。适度加热可以使胶体物质发生凝聚，使果胶水解，降低汁液的黏度，因而提高了出汁率。

加热处理的时间和条件应根据果蔬的种类和果蔬汁的用途决定。对于浓缩果汁特别是清汁型浓缩汁的加工，果实热烫不宜过度。对于果胶含量高的水果原料，不宜加热果浆，因为热果浆会加速可溶性胶体物质进入果汁内，增加果汁的黏度，堵塞浆体的排汁通道，难以榨汁，会降低出汁率，同时过滤和澄清困难。果胶含量较低的水果原料，特别是多酚类物质含量适中的果浆可以加热，例如红色葡萄、红色西洋樱桃、番茄、李子等果蔬，在破碎后须进行加热处理。一般热处理条件为温度 70～75℃，时间 10～15min。也可采用瞬间加热，加热温度 85～90℃，保温时间 1～2min。

3. 果胶酶处理

果实中果胶物质的含量对出汁率影响很大。果胶含量少的果实容易取汁，而果胶含量高的果实如苹果、樱桃、猕猴桃等，由于汁液黏性较大，榨汁比较困难。果胶酶可以有效地分解果肉组织中的果胶物质，使汁液黏度降低，容易榨汁过滤，缩短挤压时间，提高出汁率。因此在榨汁前有时需要在果浆中添加果胶酶，对果蔬浆进行酶解。

添加果胶酶制剂时，要使之与果肉均匀混合，可以在果蔬破碎时，将酶液连续加入破碎机中，使酶能均匀分布在果浆中，也可以用水或果汁将酶配成1%～10%的酶液，用计量泵按需要量加入。酶处理时要合理控制加酶量、酶解时间与温度。果胶酶制剂的添加量一般为果蔬浆质量的0.01%～0.03%，酶反应的最佳温度为45～50℃，反应时间2～3h。若用量不足或时间过短，则果胶分解不完全，达不到目的；反之则分解过度。酶作用时的温度不仅影响分解速度，而且影响产品质量。

为了防止酶处理阶段的过分氧化，通常将热处理和酶处理相结合。简便的方法是将果浆在90～95℃下进行巴氏杀菌，然后冷却到50℃时再用酶处理，并用管式热交换器作为果浆的加热器和冷却器。

四、榨汁和浸提

取汁有压榨和浸提两种，对于大多数果汁含量丰富的果蔬以压榨取汁为主，榨汁方法依原料种类及生产规模而异。对于果汁含量较低的果蔬，则采取原料破碎后加水浸提的办法，加水量和浸提时间的长短根据果蔬种类而定。

1. 压榨法

利用外部的机械挤压力，将果蔬汁从果蔬或果蔬浆中挤出的过程称为压榨。挤压与过滤两道工序通常是结合进行的，因此压榨法又称挤压过滤法。

挤压效果取决于果蔬的纤维组织、果蔬品种、成熟度、新鲜度以及压榨机的挤压条件，包括压力、过滤孔径等。由于榨汁和粗过滤是同时进行的，因此被挤压的果蔬浆渣渗透量和通过毛细孔的透汁量对于形成快速的汁液流动是很重要的。不同果蔬原料的榨汁过程是不同的，有的果蔬原料有自流汁，在压榨以前就开始出汁。在挤压过程中，作用于果蔬浆上的压力是变化的。由于果蔬固体颗粒之间充满空隙，在压缩开始阶段，压榨压力增长较慢。随着压榨的进行，果蔬空隙内的气体和汁液不断从形成的流动通道被挤压分离出来，压榨体积缩小，余下的果蔬浆渣被压紧后挤压力便迅速增加。

出汁率是提取果蔬汁的最重要的经济技术指标。在压榨法中除果蔬质地、品种、成熟度、新鲜度、榨汁方法外，影响出汁率的主要因素有挤压力、挤压速度、果蔬破碎程度、挤压厚度等。

利用压榨取汁的榨汁机类型很多，主要有液压式榨汁机、连续带式榨汁机、螺旋榨汁机等，可根据果蔬原料、榨汁方式和生产量进行选择，图3-1所示为螺旋式榨汁机。

2. 浸提法

浸提法也是果蔬原料取汁最普遍使用的方法，不仅山楂、酸枣等含水量少、难以用压榨法取汁的果蔬原料需要用浸提法取汁，对于像苹果、梨等通常用压榨法取汁的水果，为了减少果渣中果胶物质的含量，有时也用浸提法取汁。

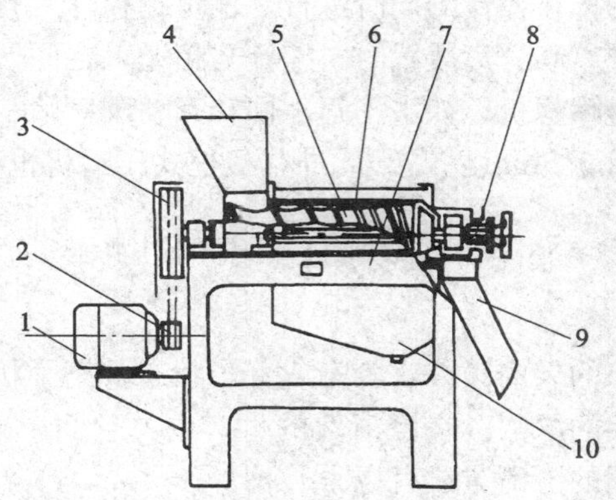

图 3-1 螺旋式榨汁机

1—电动机 2—小皮带轮 3—主轴皮带轮 4—料斗 5—螺旋杆
6—圆筒筛 7—机架 8—调整装置 9—出渣口 10—盛汁器

浸提法通常是将破碎的果蔬原料浸于水中，由于果蔬原料中的可溶性固形物含量与浸汁（溶剂）之间存在浓度差，依据扩散原理，果蔬细胞中的可溶性固形物就要透过细胞进入浸汁中。

影响浸提效果的主要因素有加水量、浸提温度、浸提时间、果实压裂程度。根据经验，以山楂为例，浸提时的果水质量比一般以 1∶（2.0～2.5）为宜；确定浸提温度主要考虑能使果细胞的原生质发生变性，破坏原生质膜，打开细胞膜的膜孔，以便可溶性固形物能够浸提出来，一般选择 60～80℃，最佳温度为 70～75℃；浸提时间越长，可溶性固形物的浸提越充分，在一般情况下，一次浸提时间 1.5～2h，多次浸提总计时间为 6～8h 为宜；果实压裂后，果肉面积增大，与水接触机会增加，有利于可溶性固形物的浸提，因此，水果在浸提前，用破碎机压裂或用破碎机适当破碎是很必要的，但破碎过度反而不利于浸提。

五、粗滤（筛滤）

粗滤或称筛滤。对于混浊果汁要在保存色粒以获得色泽、风味和香味特性的前提下，除去分散在果汁中的粗大颗粒或悬浮颗粒。对于透明果汁，粗滤以后还需精滤，或先行澄清而后过滤，务必除去全部悬浮颗粒。

压榨出的新鲜果汁中含有的悬浮物的类型和数量，因榨汁方法和果实组织结构的不同而不同。粗大的悬浮粒来自果汁细胞本身的细胞壁，尤其有一部分是来自种子、果皮和其他非食用器官的颗粒，这不仅影响到果汁的外观状态和风味，也会使果汁很快发生变质。柑橘类果实榨汁中的悬浮粒，含有柚皮苷和柠檬碱等不良风味物质，这些物质可先借低温使之沉淀而除去。

生产上粗滤常安排在榨汁的同时进行，也可在榨汁后独立操作。如果榨汁机设有固定分离筛或离心分离装置时，榨汁与粗滤可在同一台机械上完成。单独进行粗滤的设备为筛滤机，如水平筛、回转筛、圆筒筛、振动筛等，此类粗滤设备的滤孔大小为 0.5mm 左右。此外，板框式压滤机也可用于粗滤。

六、澄清果蔬汁的澄清和精滤

1. 澄清

果蔬汁含有细小的果肉微粒、胶态或分子状态及离子状态的溶解物质，这些粒子是果蔬汁混浊的原因。在澄清汁的生产中，它们影响到产品的稳定性，必须加以除去。常用的澄清方法有以下几种：

（1）酶法　果汁中含有的果胶物质，会使果汁混浊不清，并且还起到保护其他物质的作用，阻碍果汁的澄清。酶法澄清是利用果胶酶分解果汁中的果胶物质，使其他物质失去果胶的保护作用而形成沉淀，达到澄清目的。目前我国用于果汁澄清的酶制剂是由黑曲霉或米曲霉发酵产生的。

酶法澄清果汁时，酶制剂的用量根据果汁的性质、果胶物质的含量及酶制剂的活力来决定，一般用量为果蔬汁质量的 0.2%～0.4%。酶制剂可在榨出的新鲜果汁中直接加入，也可在果汁加热杀菌后加入。使用果胶酶应注意反应温度、处理时间、pH 及酶制剂用量，通常控制在 45～55℃，反应最佳 pH 因果胶酶种类而异，一般在弱酸条件下进行，pH 为 3.5～5.5，酶作用的时间由温度、果汁种类、酶制剂种类和数量决定，通常为 2～8h，酶浓度增加时，反应时间缩短。

（2）明胶-单宁絮凝法　明胶、鱼胶或干酪素等蛋白物质，可与单宁络合形成明胶-单宁酸盐络合物，此络合物沉降的同时，果汁中的悬浮颗粒被缠绕而沉降。此外，果汁中的果胶、纤维素、单宁及多缩戊糖等带有负电荷，在酸性介质中明胶带正电荷，正负电荷微粒相互作用，凝结沉淀，也使果汁澄清。

明胶、单宁的用量取决于果汁种类、品种、原料成熟度及明胶质量，应预先进行澄清实验确定。一般明胶用量为 100～300mg/L，单宁用量为 90～120mg/L，按照实际需要量将明胶配成 0.5%的溶液，单宁配成 1%的溶液，先在果汁中加入单宁溶液，然后在不断搅拌下将明胶徐徐加入果汁中，充分混合均匀，在 8～12℃条件下静置 6～10h，使胶体凝集沉淀。对于单宁含量少的果汁，可适当补加单宁，如果原料单宁含量很多，不加单宁只加适量的明胶即可。添加明胶的量要适当，如果使用过量，不仅妨碍络合物絮凝过程，而且影响果汁成品的透明度。此法在较酸性和温度较低条件下易澄清，适用于苹果、梨、山楂、葡萄等果汁。

（3）加热凝聚澄清法　果汁中的胶体物质受到热的作用会发生凝集，形成沉淀。常常将果汁在80～90s内加热至80～82℃，并保持1～2min，然后急速冷却至室温，由于温度的剧变，果汁中蛋白质和其他胶质变性凝固析出，从而达到澄清。但一般不能完全澄清，加热也会损失一部分芳香物质。

(4) 冷冻澄清法　利用冷冻可以改变胶体的性质，解冻可破坏胶体的原理，将果蔬汁置于－4～－1℃的条件下冷冻3～4h，解冻时可使悬浮物形成沉淀。故雾状混浊的果汁经过冷冻后容易澄清。这种冷冻澄清作用对苹果汁尤为明显，葡萄汁、草莓汁、柑橘汁、胡萝卜汁和番茄汁也有这种现象。

(5) 超滤在果蔬汁澄清中的应用　超滤（简称UF）是以压力为推动力，利用超滤膜不同孔径对液体进行分离的物理筛分过程。超滤技术的研究始于20世纪70年代初期，目前在软饮料加工方面已成功用于苹果汁、梨汁、葡萄汁、菠萝汁、柑橘汁、猕猴桃汁、樱桃汁、草莓汁等果汁和番茄、芹菜、冬瓜等蔬菜汁的澄清。

超滤系统如图3－2所示，可月于果蔬汁澄清的超滤膜有管式膜、平面膜和空心纤维膜三种类型，常用管式膜组件，截留相对分子质量1万～30万。超滤膜材料目前仍以有机膜为主，例如聚砜，但也有用陶瓷和碳材料等制造的无机膜。与有机膜相比，无机膜更耐清洗，并可进行反清洗。

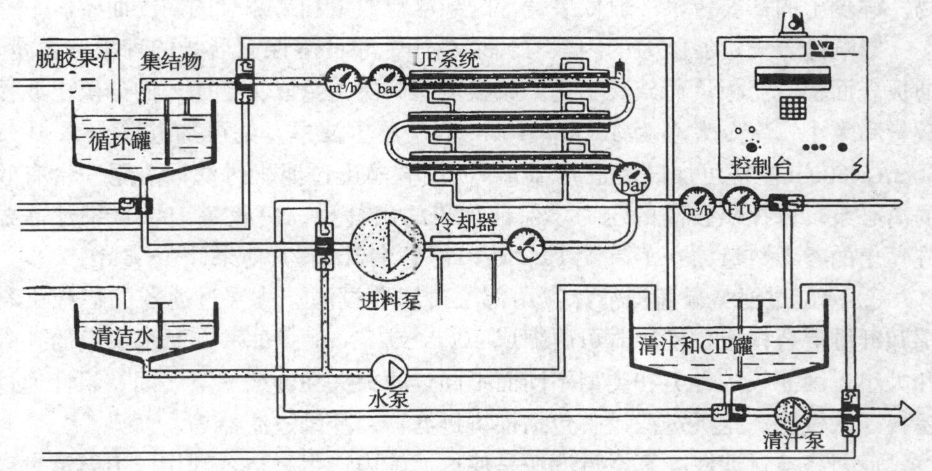

图3－2　果汁超滤系统图

采取超滤澄清果汁有以下优点：果蔬汁产量可提高5%～7%；不用硅胶等澄清剂和硅藻土等助滤剂，节省原材料费用；与传统法相比，酶制剂用量可节省70%；无相变过程，果蔬汁的营养成分、色泽和原有风味等不受影响，果汁透明度高，贮藏稳定性好。

2. 精滤

为了得到澄清透明且稳定的果蔬汁，澄清之后的果蔬汁必须经过过滤，目的在于除去细小的悬浮物质，使果汁澄清透明。常用的精滤设备主要有硅藻土过滤机、纤维过滤器、真空过滤器、离心分离机及膜分离等，滤材有帆布、不锈钢丝网、纤维、石棉、棉浆、硅藻土和超滤膜等。过滤器的滤孔大小、液汁进入时的压力、果汁黏度、果汁中悬浮粒的密度和大小以及果汁的温度高低都会影响到过滤的速度，无论采用哪一类型的过滤器，都必须减少果肉堵塞滤孔，以提高过滤效果。在选择和使用过滤器、滤材以及辅助设备时，必须特别注意防止果蔬汁被金属离子污染，并尽量减少与空气接触的机会。常用的过滤方法如下：

（1）压滤法　压滤法是借助外压使果蔬汁通过过滤机而与非水溶性杂质分离的过滤方法。果汁压滤可采用硅藻土过滤器或填料过滤器。

① 硅藻土过滤：对于非常混浊的果汁或为了经济起见，可采用硅藻土进行预过滤。硅藻土是具有多孔性、低重力的助滤剂，呈淡粉红色的含氧化铁硅藻土可用于果汁过滤。在板框压滤机的滤板间设有滤框，并由一次性使用的滤板或重复使用的耐洗滤板来支撑硅藻土层。硅藻土用一种特殊类型的定量加液器加入到流动的果蔬汁中，其混合物注入引流系统，控制适量的硅藻土进入。使用前先使硅藻土在滤板表层形成一层外衣，然后进入果蔬汁和硅藻土的混合物。硅藻土的需要量，一般依果蔬汁的悬浮粒数量和果蔬汁的黏度而定。

影响硅藻土过滤能力的因素有：果蔬汁中非可溶性固形物的种类和数量、滤板表面积、滤板负荷硅藻土量。滤板负荷硅藻土量取决于放入的硅藻土滤板数量和大小，一个大小为 40cm×40cm 的硅藻土滤框，约可加硅藻土 1.4kg；60cm×60cm 滤框可加硅藻土约 4kg。使用硅藻土过滤机过滤，需用一台有效的离心泵，以提供较高的压力，保证理想的出汁量。一般每 1000L 果汁需要硅藻土的参考数量为：苹果汁 1～2kg，葡萄汁 3kg，其他果汁 4～6kg。

② 薄层过滤：果蔬澄清汁常用薄层过滤器过滤，薄层过滤器的滤板由石棉和纤维混合构成，使用时可压缩成 $40cm^2$ 或 $60cm^2$。每平方厘米滤板的孔数和大小，因滤板的种类和类型不同而不同。滤板夹在金属滤盘之间，果汁通过滤板一次过滤。这类过滤设备包括棉饼过滤器、纤维过滤器等。

（2）真空过滤法　真空过滤法是使过滤筛内产生真空，利用压力差渗过助滤剂，得到澄清果汁。过滤前在真空过滤器的滤筛上涂一层厚 6～7cm 的硅藻土，滤筛部分浸没在果蔬汁中，过滤器以一定速度转动，均匀地把果蔬汁带入整个过滤筛表面。过滤筛与真空装置相连，过滤器内的真空使过滤器顶部和底部果蔬汁有效地渗过助滤剂过滤，这种过滤速度快，果蔬汁损失很少。由一特殊阀门来保持过滤器内的真空和果蔬汁的流出。真空过滤器的真空度一般维持在 84.6kPa。

七、混浊果蔬汁的均质和脱气

均质和脱气是混浊果蔬汁生产中的特有工序，它是保证果蔬汁稳定性和防止果汁营养损失、色泽变差的重要措施。

1. 均质

均质的目的在于使果蔬汁中所含的悬浮颗粒进一步破碎，使微粒大小均一，促进果胶的渗出，使果胶和果蔬汁亲和，均匀而稳定地分散于果蔬汁中，保持果蔬汁的均匀混浊度，获得不易分离和沉淀的果蔬汁。

目前使用的均质设备有高压均质机、超声波均质机及胶体磨等几种。高压均质机的均质压力为10～50MPa，其工作原理（见图3-3）是通过均质机内高压阀的作用，使高压的果蔬汁及颗粒从高压阀极狭小的间隙中通过，然后由于剪切力的作用和急速降压所产生的膨胀、冲击和空穴作用，使果蔬汁中的细小颗粒受压而破碎、细微化运到胶粒范围而均匀分散在果蔬汁中。根据经验，混浊果蔬汁饮料的均质压力一般为18～20MPa，果肉型果蔬汁饮料宜为30～40MPa。果蔬汁在均质前，必须先进行过滤除去其中的大颗粒果肉、纤维和砂粒，以防止均质阀间隙堵塞。高压均质机磨碎力大，均质时空气不会混入物料，操作结束后宜清洗。但物料在高压下通过狭小的间隙容易引起均质阀的磨损，因而应注意保持正常的工作状态。高压均质机的外形如图3-4所示。

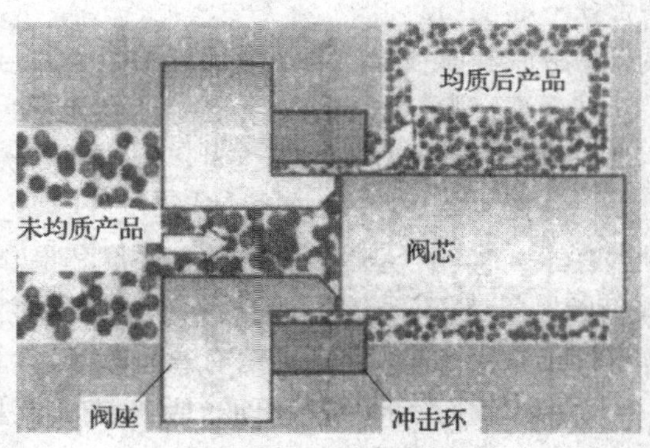

图3-3　高压均质机工作原理图

超声波均质机是利用20～25kHz的超声波的强大冲击波和空穴作用力，使物料进行复杂搅拌和乳化作用而均质化的设备。在超声波均质机中，除了诱发产生1000～6000MPa的强大空穴作用力外，固体粒子还受到湍流、摩擦和冲击等作用，使粒子被破坏，粒径变小，达到均质的目的。超声波均质机由泵和超声波发生器构成，果蔬汁由特殊高压泵以1.2～1.4MPa的压力供给超声波发生器，并以 72m/s 的高速喷射通过喷嘴，使粒子细微化。

胶体磨也可用于均质，当果蔬汁流经胶体磨时，因上磨与下磨之间仅有 0.05～0.075mm 的狭腔，由于磨的高速旋转，果蔬汁受到强大的离心力作用，所含的颗粒相互冲击、摩擦、分散和混合，微粒的细度可达 0.002mm 以下，从而达到均质的目的。

均质处理多用于玻璃瓶包装的混浊果汁，马口铁包装的制品较少采用，冷冻保藏的果汁和浓缩果汁也无需均质。

图 3-4 高压均质机外形图

2. 脱气

果蔬细胞间隙存在着大量的空气，原料在破碎、取汁、均质和搅拌、输送等工序中要混入大量的空气，所以得到的果汁中含有大量的氧气、二氧化碳、氮气等。这些气体以溶解形式在细微粒子表面吸附着，也许有一小部分以果汁的化学成分形式存在。这些气体中的氧气可导致果汁营养成分的损失和色泽的变差，因此，必须加以去除，这一工艺即称脱气。脱气的实质就是脱去料液中的氧。脱气方法有真空法、化学法、充氮置换法等，且常结合在一起使用。

(1) 真空脱气 真空脱气原理是气体在液体内的溶解度与该气体在液面上的分压成正比。果汁进行真空脱气时，液面上的压力逐渐降低，溶解在果汁中的气体不断逸出，直至总压降到果汁的蒸汽压时，已达平衡状态，此时所有气体已被排除。

真空脱气的要点有三方面，一是控制适当的真空度和果汁温度，一般真空罐内的真空度为 0.0907～0.0933MPa；二是被处理的果汁的表面积要大，一般使果汁分散成薄膜状或雾状，常采用的方法有离心喷雾、加压喷雾和薄膜式三种（见图 3-5）；三是要有充分的脱气时间，脱气时间取决于果汁的性状、温度和在脱气罐内的状态。生产中常用的真空脱气机由双级水环式真空泵、气水分离器、脱气机和螺杆泵等组成，图 3-6 为脱气机外形。工作时，果汁由泵通过控制阀进入喷嘴呈喷射状向下散开，在具有一定真空度的容器内落下，此时果汁中 85%～90%的气体被吸走。脱气后的果汁集中于容器底部，被螺杆泵通过排出管泵出。为了保证脱气的果汁和上下工序的进、出排量均衡，由液面控制阀控制进液管流量，当脱气室内液面过高时停止进液。

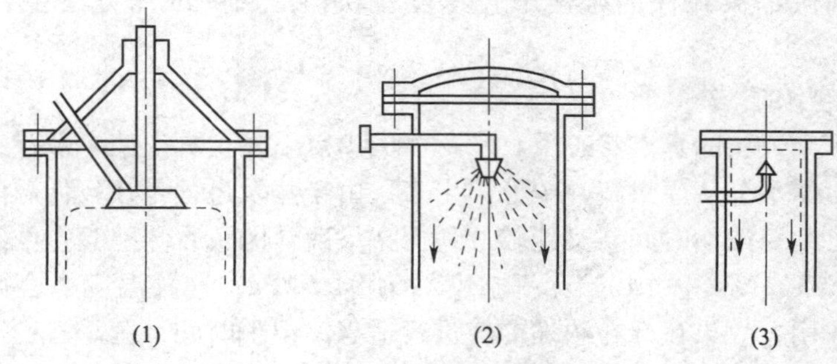

图 3-5　真空脱气果汁分散形式

（1）离心式　（2）喷雾式　（3）薄膜式

（2）置换法　将氮气、二氧化碳等惰性气体通过专门的设备（见图 3-7）压入果蔬汁中，形成强烈的泡沫流，在泡沫流的冲击下，氮气、二氧化碳等惰性气体将果蔬汁中的氧气置换出来，达到脱气目的。

图 3-6　真空脱气机外形

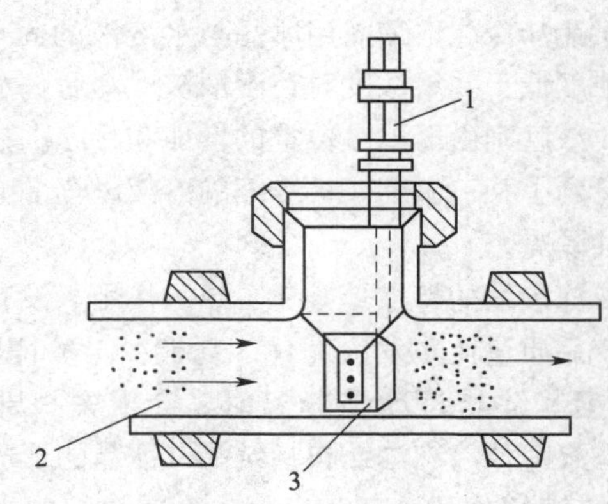

图 3-7　气体分配头

1—氮气进入管　2—果汁导入管　3—穿孔喷嘴

（3）化学脱气法　利用一些抗氧化剂或需氧的酶类作为脱气剂，加入果蔬汁中，消耗果蔬汁中的氧气，达到脱气目的。常用的脱气剂有抗坏血酸、葡萄糖氧化酶等。

八、浓缩果蔬汁的浓缩与脱水

浓缩果蔬汁是由澄清果蔬汁经脱水浓缩后制得，其体积小，可溶性固形物含量达到 65%～75%，便于包装和运输，能克服果蔬采收期和品种所造成的成分上的差异，使果蔬汁的品质更加一致，且糖酸含量提高，利于产品保存。

因此，目前浓缩果蔬汁的生产增长速度较快，常用的浓缩方法主要有以下几种：

1. 真空浓缩法

在低于大气压的真空状态下，果蔬汁的沸点下降，真空使果蔬汁在低温条件下沸腾，使水分从原果蔬汁中分离出来。由于蒸发过程是在较低温度条件下进行，既可缩短浓缩时间，又能较好地保持果蔬汁的色香味。真空浓缩温度一般为25～35℃，不超过40℃，真空度约为94.7kPa。这种温度适合微生物繁殖和酶的作用，故果蔬汁在浓缩前应进行适当高温瞬时杀菌。

真空浓缩方法可分为真空锅浓缩法和真空薄膜浓缩法等多种方法。目前真空薄膜浓缩设备主要有强制循环蒸发式、降膜蒸发式、升膜蒸发式、平板（片状）蒸发式、离心薄膜蒸发式和搅拌蒸发式等多种类型。这类设备的特点是果蔬汁在蒸发中都呈薄膜流动，果蔬汁由循环泵送入薄膜蒸发器的列管中，分散呈薄膜状，由于减压在低温条件下脱去水分，热交换效果好，是目前广泛使用的浓缩设备。

2. 冷冻浓缩法

果蔬汁冷冻浓缩应用冰晶与水溶液的固-液相平衡原理。当水溶液中所含溶质浓度低于共熔浓度时，溶液被冷却后，水便部分成冰晶析出，剩余溶液中的溶质浓度则由于冰晶数量的增加和冷冻次数的增加而提高，溶液的浓度逐渐增加，到了某一温度，被浓缩的溶液以全部冻结而告终，这一温度即为低共熔点或共晶点。

冷冻浓缩的特点是避免了热的作用，没有热变性，挥发性风味物质损失极微，产品质量比蒸发浓缩优，耗能少，冷冻浓缩所需的能量约为蒸发浓缩的1/7；但其缺点是冰晶分离时，会损失一部分果蔬汁，浓缩浓度只能达到55%。果蔬汁冷冻浓缩包括结晶（冰晶的形成）、重结晶（冰晶的成长）、分离（冰晶与液相分开）三个步骤。冷冻浓缩的方法和装置很多，图3-8为荷兰Grenco冷冻浓缩系统，它是目前食品工业中应用较成功的一种装置。在此系统中，果蔬汁通过刮板式热交换器结晶，进入结晶器，冰晶体增大后重结晶，最后，冰晶体和浓缩物被泵至洗涤塔分离冰晶，如此反复，直至达到浓缩要求。

3. 反渗透浓缩法

反渗透浓缩是一种现代的膜分离技术，与真空浓缩等加热蒸发方法相比，其优点是蒸发过程不需加热，可在常温条件下实现分离或浓缩，品质变化少；浓缩过程在密封回路中操作，不受氧气影响；在不发生相变的情况下操作，挥发性成分的损失较少；节约能源，所需能量约为蒸发浓缩的1/17，是冷冻浓缩的1/2。

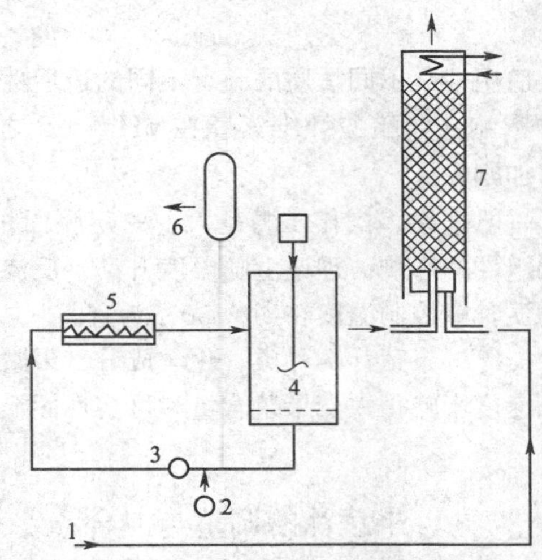

图 3-8 Grenco 冷冻浓缩系统图

1—果汁进 2—泵 3—循环泵 4—结晶器 5—刮板式热交换器

6—浓缩产品 7—洗涤塔

反渗透浓缩的原理是依赖于膜的选择性筛分作用，以压力差为推动力，使某些物质透过，而其他组分不透过，从而达到分离浓缩目的。见图 3-9，泵将果蔬汁的压力提高至 2.5～10MPa，在高压作用下，果蔬汁中的水透过反渗透膜，果蔬成分截留下来在设备中循环流动，并不断被浓缩，直至达到规定浓度。

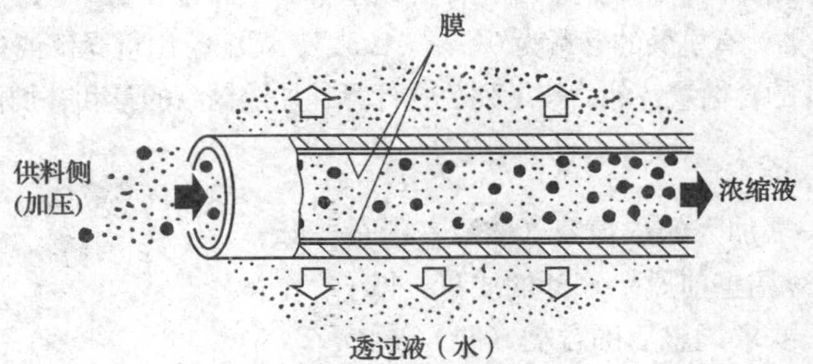

图 3-9 反渗透浓缩原理图

性能优良的合成高分子膜是实现膜分离技术高效、高选择性的必要条件。目前反渗透浓缩常用膜为醋酸纤维素及其衍生物、聚酰胺纤维膜等，膜的厚度薄至 0.1μm。影响反渗透浓缩的主要因素有以下方面：

（1）浓差极化现象 所有的分离过程均会产生这一现象，在膜分离中它的影响特别严重。当分子混合物由推动力带到膜表面时，水分子透过，另外一些分子被阻止，这就导致在近膜表面的边界层中被阻组分的集聚和透过组分的降低，这种现象即所谓浓差极化现象。它的产生使透过速率显著降低，削弱膜的分离特性。工程上主要采取加大流速、装设湍流装置、脉冲法、搅拌法等消除其影响。

（2）膜的特性及适用性　不同材质的膜有不同的适用性，介质的化学性质对膜的性能有一定的影响，如醋酸纤维素膜在 pH 4～5 之间水解速度最小，在强酸和强碱中水解加剧。

（3）操作条件　一般来说，操作压力越大，一定膜面积上透水速率越大，但又受到膜的性质和组件的影响。理论上随温度升高，反渗透速率增加，但果蔬汁大多为热敏性物质，应控制温度在 40～50℃为宜。

（4）果蔬汁的种类等　果蔬汁的种类、化学成分、果浆含量和可溶性固形物的初始浓度对浓缩速度影响很大，果浆含量和可溶性固形物含量高，不利于反渗透的进行。

九、果蔬汁的调整与混合

为使果蔬汁符合一定的规格要求和改进风味，常需要适当调整，使果蔬汁的风味接近新鲜果蔬。主要为糖酸比例的调整及香味物质、色素物质的添加和其他成分的调整，可在特殊工序如均质、浓缩、干燥、脱气以前进行，澄清果汁常在澄清过滤后调整，有时也可在特殊工序中间进行调整。

果蔬汁饮料的糖酸比例是决定其口感和风味的主要因素。不浓缩果蔬汁适宜的糖分和酸分的比例在（13∶1）～（15∶1）范围内，适宜于大多数人的口味。因此，果蔬汁饮料调配时，首先需要调整含糖量和含酸量。一般果蔬汁中含糖量在 8%～14%，有机酸的含量为 0.1%～0.5%。调配时用折光仪或白利糖表测定并计算果蔬汁的含糖量，然后按下列公式计算补加浓糖液的量和补加柠檬酸的量。

$$m=\frac{m_1(B-C)}{D-C} \tag{3.1}$$

式中　m——需加入的浓糖液（酸液）的量，kg；

m_1——调整前原果蔬汁的质量，kg；

B——要求调整后的含糖（酸）量，%；

C——调整前原果蔬汁的含糖（酸）量，%；

D——浓糖液（酸液）的浓度，%。

糖酸调整时，先按要求用少量水或果蔬汁使糖或酸溶解，配成浓溶液并过滤，然后再加入果蔬汁中放入夹层锅内，充分搅拌，调和均匀后，测定其含糖量，如不符合产品规格，可再进行适当调整。

果蔬汁除进行糖酸调整外，还需要根据产品的种类和特点进行色泽、风味、黏稠度、稳定性和营养价值的调整。所使用的食用色素、香精、防腐剂、稳定剂等应按食品添加剂国家标准的规定量加入。

许多果品蔬菜如苹果、葡萄、柑橘、番茄、胡萝卜等，虽然能单独制得品质良好的果蔬汁，但与其他种类的果蔬配合风味会更好。不同种类的果蔬汁按适当比例混合，可以取长补短，制成品质良好的混合果汁，也可以得到具有与单一果蔬汁不同风味的果蔬汁饮料。中国农业大学研制成功的“维乐”蔬菜汁，是由番茄、胡萝卜、菠菜、芹菜、冬瓜和莴笋六种蔬菜复合而成，其风味良好。混合汁饮料是果蔬汁饮料加工的发展方向。

十、杀菌与包装

1. 杀菌

果蔬汁杀菌的目的一是消灭微生物，防止发酵；二是钝化各种酶类，避免各种不良的变化。果蔬汁杀菌的微生物对象为酵母和霉菌，酵母在66℃下1min，霉菌在80℃下20min即可杀灭，所以，可以采用一般的巴氏杀菌法杀菌，即80～85℃杀菌20～30min，然后放入冷水中冷却，从而达到杀菌的目的。但由于加热时间太长，果蔬汁的色泽和香味都有较多的损失，尤其是混浊果汁，容易产生煮熟味。因此，常采用高温瞬时杀菌法，即采用93℃±2℃保持15～30s杀菌，特殊情况下可采用120℃以上温度保持3～10s杀菌。

果蔬汁的杀菌原则上是在灌装之前进行，灌装方法有高温灌装法和低温灌装法两种。高温灌装法是在果蔬汁杀菌后，处于热状态下进行灌装，利用果蔬汁的热对容器的内表面进行杀菌。低温灌装法是将果蔬汁加热到杀菌温度之后，保持一定时间，然后通过热交换器立即冷却至常温或常温以下，将冷却后的果蔬汁进行灌装。高温灌装法或低温灌装法都要求在果蔬汁杀菌的同时对包装容器、机械设备、管道等进行杀菌。蔬菜汁可采用UHT（超高温瞬时杀菌）方法，在加压状态下，采用100℃以上温度杀菌。

2. 包装

果蔬汁的包装方法，因果蔬汁品种和容器种类而有所不同。果蔬汁及其饮料的包装容器经历了玻璃瓶→易拉罐→纸包装→塑料瓶的发展过程。目前市场上即饮型（ready to drink，RTD）果蔬汁及其饮料的包装基本上是上述4种形式并存。

（1）纸包装　目前提供无菌纸包装的公司有瑞典的利乐公司（Tetra Pak）、德国的KF工程公司（KF Engineer GmbH）以及美国的国际纸业（International Paper）公司等。纸包装的外形有砖形和屋顶形两种。包装材料由PE/纸/PE/铝箔/PE等5层组成。利乐包是由纸卷在生产过程中先通过杀菌然后依次完成成形—灌装—密封（form-fill-seal）等过程，而康美包（Combiblock）是先预制纸盒，在生产过程中通过杀菌后只完成灌装—密封过程。

（2）塑料瓶　主要有聚酯（PET）瓶和双轴拉伸聚丙烯（BOPP）瓶。

（3）玻璃瓶　瓶形较以前有很大不同，设计美观，以三旋盖代替皇冠盖。

（4）金属罐　以3片罐为主，近年来也有在果蔬汁中充入氮气的2片罐装果蔬汁。

3. 灌装

目前在果蔬汁加工的生产过程中，一般采用热灌装、冷灌装和无菌灌装等三种方式。

热灌装是果汁在经过加热杀菌后，不进行冷却，而是趁热灌装，然后密封、冷却，包装容器一般采用金属罐、玻璃罐或 PET 塑料瓶等，在灌装前包装容器需经过清洗消毒，在常温下流通销售，产品不会变质，可贮藏 1 年以上。

冷灌装是果汁经过加热杀菌后，立即冷却至 5℃以下灌装、密封，包装容器一般采用 PET 塑料瓶，在灌装前包装容器需经过清洗消毒，在低温下（<10℃）流通销售，产品可保持 2 周不坏。

无菌灌装的 3 个基本条件是食品无菌、包装材料无菌和包装环境无菌。果蔬汁的无菌灌装是指果蔬汁经过加热杀菌后，立即冷却至 30℃以下，而包装材料经过过氧化氢或热蒸汽杀菌后，在无菌的环境条件下灌装，产品在常温下流通销售，可贮藏 6 个月以上。包装容器主要是纸包装和塑料瓶。目前广泛使用的纸包装是利乐包和康美包。

果蔬浓缩汁也可以采用上述 3 种方式灌装。对于一些加热容易产生异味的果蔬浓缩汁或为了很好地保存果蔬浓缩汁的品质，浓缩后采用冷灌装进行冷冻贮藏。如冷冻浓缩橙汁，可以装在塑料桶或内衬聚乙烯袋的铁桶中（bag-in-drum）或冷冻罐车和运输船。浓缩汁或果蔬汁（浆）如用金属罐包装，可采用热灌装，如我国出口日本的混浊苹果浓缩汁和白桃原汁采用这种方式，可以在常温下贮藏运输。无菌灌装主要采用 220kg 的无菌大袋，主要有休利袋、爱尔珀袋等，以箱中袋或桶中袋的形式运输，我国出口的苹果浓缩汁以及许多果蔬汁（浆）采用这种包装，可以在常温下运输。由于浓缩汁各种成分浓度较高，化学反应速度较快，如还原糖和氨基酸的美拉德反应（Millard reaction），容易发生非酶褐变，所以最好是冷藏。

第二节　果蔬汁饮料加工技术

一、柑橘汁饮料加工技术

1. 柑橘原汁的加工（以甜橙汁为例）

（1）工艺流程　见图 3-10。

（2）操作要点

① 原料的选择和中间贮存：选用原料时，要采用在制造过程中不会使柑橘原汁产生苦味的品种，在进行中间贮存时，必须除去受伤的和不适合加工的

柑橘原料选择→中间贮藏（不同品种柑橘混合）→拣选和清洗→除油→榨汁→过滤（筛板孔径 0.5mm）与调整→均质→脱气→调配→瞬时加热杀菌（93～95℃，15～20s）→灌装、冷却→柑橘汁

图 3-10 柑橘原汁加工工艺流程图

果实。此外还应该迅速进行样品试验，以确定用这些原料制成原汁的质量，然后再将原料贮存到一个中间贮存库中。

② 拣选和清洗：最好采用辊式拣选机进行拣选，在清水中还应添加 1%～2%的氢氧化钠和消毒剂。原料果实先经短时浸泡，然后进入旋转的清洗辊刷清洗，并用清洗水喷淋。喷头喷下的清洗水应是氯化水，含氯量为 10～30mg/L。最后用清水喷淋果实。

③ 除油：清洗后的果实接着进入针刺式除油机，果皮在机内被刺破，果皮中的油从油胞中逸出，随喷淋水流走，再用碟式离心分离机就可以从甜橙油和水的乳浊液中把甜橙油分离出来．分离残液经循环管道再进入除油机中作喷淋水用。

④ 榨汁：柑橘果实构造比番茄、苹果复杂，是榨汁水果中取汁较为困难的一种水果。柑橘果实平均出汁率 40%～50%。由于柑橘目前普遍采用全果榨汁，为了提高柑橘汁的质量，榨汁时必须注意以下问题：

a. 果汁中不得含有大量果皮油；

b. 防止白皮层和囊衣混入，这些物质如被破碎，果汁中就会混入橘苷苦味成分，不仅增加了苦味，还会产生加热臭；

c. 可以适量混入砂囊膜，以利用附着于砂囊膜的色素使果汁呈现应有的色调；

d. 应选用避免种子破碎的榨汁设备，防止种子中的类柠檬苦素混入果汁，增加果汁的苦味。

目前柑橘常用的榨汁机有美国 FMC 的 In-line 榨汁机、布朗（Brown）型榨汁机、安德逊（Anderson）榨汁机。此外还有碎浆式榨汁机，这是热烫去皮后破碎离心过滤的一种榨汁方式，出汁率可达 55%～60%，浆渣也是可以利用的副产品。

⑤ 过滤与调整：过滤方法的选择与榨汁方式有关。不同的榨汁方法，汁中所含的碎果皮、囊衣等杂物和粗大浆粒也不相同。果汁中的夹杂物需要经过粗滤，用筛滤和打浆机去除，大规模生产几乎都使用打浆机。打浆机筛网孔直径一般为 0.5mm，去除的果浆粒径为 0.5～1.5mm。去除浆量 30%～50%。

粗滤后需要用离心分离机进一步调整果汁中的浆量。果汁中的微细果浆使果汁产生良好的色泽和一定的浊度，但果浆过量会使果汁黏稠化。对于瓶装果汁来说，贮藏过程中会产生果浆沉淀，有损于外观。同时在以后的浓缩过程中

还会引起结焦、降低热效率或使风味变差。相反浆量过少，果汁的色泽和浊度不足，味道也变淡。一般的果汁中含有3%～5%的浆量是适当的。

⑥ 均质：调整浆量后的柑橘汁可以用均质机在7～10MPa压力下进行均质，使浆粒进一步微细化。均质后的果汁进行脱气，为了提高离心分离效率和果汁的稳定性，有时在离心分离前进行加热和冷却。

⑦ 脱气：调整后的柑橘汁中含有多种气体，包括碳酸气、氮气和氧气。在榨汁、打浆、过滤等过程中，氧气除溶解于果汁中外，还吸附在果浆及胶体粒子表面。氧气会使果汁氧化，品质变差，因此用脱气方法减少柑橘汁中的含氧量对保持柑橘汁的质量具有重要意义。在脱气过程中，还有2%～5%的汁液被蒸发。脱气对于抑制好氧菌繁殖、防止果浆或其他悬浮物上浮、杀菌或灌装时起泡、减少维生素C损失和防止香味与色泽变化、防止马口铁罐锡的溶出和内壁涂料剥离等都有好处，但要损失部分挥发性的芳香成分。

⑧ 调配：柑橘类果汁成分除随原料产地、品种、成熟度和贮藏时间而有不同外，榨汁方式也会对其产生影响，对于工厂来说，力求天然果汁成分的均匀化是很必要的。果汁成分均匀化一般有以下方法：

a. 不同柑橘原料的混合：由于柑橘产地不同，糖酸比也出现差异，在榨汁前，可以将不同原料按计算的比例进行混合，然后榨汁。同一产地的柑橘原料糖酸比也会出现1～2°Bx的差异。预先调查原料的糖酸比就能很好地进行调合。早熟柑橘汁色泽淡、新鲜，而用贮藏2个月后普通柑橘榨汁其新鲜度降低，糖酸比变高，如果将这两种果汁进行混合，可弥补两者的缺点，提高果汁的质量。

b. 还原果汁调整：榨汁后的果汁糖酸比出现差异时，可用预先备好的浓缩果汁进行微调整。微调整的方法较简单，但浓缩果汁的挥发性芳香成分已有所损失，需补充增强。

c. 加糖与用混合果汁加香：柑橘汁允许添加不超过5%的糖，因此可用砂糖或葡萄糖调整糖酸比，使之符合规定标准。在这种情况下，需注明“加糖”字样。柑橘果汁的香气可用混合其他柑橘类果汁的方法来增强。

⑨ 杀菌：生产中用蒸汽和热水通过板式或列管式热交换器对柑橘汁加热，进行瞬时巴氏杀菌。脱气后的果汁通过杀菌器，在15～20s内，果汁温度升高到93～95℃，保持15～20s后，热交换器的温度降至90℃左右，送往装填。精确的温度取决于所用设备和果汁流速。现代化的热交换器可以避免果汁过度受热或焦煳。

⑩ 灌装、冷却：经杀菌后的果汁，用泵送至料桶，温度下降1～3℃，装填时的温度为85℃左右，迅速装瓶、密封，然后倒置20min，以便利用余热对罐盖灭菌。随之喷淋冷水，借助于罐头的自转作用，快速冷却至38℃左右。

2. 橘子汁饮料的加工

(1) 工艺流程　见图 3-11。

糖浆、柠檬酸、水、色素、香精

↓

柑橘原汁 → 调配 → 均质、脱气 → 杀菌 → 冷却

图 3-11　橘子汁饮料加工工艺流程图

(2) 操作要点

① 调配：以柑橘原汁为基料，用白砂糖和柠檬酸将果汁饮料调配到合适的糖度和酸度。混浊型橘子汁饮料的规格为：可溶性固形物含量 10%～12%，总酸 0.9%～1.2%，原果汁含量>40%。

砂糖需配制成糖浆（一般糖浆浓度 50%～70%）并进行过滤，根据糖浆浓度算出糖浆用量，计量后将所用糖浆放入调配罐中，加水至每批配料的规定量，进一步和果汁混合，测定调配罐内的酸度，计算需要补充的柠檬酸用量，配制成酸溶液加入调配罐中，最后加入微量着色剂、香精等，充分搅拌均匀。

② 均质、脱气：果汁在 12MPa 的压力下均质，在 0.9MPa 的真空度下脱气。

③ 杀菌：在 95℃下杀菌 10～30min，热灌装后密封，冷却至 37℃即为成品。

二、苹果汁饮料加工技术

1. 苹果原汁的加工技术

(1) 工艺流程　见图 3-12。

(2) 操作要点

① 果实的清洗和分选：苹果汁加工的第一道工序就是清洗，通过清洗将苹果原料携带的微生物量降低到原来的 2.5%～5.0%。苹果清洗的方法有流槽清洗、刷洗、喷淋等。一般几种方法结合起来使用。如首先由流槽将苹果进行初步清洗，同时将苹果由原料间输送出来，然后由斗式提升喷淋机将果实从流槽内掏出并进一步清洗，若仍未清洗干净，可经辊轴式喷淋机清洗一次。

果汁加工中分选的目的主要是将腐烂、机械损伤的果实和树叶等杂物挑选出来。目前最常用的分选方法是人工分选，即将苹果放在一条长输送带上，输送带的速度一般为 0.2～0.5m/s. 工作时工人站在带的两侧将不合格的果实剔出。也可以采用机械分选。

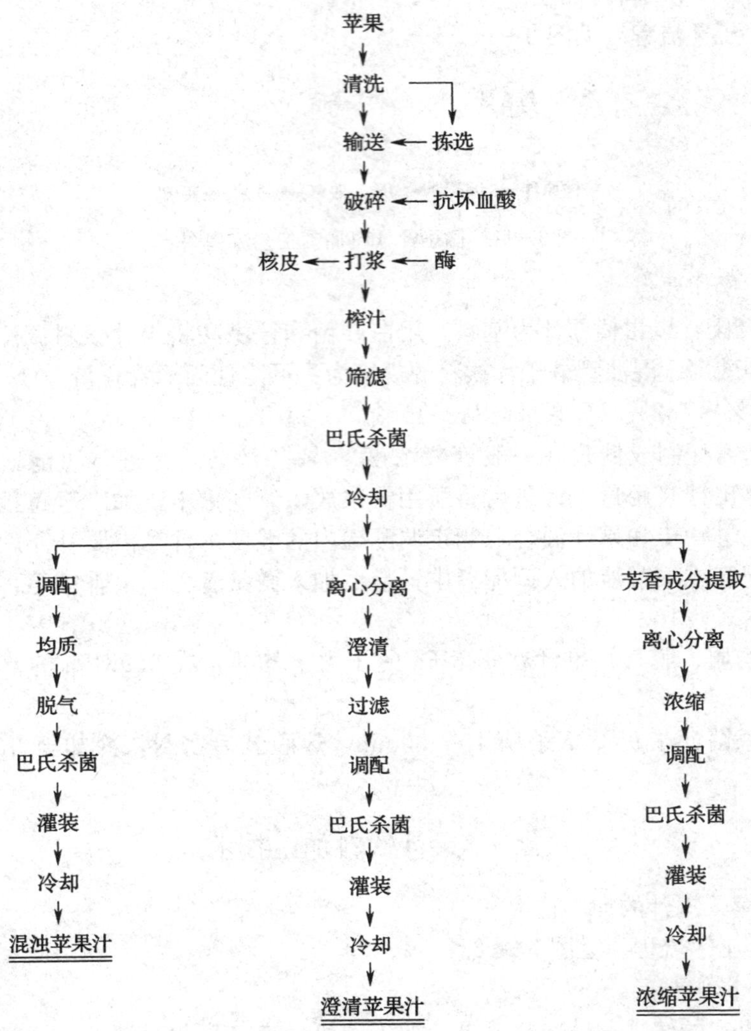

图 3-12　苹果汁加工工艺流程图

② 原料的破碎：苹果是仁果类水果，它比浆果类水果的硬度高，皮和肉质致密、坚硬。破碎时，果块最好在 3～4mm，并尽量避免物料与空气的接触，以防止果肉的褐变。同时在果实破碎时一定要加护色剂如维生素 C、氯化钠、柠檬酸等，一般每 1t 苹果原料添加 5%～10%的维生素 C 溶液 1kg。采用喷淋式添加方式，一边破碎一边向已破碎好的物料中喷洒护色剂。破碎的设备有锤片式破碎机、齿板式破碎机、离心式破碎机。

③ 榨汁：榨汁是获取原汁的主要方法，也是一个关键工序。果汁生产要

求榨汁做到出汁率高、榨出的汁液内的空气和果肉颗粒少、褐变和营养素损伤少，生产效率高。为了实现以上目标，生产中通常采用包裹式榨汁机、卧式圆筒榨汁机、螺旋式榨汁机和带式榨汁机。带式榨汁机是当今苹果汁生产中较先进的榨汁机械，出汁率可达 80%～84%。该机械主要由上下两条多孔带、转筒和压辊组成，转筒和压辊表面贴有橡胶并带有孔。它吸取了包裹式榨汁机和螺旋式榨汁机的优点，可以说是一种连续式的包裹式榨汁机。破碎后的苹果被均匀地铺放在两条带之间，当两条带绕过转筒时，物料受到压力，压力逐渐增加，榨出的果汁通过带孔和转筒上的孔流至下面的集液盘。由于苹果果实含果胶量较多，在榨汁前应进行果胶酶处理，以利于果胶的分解，提高出汁率。果胶酶的用量应根据苹果原料的果胶含量来确定，一般在 0.3%～0.4%，酶解温度为 40℃，处理时间为 2h。

④ 澄清：澄清是生产苹果澄清汁的最主要的工序。通过该工序除去苹果汁中的大颗粒果肉，从而得到澄清透明的苹果澄清汁。澄清的方法主要有以下几种：

a. 果胶酶-明胶-硅溶液澄清法：苹果汁加 0.07%的果胶酶在 45℃下保温 2h 后，每 100L 果汁加明胶 8g、硅溶液（SiO_2）80g，搅拌均匀，常温下静置 60min 后进行分离。

b. 硅藻土澄清法：一般将硅藻土配制成 40～50g/L 的悬浮液后倒入果汁中充分搅拌 20min，硅藻土的最高使用量为 450g/1000L，不可使用过多，否则会造成苹果汁的后混浊。

c. 明胶-硅溶液澄清法：一般 1L 苹果汁加入 1.2g 的硅溶液和 0.06～0.2g 的明胶。首先将硅溶液和苹果汁混合均匀，然后一边搅拌一边加入明胶，0.5～3.0h 后果汁就会出现絮状物，静置一段时间就可以得到清汁。

⑤ 分离：分离的目的是将苹果汁中的固体粒子除去，固体粒子包括果肉微粒、澄清过程中出现的沉淀物及其他杂质。分离主要采用板框式过滤机、叶式过滤机、硅藻土过滤机、离心式分离机、过滤式离心机以及膜分离等。

板框式过滤机：是目前最常用的分离设备之一。特别是近年来经常作为苹果汁进行超滤澄清的前处理设备，对减轻超滤设备的压力十分重要。

硅藻土过滤机：是在过滤机的过滤介质上覆上一层硅藻土助滤剂的过滤机。该设备在小型苹果汁生产企业中应用较多。它具有成本低廉、分离效率高等优点。但硅藻土等助剂容易混入苹果汁给以后的作业造成困难。

膜分离技术：近年发展起来的新兴技术，在果汁加工业中显示了很好的前景。在苹果汁的澄清工艺中所采用的膜主要是超滤膜，膜材料有陶瓷膜、聚砜膜、磺化聚砜膜、聚丙烯腈膜及其共混膜。用超滤膜澄清的苹果汁无论从外观上还是从加工特性上都优于其他澄清方法制得的苹果澄清汁，是苹果汁加工业发展的方向。

⑥混浊苹果汁的均质和脱气：同第一节。

⑦苹果汁的浓缩：苹果浓缩汁是由清汁或混浊汁浓缩而来。由于国内外常年需要苹果汁的供应，浓缩苹果汁是保藏苹果汁的一个重要方法，浓缩苹果汁可冷藏或冷冻贮藏。苹果原汁一般浓缩至 42～72°Bx。浓缩汁一般作为原料出售给饮料厂，也有少量直接上市出售。目前国际市场上，苹果汁多为澄清浓缩汁，可溶性固形物达 70°Bx 左右，酸度以 15%为佳，酸度越高越受欢迎。一般以五层聚乙烯无菌大包装袋外套大桶包装，每桶 256kg。浓缩苹果汁浓缩方法同第一节果汁的浓缩方法。

⑧ 杀菌：苹果汁生产中主要采用巴氏杀菌法和瞬时高温杀菌法。巴氏杀菌的方法为 85～100℃杀菌数分钟。高温瞬时杀菌的方法为 135℃杀菌数秒至 6min。杀菌的设备有列管式热交换机、板式热交换机以及用超滤膜进行冷杀菌。

⑨ 灌装：同第一节。

2. 苹果清汁饮料加工技术

(1) 工艺流程　见图 3－13。

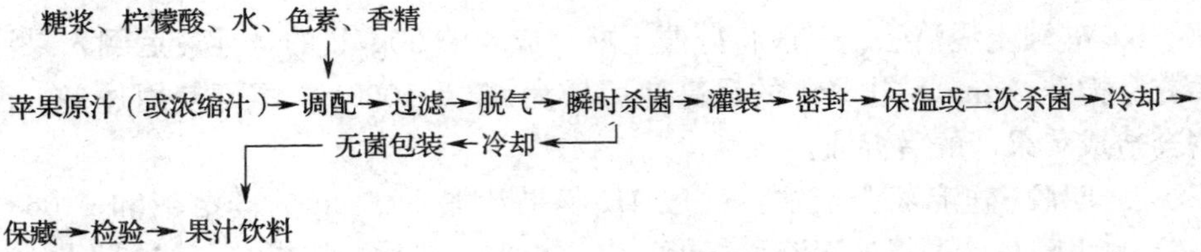

糖浆、柠檬酸、水、色素、香精
↓
苹果原汁（或浓缩汁）→调配→过滤→脱气→瞬时杀菌→灌装→密封→保温或二次杀菌→冷却→
无菌包装←冷却←
↓
保藏→检验→果汁饮料

图 3－13　苹果清汁饮料加工工艺流程图

(2) 操作要点

① 调配：调配主要是调整苹果汁饮料的糖酸比，苹果清汁饮料质量规格为可溶性固形物 12%～15%，总酸 0.3%～0.6%，原果汁的含量 5%～40%，因此，需要根据原果汁的糖度、酸度、用量等，用砂糖和食用酸对所配制饮料的糖酸比进行调整。

砂糖需配制成糖浆（一般糖浆浓度 50%～70%），并进行过滤，根据糖浆浓度算出糖浆用量，计量后将所用糖浆放入调配罐中，加水至每批配料的规定量，进一步和果汁混合，测定调配罐内的酸度，计算需要补充的柠檬酸用量，配制成酸溶液加入调配罐中，最后加入微量着色剂、香精等，充分搅拌均匀。

② 过滤：调配均匀的苹果汁采用硅藻土过滤机或超滤机进行过滤处理，使果汁饮料呈澄清透明状。

③ 瞬时杀菌：采用93℃±2℃，保持15～30s的瞬时杀菌工艺，热灌装后密封、冷却即为成品。

3. 苹果果肉饮料加工技术

（1）工艺流程　见图3-14。

苹果→分选→清洗→软化→打浆→调配→均质→脱气→杀菌→灌装→成品

图3-14　苹果果肉饮料加工工艺流程图

（2）操作要点

① 软化：原料选用酸甜适中的苹果品种，软化采用夹层锅煮制10～15min，加水量不低于所用的苹果量，即1∶1以上。加水量过高，成品容易分层，口感也差。

② 打浆：打浆机选用的筛孔为0.5mm。

③ 调配：添加适量的糖和柠檬酸，使成品中的糖度达到约为14%，总酸达到0.5%（以苹果酸计）左右。

④ 均质：均质压力一般在16MPa以上。

三、蔬菜汁饮料加工技术

1. 番茄汁加工技术

（1）工艺流程　见图3-15。

完熟鲜番茄→清洗→选果、修整→破碎和预热→榨汁→脱气→调味→均质→预杀菌→充填与密封→最后杀菌→冷却→成品

图3-15　蔬菜汁饮料加工工艺流程图

（2）操作要点

① 原料的挑选与清洗：番茄原料应进行严格的挑选和洗涤，以除去番茄表面附着的微生物、沙土及残留农药。清洗可采用浸渍、添加化学洗涤剂等，提高清洗效果。

② 选果和修整：原料进入生产前要经过第二次检查。除去不适用的果实和果蒂，此工序一般用人工操作。美国部分厂家采用光学机械选果。

不良果实中，如果去除一部分可作为合格原料者，则应切除不合格部分，即进行修整，这个操作通常与选果同时进行。

③ 破碎和预热：破碎、预热工序是影响番茄汁黏稠度和收得率的重要工序。破碎方法有热破碎法和冷破碎法两种。热破碎法本意是先加热后破碎，但通常所指的热破碎法，是指番茄破碎后，立即加热到80℃以上的破碎方法。破碎后加热采用管式热交换器或加热回转盘管进行处理，选择哪一种设备，应

从热交换效果和处理量来判断。

冷破碎法的果肉浆中，果胶分解酶活性很强，在短时间内，容易将果胶分解成低分子的果胶。在冷破碎法中，将破碎后的果肉浆放置5min后，盐酸可溶性果胶（高分子果胶）明显减少，继续存放，水溶性果胶将进一步减少。因此，为了生产具有适当黏稠度，且倒入饮用容器之后不产生浆液分层的番茄汁，最好采用热破碎法。

④ 榨汁：破碎浆在除去果皮、种子和果心的同时，也进行果肉浆粒子的调整，一般用螺旋式榨汁机进行操作，也可采用打浆机。螺旋式榨汁机是在螺旋和筛孔之间挤压破碎浆而取汁。打浆机是以撞击的方式取汁，筛孔孔径通常为0.4mm。

一般认为螺旋式榨汁方法较好，可减少空气的混入。榨汁率因过滤筛孔的大小（通常为0.8～1.0mm）、旋转筒和外套筒的间隔以及旋转筒的回转数的不同而不同。优良品种番茄榨汁率为75%～80%。打浆机在榨汁过程中大量混入空气，对质量影响较大，几乎不被采用。

⑤ 脱气：在破碎榨汁过程中，不可避免地混入空气，所以榨汁后的脱气工序是必要的。脱气使用降膜式真空脱气装置、喷雾式真空脱气装置进行。

⑥ 调味：番茄汁的调味料，仅是食盐，其添加量为5g/L左右。间歇式混合食盐时，先用一部分番茄汁将食盐溶解，然后从混合槽底部打入，并在不混入气泡的情况下进行搅拌混合，或在脱气工序中加入。连续进入的情况下，可使用粉体定量加料器和线上混合机。

⑦ 均质：为了使果肉粒子细致，提高黏稠度，可使用均质机。但是，通过均质，番茄汁有过于柔滑的感觉，所以大多数可以不进行均质。如前所述，不进行热破碎的果汁，即使进行均质，果汁的分层也是不可避免的。

⑧ 预杀菌：番茄汁里含有果肉，是黏稠性的液体，装入容器密封之后通常不进行杀菌，这是因为内容物黏稠，传热性差，需要的杀菌时间较长，会降低制品品质（如褐变、色泽下降、发生异臭、维生素类损失等）。因此，番茄汁最好在装入容器之前进行短时杀菌。通常采用高温短时杀菌法（HTST），番茄汁pH为4.3以下，且附着大量土壤中的细菌，因此，它比其他果汁HTST条件更严格。一般在118～122℃温度下，杀菌40～60s。杀菌后，立即冷却到90～95℃，趁热灌装密封。杀菌装置一般使用管式热交换器，也有使用板式热交换器的。

⑨ 灌装和密封：番茄汁所使用的容器一般为金属罐，也有使用玻璃瓶和纸容器的。为了防止顶隙空气（氧气）引起的氧化，将冷却到90～95℃的番茄汁立即装入容器中，灌装量以装满为度，称为热灌装法。热灌装后立即进行加盖卷封或轧皇冠盖密封。

⑩ 最后杀菌：90～95℃热灌装，灌满密封后，放置10～20min，使之完全杀菌，然后用冷却水使容器内的番茄汁温度迅速冷却到35℃以下。最后打印生产日期、包装。

2. 维乐复合蔬菜汁饮料加工技术

维乐复合蔬菜汁饮料是由番茄、胡萝卜、冬瓜、芹菜、莴笋和菠菜六种蔬菜复合而成，它具有丰富的维生素和矿物质营养素，在风味、香气、色泽方面都不同于单一蔬菜汁。汁液呈混浊状态，配制以番茄为主汁，其含量占总汁量的70%，其他五种单汁占30%。

（1）工艺流程　见图3-16。

原料选择→挑选清洗（整理、切分、去皮）→破碎（破碎机）→热处理（蒸煮缸）→榨汁→复合→均质（胶体磨）→真空脱气→高压均质→高温瞬时杀菌→灌装密封→成品检验→成品保存

图3-16　维乐复合蔬菜汁饮料加工工艺流程图

（2）操作要点

① 原料选择：选择产量高、营养丰富、生产上可以大量种植的番茄、胡萝卜、冬瓜、莴笋、芹菜和菠菜六种蔬菜。选新鲜度、成熟度、色泽一致，无机械伤、无病害、无腐烂的蔬菜为制汁原料。

② 原料整理、清洗：去除污泥杂物，每种蔬菜单独用清水充分洗净，剔除不合要求部分。

③ 去皮、切分、预煮：胡萝卜采用热处理和化学处理方法去皮；冬瓜、莴笋采用人工去皮方法去皮后热处理；番茄、芹菜、菠菜只用热处理。热处理的目的在于破坏酶的活性，软化组织，提高出汁率。热处理时间见表3-1。

表3-1　热处理时间

蔬菜种类	热处理时间（95～100 ℃）/min	蔬菜种类	热处理时间（95～100 ℃）/min
番茄	2～2.5	莴笋	4～5
胡萝卜	3～4	芹菜	1～1.5
冬瓜	3～3.5	菠菜	0.5～1

热处理时间以破坏氧化酶活性所需时间来确定。氧化酶活性破坏的程度采用愈疮木酚或联苯胺配制的双氧水酒精溶液定性变色反应来测定。除番茄去皮后直接榨汁外，其他几种蔬菜都进行切分工序，切分大小尽可能均匀一致。

④ 榨汁：采用螺旋式榨汁机，减少空气混入。榨汁后用0.13～0.18mm不锈钢筛进行精滤（番茄不进行精滤）。各种蔬菜单一榨汁，装入容器，分别保存。六种蔬菜出汁率如表3-2所示。

表 3-2　蔬菜出汁率

蔬菜种类	出汁率/%	蔬菜种类	出汁率/%
番茄	68.4	莴笋	36.2
胡萝卜	31.6	芹菜	34.1
冬瓜	72.6	菠菜	37.3

注：出汁率为五次榨汁的平均数。

⑤ 复合配比：在复合蔬菜汁“维乐”中番茄汁占 70%，其他各汁占 30%，复合后用一定量柠檬酸调 pH 至 4.2 左右，加入少量精盐调味。

⑥ 均质：采用国产立式胶体磨进行两次均质，总时间 3～4min，目的是保持蔬菜汁浑浊态。

⑦ 杀菌：采用巴氏杀菌，杀菌温度为 70～80℃，杀菌时间 7～8min。

⑧ 灌汁封盖：灌汁前，汁温不低于 70℃，蔬菜汁通过 GZ300 型双头灌汁机，注入已消过毒的 250mL 玻璃瓶内。趁热灌汁，封盖密封，再在 90℃水槽中倒瓶 2～3min，取出冷却，擦去瓶外残汁，贴标保存。

第三节　果粒果汁饮料加工技术

一、果粒果汁饮料及其类型

果粒果汁饮料是果汁或浓缩果汁稀释后，加入如柑橘类果实的砂囊，或其他水果切细的果肉（称果粒），经糖、酸等调配而成的一类饮料。成品果汁含量不低于 100g/L，果粒含量不低于 50g/L。粒粒橙、马蹄爽等均属此类饮料。

果粒果汁饮料大致可分为两种类型，一种是加入柑橘类砂囊（汁胞）的果粒果汁饮料，一种是加入桃、马蹄、菠萝、苹果等碎粒或薄片的饮料。常见的果粒果汁饮料见表 3-3 所示。

表 3-3　果粒果汁饮料种类

果汁种类与浓度/%	果粒种类	配合比例/%	
		果汁	果粒
柑橘汁/（20～100）	柑橘砂囊（汁胞）	70～95	5～30
柑橘汁/（10～20）	桃肉薄片	80～90	10～20
菠萝汁/（20～25）	菠萝碎肉	95	5
桃汁/（10～20）	桃肉碎块	80～90	10～20

二、果粒果汁饮料的原料

果粒果汁饮料是由果汁与果粒等混合而成的，可以由原料水果连续加工而成，但多数情况下是用果汁、果粒为原料调制的。原料果汁可用柑橘的浓缩汁以及菠萝、柠檬和桃子等的榨汁。

1. 果汁

柑橘汁通常含有3%～6%的果肉（不溶性固形物），在制造果粒果汁饮料时应尽可能去除。桃汁在榨汁过程中通过冻结、解冻、榨汁、过滤、离心分离等去除果肉，没有必要再澄清化。对于果肉较硬的水果，如菠萝、柚子等在果汁加工中，果肉含量较少，在没有高澄清度的特殊要求时，也无必要进行澄清。用于果粒果汁饮料加工的果汁，澄清化的方法主要有以下两种：

(1) 酶法澄清　用果胶分解酶，最佳作用条件为pH 3.5～4.0，温度40℃左右，果汁在此条件下调整时还应注意金属离子的阻碍作用。

酶处理后使用过滤助剂的压滤机过滤或其他过滤方法可获得澄清液。这种酶处理的果汁有时会造成香气成分的损失，应尽量采用较佳的处理条件或还原、补充香气成分。

(2) 物理法澄清　使用过滤剂的压滤法效率较低，常用叶片式或多级式压滤机，也可用离心分离机。澄清处理后，使饮料果汁部分的残留浆量控制在1%左右。

2. 砂囊（汁胞）

柑橘原料经选择、洗果后，要进行热烫（一般95℃左右热水烫泡1min左右）、剥皮、分瓣去橘络、脱囊衣。脱囊衣的方法：一是0.1%盐酸溶液浸泡20～30min，淋洗一次；二是0.08%～0.1%的烧碱溶液，40℃浸泡5～8min（以剥离大部分囊衣、橘肉，不起毛软烂、不分散为准）；三是以流动水漂洗30～35min，再经过逐瓣拣选除去种子、橘芯，沥干。前处理后开始制备砂囊，目前分离砂囊的方法有以下几种：

(1) 风力与水力分离　相对按砂囊特征排列的状态，从一定方向施加风力，将砂囊一粒粒分开。高压水喷淋也可使砂囊分离为单粒。将橘瓣放入加温的水中，使其向一个方向旋转，形成涡流，随后向相反方向旋转，砂囊就会自行分离。

(2) 机械分离　将橘瓣和水（水的用量为果实的3～30倍）送入底部有旋转螺旋的砂囊分离机，分离机与清洗机振动机构一样，在底部交叉形成喷流。螺旋以一定速度转动，松散砂囊，分散的砂囊与溢流的水一起排出。未分离的砂囊仍留在分离机内继续松散分离。将去除内果皮的橘瓣放入离心机中，以70～80r/min的速度旋转。

（3）溶解分离　在橘瓣中加入来自外皮的精油、纤维素酶、果胶酶，溶解分离砂囊柄等的结合部分，然后加压，使砂囊分散开来。

（4）速冻冲击分离　将橘瓣置于－50℃以下液氮等制冷剂中速冻，由于砂囊之间或砂囊与橘瓣之间存在水分，接合并不紧密，因此各自迅速冻结，这时囊衣比砂囊脆弱，当冻结砂囊瓣受到冲击时，砂囊与破碎的囊衣分散并被分离开来。冲击方法可以采用旋转式破碎机，冲击破碎时，分散的砂囊中混有破碎的囊衣和海绵白层，可采用风力或其他分离方法使之与砂囊分离。部分未被分离的囊衣和砂囊碎片可以利用筛分方法去除。速冻冲击分离在低温下分离砂囊，对砂囊的营养成分影响较小，可以获得质量好的砂囊。

以上几种方法可以单独使用，也可相互组合使用。不论采用何种方法分离砂囊，都应注意尽量减少砂囊破损率，保持果肉强度，提高砂囊合格率。为了防止砂囊膜的软化，往往将分离的砂囊浸于钙盐溶液中（如氯化钙）等，硬化砂囊膜，防止在以后的杀菌、灌装等过程中加热软化和受到破坏。钙盐作为赋形剂，使砂囊中的果胶与钙离子反应，从而使砂囊膜得到强化。钙盐溶液浓度0.2%～0.5%，在30～40℃温度下浸渍30min左右。砂囊膜硬化应适当，浸渍过度会使砂囊组织劣化，砂囊表面易沉积白色的果胶酸钙，严重时会引起整个砂囊脱色，而且有时产生来自钙的苦味。

在调配前还应对砂囊进行精选以去除其中的杂夹物。精选砂囊的方法通常是将砂囊放入水流或喷射水流中，依靠相对密度的不同，去除破碎砂囊、囊衣碎片、种子等。用分级筛进行筛选也可分离出杂物。最后将选别出的砂囊移入流水槽内，人工挑选以进一步去除杂物。

砂囊作为原料保藏时，可将其放入10%蔗糖、15%柠檬酸溶液中，用大容器进行贮藏。

3. 水果薄片或碎粒

果肉碎粒的形状和大小应适合作饮料饮用，同时给人以食用果肉的满足感。

水果薄片例如黄桃或白桃，通常为15mm×15mm×2mm的块形，可用切片机切分，也可使用生产桃罐头时装罐及修整工序捡下的小桃片及不规则桃肉，还可使用桃果粒。桃果粒加工成饮料后的相对密度一般为1.025～1.029。

水果碎粒的大小，应考虑饮料悬浮的外观特色及饮用时的咀嚼滋味，通常为2～3mm，同时应尽量减少微粒或细果蓉的含量。

水果碎粒应选用组织硬、色泽好的水果制造。可以由破碎机或切粒机制得，也可使用水果罐头加工的副产物。为了保持果粒在汁中的稳定而均匀悬浮，切粒成形应大体均匀一致，果粒完整，粒与粒相互不粘接。此外还应控制最大果粒的粒径大小，以减少果粒与果汁的密度差。

三、加工工艺流程

粒粒橙饮料是典型的果粒果汁饮料，以它为例，其生产工艺流程见图 3－17。

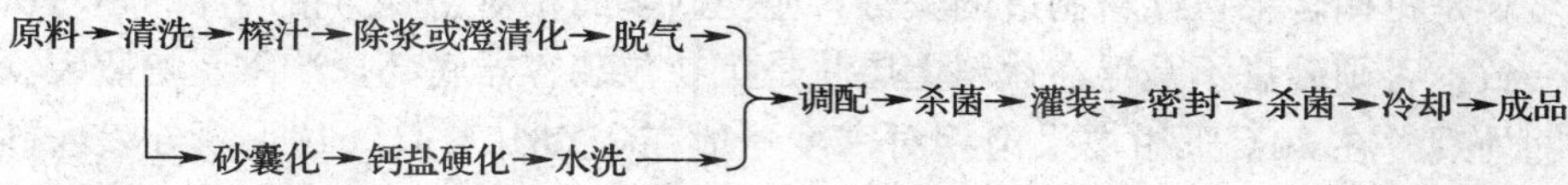

图 3－17　粒粒橙饮料加工工艺流程图

四、果粒果汁饮料加工技术

柑橘果粒果汁饮料的参考配方见表 3－4。

表 3－4　　柑橘果粒果汁饮料参考配方量

原料		产量及配方用量			
		2000kg	3000kg	2000kg	1000kg
果汁名称	1/5 浓缩蜜柑汁/kg	110（换算为原果汁为 550）	130（650）	原果汁 1400	22（110）
	1/5 浓缩夏橙汁/kg	12.2（61）	—	—	—
	1/6 浓缩柚汁/kg	—	27（162）	—	—
蜜柑砂囊用量/kg		100	180	600	桃肉片 110
砂糖用量/kg		175	280	100	120
酸味剂、香精、天然色素、L-抗坏血酸		适量	适量	—	适量
产品标示	果汁含量/%	35	30	100	20
	果粒含量/%	5	5	30	10
产品成分分析	糖度/°Bx	12	12	12	14
	酸含量/（g/100g）	0.35	0.35	0.8	0.35
	氨态氮含量/（mg/100g）	8	7	23	3
	灰分/（g/100g）	0.1	—	0.23	—
	维生素 C 含量/（mg/100g）	10	20	25	—
	pH	3.4	—	—	3.3
	砂囊含量/%	—	7	30	11
	糖酸比	35	35	15	40

日本和其他一些国家的果粒果汁饮料，果粒一般沉于包装容器的底部，由于果粒和果汁密度相近，因此饮用时摇晃就可使果粒悬浮于果汁中。我国大多数工厂在果汁中添加增稠剂，提高果汁的黏度，从而保持果粒的悬浮稳定性，该步骤是柑橘含果粒饮料制造的关键，应使砂囊的相对密度与柑橘汁的相对密度一致，否则砂囊不是浮在饮料上层就是沉在包装容器底部，严重影响瓶装饮料的外观。在 20℃下柑橘果肉相对密度一般在 1.0310～1.0510，糖分渗入砂囊，就会造成果肉下沉或上浮。因此需要食品添加剂藻酸丙二醇酯（PGA）、琼脂、明胶、阿拉伯胶、CMC、果胶等增加其稳定性。一般该类稳定剂用量为 0.15%～0.2%。

果粒果汁饮料生产技术的难点除果粒悬浮稳定性外，还有果粒或果粒果汁混合物的灌装以及加热杀菌等问题。果粒与果汁的灌装一般有 4 种方法，见图 3-18。

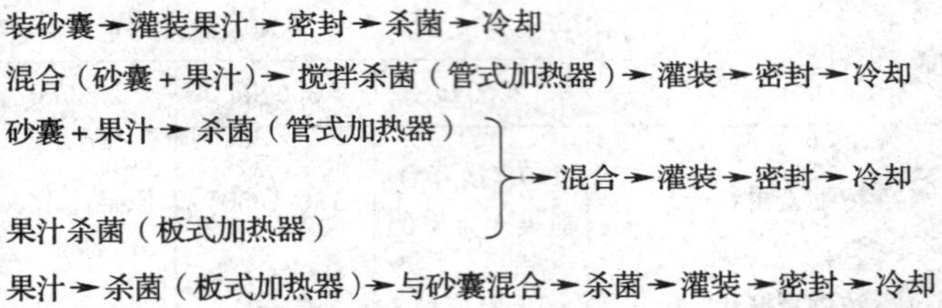

装砂囊→灌装果汁→密封→杀菌→冷却

混合（砂囊+果汁）→搅拌杀菌（管式加热器）→灌装→密封→冷却

砂囊+果汁→杀菌（管式加热器）
果汁杀菌（板式加热器）} →混合→灌装→密封→冷却

果汁→杀菌（板式加热器）→与砂囊混合→杀菌→灌装→密封→冷却

图 3-18　果粒、果汁灌装方法

上述 4 种方法可以归结为两种灌装方式，一是果粒、果汁分别灌装，二是果粒和果汁混合后灌装。分别灌装时，果汁可先进行加热杀菌，加热温度 80℃左右，保温 30min 或采用瞬时杀菌工艺。混合灌装时，果粒果汁混合物可用管式加热器加热至 93℃。上述两种灌装方式都是热灌装。实际生产中，在密封后一般均需经过热水杀菌，杀菌温度 80～85℃，保持 30～40min，然后冷却。

第四节　果蔬汁饮料生产常见的质量问题及防止措施

果蔬汁饮料在生产、贮藏过程中经常出现败坏、变色、变味等质量问题，如何防止这种现象的产生是生产上比较突出的问题，也是提高果蔬汁饮料的关键。

一、微生物对果蔬汁饮料质量的影响

微生物的生长和繁殖可引起果蔬汁饮料的败坏，其表现在变味上，也可引起长霉、混浊和发酵。这些分别是由三种不同种类的微生物细菌、霉菌和酵母

引起的。

1. 细菌的危害

果蔬汁中常见的细菌有乳酸菌、醋酸菌和丁酸菌。乳酸菌能在厌气条件下迅速繁殖，对二氧化碳有很大耐力，能耐酸，对低酸性果蔬汁极具危险性，如苹果、梨、柑橘和葡萄等果汁。乳酸菌大部分附在果蔬表面，特别是伤烂果实污染更严重。醋酸菌常附在果实表面，多见于过熟果和伤果上。果蔬汁污染醋酸菌时易产生醋酸，使饮料变酸。丁酸菌常在 pH 4 的苹果汁内生长，产生的丁酸具有特殊异味。

2. 霉菌的危害

果蔬汁污染霉菌后，品质恶化且产生霉味。霉菌可破坏果胶并使果蔬汁澄清，也常使酸类成分改变或产生新的酸，结果导致风味恶化。一些霉菌甚至因产生色素而使果蔬汁变色。

3. 酵母菌的危害

酵母是引起果蔬汁败坏的重要菌类。不同酵母具有不同的特性，但仅有部分酵母对果蔬汁发生作用。酵母能引起果蔬汁发酵产生乙醇和大量二氧化碳气体，严重时可使包装容器爆裂。有时可产生有机酸，分解果实中原有的酸，有时可产生酯类物质。

4. 控制措施

采用新鲜、无霉烂、无病虫害的果实为原料；注意原料的洗涤消毒；注意对车间、设备、管道、工具和容器等的严格消毒，缩短工艺流程的时间；果汁灌后封口要严密；杀菌要彻底。

二、果蔬汁饮料在加工和贮藏期间的质量变化

1. 营养成分的变化

果蔬在破碎、榨汁、筛滤、脱气、热处理等果蔬汁加工过程中，以及在均质、加热杀菌等成品饮料的生产过程中，其中所含的营养成分均会受到不同程度的损失，其中较为突出的是维生素 C 的损失。为避免这种损失，首先必须防止果蔬汁的氧化，防止果蔬汁与铜、铁等金属器具接触，防止微生物污染和半成品积压，减少果蔬汁的受热时间。

2. 色泽的变化

果蔬汁色泽的变化比较明显，包括色素物质引起的变色和褐变引起的变色两种。

（1）色素物质引起的变色　果蔬汁中的天然色素按其化学结构的特性可分为卟啉色素、类胡萝卜素色素和多酚类色素等。

果蔬汁进行加热处理时，叶绿素蛋白变性释放出叶绿素，同时细胞中的有

机酸也释放出来，促使叶绿素脱镁而成为脱镁叶绿素；在果蔬汁中加酸，同样会使叶绿素变成脱镁叶绿素，而使果蔬汁的颜色消失。叶绿素受光辐射时可发生光敏氧化，从而裂解为无色的产物。果蔬中存在的叶绿素水解酶可使叶绿素水解为脱叶醇基叶绿素及叶绿醇，最后被氧化成无色产物。叶绿素只有在常温下的弱碱中稳定，在碱液中加热则分解为叶绿醇、甲醇及水溶性的叶绿酸，该酸呈鲜绿色而且较稳定；此外，若用铜离子取代卟啉环中的镁离子，使叶绿素变成叶绿素铜钠，可形成稳定的绿色。

类胡萝卜素色素是包含异戊二烯共轭双键的一类色素，按结构上的差异可分为胡萝卜素（结构特征为共轭多烯烃）和叶黄素（共轭多烯烃的含氧衍生物）两大类。类胡萝卜素色素为脂溶性色素，比较稳定，一般耐 pH 变化，较耐热，在锌、铜、锡、铝、铁等金属存在时也不易破坏，只有强氧化剂才能使其破坏褪色，但光敏氧化作用极易使其褪色。因此，含类胡萝卜素色素的果蔬汁饮料必须采用避光包装或避光贮存。

多酚类色素包括花青素类、花黄素类、单宁物质类，均为水溶性色素。花青素类是一类极不稳定的色素，其颜色随环境 pH 的改变而改变，易被氧化剂氧化而褪色，对光和温度也极敏感，含花青素的果蔬汁饮料在光照下或稍高的温度下会很快变褐色，二氧化硫可以使花青素褪色或变成微黄色。花青素还可以与铜、镁、锰、铁、铝等金属离子形成络合物而变色。花黄素主要是黄酮及其衍生物，颜色自浅黄至无色，有时为鲜明橙黄色，但遇碱会变成明显的黄色，遇铁离子可变成蓝绿色，如能控制果蔬汁饮料的铁离子含量，则花黄素对果蔬汁饮料色泽的影响较小。

（2）褐变引起的变色　果蔬汁发生非酶褐变产生黑蛋白，使其颜色加深。非酶褐变引起的变色对浅色果蔬汁饮料明显，对类胡萝卜素含量较高的柑橘汁及花青素较多的红葡萄汁等影响较小，对浓缩果蔬汁色泽影响较大，因为褐变反应的速度随反应物的浓度增加而加快。影响非酶褐变的因素主要是温度和 pH，果蔬汁加工中应尽量降低受热程度，控制 pH 在 3.2 或以下，避免与非不锈钢的器具接触，延缓果蔬汁的非酶褐变。果实组织中的酶，在加工过程中接触空气，多酚类物质在酶的催化下氧化生成有色的醌类物质，使果蔬汁发生酶褐变。在金属离子的作用下果蔬汁的酶褐变速度更快。生产中除采用减少空气、避免金属离子作用、低温、低 pH 贮藏外，还可添加适量的抗坏血酸及苹果酸等抑制酶褐变，减少果蔬汁色泽变化。

3. 混浊果蔬汁的稳定性

带肉果汁或混浊果汁，特别是瓶装带肉果汁，保持均匀一致的质地对品质至关重要。要使混浊物质稳定，就要使其沉降速度尽可能降至零。其下沉速度一般认为遵循斯托克斯方程。

$$v=\frac{2gr^2(\rho_1-\rho_2)}{9\eta} \tag{3.2}$$

式中　v——沉降速度；

g——重力加速度；

r——混浊物质颗粒半径；

ρ_1——颗粒或油滴的密度；

ρ_2——液体（分散介质）的密度；

η——液体（分散介质）的黏度。

为了使混浊果汁稳定，应从如下几方面着手：采用均质、胶体磨处理，降低颗粒体积；可通过添加胶体物质如果胶、黄原胶、脂肪酸甘油酯、CMC等，增加分散介质的黏度；通过加高酯化、亲水的果胶分子作为保护分子包埋颗粒以降低颗粒与液体之间的密度差。

三、柑橘果汁的苦味及脱苦

柑橘类果汁在加工过程或加工后易产生苦味，主要成分是黄烷酮糖苷类和三萜系化合物。属于前一类的有柚皮苷、新橙皮苷等，后一类有柠碱、诺米林等。柚皮苷存在于白皮层、种子、囊衣中，是葡萄柚、夏蜜柑等的主要苦味物质。柠碱是橙类的主要苦味物质，在果汁加工中表现为所谓的迟发苦味。

可采取以下措施：选择含苦味物质少的原料种类、品种，果实充分成熟或进行追熟处理；加工中尽量减少苦味物质的溶入，如种子等尽量少压碎，采用柚苷酶和柠碱前体脱氢酶处理；采用聚乙烯吡咯烷酮、尼龙-66等吸附脱苦；添加蔗糖、β-环状糊精、新地奥明以及二氢查耳酮等提高苦味物质阈值。

实训一　柑橘汁饮料的加工

一、实训目的

(1) 通过实训，使学生掌握柑橘汁饮料的生产工艺及制作方法。

(2) 认识并使用生产过程中所用仪器和设备。

二、材料与设备

1. 材料

柑橘、白砂糖、柠檬酸、羧甲基纤维素钠（CMC-Na）、盐酸、氢氧化钠等。

2. 仪器

榨汁机、均质机、真空脱气机、杀菌锅、调配缸、过滤机（80目）等。

三、工艺流程

原料挑选→清洗、去皮→酸碱处理→破碎、榨汁→过滤→均质→脱氧→杀菌、灌装→冷却→成品

四、操作要点

1. 原料挑选

挑选皮薄、汁多、出汁率高的柑橘，手工分级去除病虫果、霉变果及未成熟果等。

2. 清洗、去皮

用0.1%高锰酸钾溶液浸泡原料3～5min后以清水冲洗干净，手工剥皮，以防止果皮中的苷类物质渗入果汁，引起果汁发苦味。

3. 酸碱处理

将去皮后的果肉剥切成片，用0.1%左右盐酸溶液浸润20～25min后以清水洗净、控干，再以0.5%～0.8%的氢氧化钠溶液浸润，温度为42～43℃，时间5min，处理时可轻轻搅拌，待绝大部分果衣脱落后，以清水漂洗30min以上，直到漂净残余碱液为止，并用1%柠檬酸溶液中和。

4. 破碎、榨汁

先用破碎机将果肉压碎，注意不要将种子压破，再以不锈钢榨汁机取汁。

5. 过滤

将榨出的果汁放在10℃以下阴凉处静置12～14h，取出上清液后的果汁液进行过滤，用80目过滤器滤出果汁，并与上清液混匀。

6. 调配、均质

取滤后果汁，加一定量白砂糖、柠檬酸、羧甲基纤维素钠，在调配锅中调制成总酸为0.8%～1.6%、糖度13%～16%、可溶性固形物含量15%～17.5%的橙黄色柑橘汁，并放在高压均质机中在压力10～20MPa下均质，使果肉微粒均匀悬浮于果汁中。

7. 脱氧

可用离心喷雾式或压力喷雾式脱气机对果汁脱氧，排除其中氧气，避免果汁因氧化而变质。脱气真空度一般采用133～160kPa。

8. 杀菌、灌装、冷却

用巴氏杀菌法，将柑橘果汁迅速加热到91～92℃，持续20min，杀菌后，立即灌装，密封，分段冷却至室温。

实训二　苹果汁（清汁）饮料的加工

一、实训目的

(1) 通过实训，使学生明确配制饮料生产中各种原辅料添加的顺序。

(2) 掌握配制饮料的生产制作方法。

二、材料与设备

1. 材料

浓缩苹果汁（澄清汁）、白砂糖、柠檬酸、抗坏血酸、苹果香精等。

2. 仪器

调配缸、真空脱气机、夹层锅等。

三、工艺流程

见图 3-13。

四、操作要点

1. 产品配方（单位：kg）

浓缩苹果汁	125	砂糖	75
柠檬酸	2	抗坏血酸	0.5
苹果香精	适量	加水至1000	

2. 调配

将水、砂糖置于夹层锅中加热、搅拌，待砂糖溶化后，将浓缩苹果汁加水调配成溶液，再将用水溶解的柠檬酸、苹果香精、抗坏血酸等配料加入，搅拌均匀。

3. 脱气

将调配后的果汁进行脱气除氧。脱气一般在8～9.3kPa的真空条件下进行。

4. 灭菌

果汁饮料的灭菌条件为93～95℃下保持30s。

5. 灌装封盖

空瓶经清洗，用沸水消毒。灭菌后饮料趁热装瓶，保持灌装温度在85℃以上，并立即封盖。

6. 冷却

塑料瓶采用冷水快速冷却至室温，玻璃瓶采用三段式冷却。

7. 产品质量标准

糖度12°Bx，酸度0.35g/100g，产品呈淡黄色，澄清透明，具有苹果汁应有的风味，无异味。

实训三　粒粒黄桃汁饮料的加工

一、实训目的

(1) 通过实训，使学生明确果肉果粒饮料加工的基本原理。

(2) 掌握粒粒黄桃汁饮料的加工制作方法。

二、材料与设备

1. 材料

黄桃、白砂糖、柠檬酸、卡拉胶等。

2. 设备

打浆机、胶体磨、真空脱气机等。

三、工艺流程

原料挑选 → 软质桃肉 → 预热打浆 → 胶体细化 → 脱气均质 → 果汁调配 →
原料挑选 → 硬质桃肉切粒成型 → 果粒热烫过滤 →

灌浆封口 → 杀菌冷却 → 成品

四、操作要点

1. 原料挑选

将原料认真挑选并清洗，除去病虫害果，组织硬度大的果肉用于制造果粒，组织较软的果肉用于制造果汁。

2. 切粒成型

将适于造粒的果肉切成 2mm×2mm×3mm 的果粒，果粒切形完整，无毛边，粒与粒之间不粘连。

3. 预热打浆

将适于制造果汁的果肉预热至 50℃，立即用带有 0.18mm 筛网的打浆机打成浆，同时除去部分粗颗粒及长纤维。

4. 胶体磨细化

用胶体磨将桃浆进一步细化至颗粒直径 3～4μm。

5. 脱气、均质

在真空度 0.06MPa 下脱气，温度 25℃，均质压力 15～20MPa。

6. 果汁调配比例

白砂糖 8%～10%，果肉汁 8%，果粒 8%，卡拉胶 0.08%，加水至 100%。并用柠檬酸调整 pH 至 3.5～3.8。

7. 糖浆的制备

将白砂糖按比例溶解并煮沸 5min，过滤得 50%糖浆。

8. 卡拉胶溶液制备

将卡拉胶提前 3h 用温水浸泡，充分吸水膨胀，然后加热溶解过滤得 10g/L的卡拉胶溶液，盛放在保温桶中。将调配后的果浆脱气均质，在果汁 60℃以上温度时，一边搅拌一边加入卡拉胶溶液，并用柠檬酸调整酸度至 pH 3.5～3.8。

9. 灌装封口

为了保证果粒定量装瓶，首先将果粒在含有0.1%的柠檬酸沸水中进行热烫，滤除细碎果屑，定量加入消毒瓶中，然后，立即灌入调配好的果汁，温度不低于85℃，立即封口。

10. 杀菌、冷却

杀菌5～10s/100℃，杀菌结束后快速冷却至常温。

思考题

1. 澄清果蔬汁的澄清方法有哪些？浓缩果蔬汁的浓缩方法有哪些？
2. 影响反渗透浓缩的主要因素有哪些？
3. 试述混浊果蔬汁生产加工中均质、脱气的目的、方法。
4. 试述柑橘汁、苹果汁加工技术要点。
5. 简要说明维乐复合蔬菜汁加工技术。
6. 简要说明果粒果汁饮料加工技术。
7. 果蔬汁常见的质量问题有哪些？如何解决？

第四章　植物蛋白饮料加工技术

[教学目标]

1. 重点掌握影响豆乳质量的因素及其控制方法。
2. 掌握豆乳、花生乳、杏仁露的加工技术。
3. 了解其他植物蛋白饮料的加工技术。

第一节　概　　述

植物蛋白饮料主要有豆乳、花生乳、杏仁露、核桃露和椰子汁等产品。

一、植物蛋白饮料的定义

根据 GB 10789—1996，植物蛋白饮料是指：用蛋白质含量较高的植物的果实、种子或核果类、坚果类的果仁等为原料，经加工制成的制品。成品中蛋白质含量不低于 5g/L。

二、植物蛋白饮料的分类

根据 GB 10789—1996 及我国原轻工行业标准 QH/T 2132—1995 规定，我国植物蛋白饮料可分为以下几类。

1. 豆乳类饮料

以大豆为主要原料，在经磨碎、提浆、脱腥等工艺制得的浆液中加入水、糖液等调制而成的制品，如纯豆乳、调制豆乳、豆乳饮料。

（1）纯豆乳　用水提取大豆中蛋白质和其他成分，除去豆渣后制得的乳状液，其大豆固形物含量在 8.0%（折光计法）以上，也可添加营养强化剂。

（2）调制豆乳　在纯豆乳中，添加糖、精炼植物油（或不加）等，经调制而成的乳状饮料，其大豆固形物含量在 5.0%（折光计法）以上，也可添加风味料及营养强化剂。

（3）豆乳饮料

① 非果汁型豆乳饮料：在纯豆乳中添加糖、风味料（除果汁外），经调制而成的乳状饮料。其大豆固形物一级品在 3.5%以上，二级品在 2.0%以上。也可添加营养强化剂。

② 果汁型乳状饮料：在纯豆乳中，添加糖、风味料等，经调制而成的乳

状饮料，其大豆固形物含量在 2.0%（折光计法）以上，原果汁含量在 2.5%（折光计法）以上，也可添加营养强化剂。

③ 酸豆乳饮料：纯豆乳用乳酸发酵（或加入酸味剂），加入糖、乳化剂、着色剂等辅料制得的制品，其大豆固形物含量不低于 4.0%（折光计法）。

2. 椰子乳（汁）饮料

以新鲜、成熟适度的椰子为原料，取其果肉加工制得的椰子浆中加入水、糖液等调制而成的制品。成品中蛋白质含量不低于 5g/L。

3. 杏仁乳（露）饮料

以杏仁为原料，经浸泡、磨碎等工艺制得的浆液中加入水、糖液等调制而成的制品。成品中蛋白质含量不低于 5g/L。

4. 其他植物蛋白饮料

以核桃仁、花生、南瓜子、葵花子等为原料经磨碎等工艺制得的浆液中加入水、糖液等调制而成的制品。成品中蛋白质含量不低于 5g/L。

三、植物蛋白饮料的发展趋势

世界上，以豆乳为主的植物蛋白饮料，因具有营养丰富、风味优良、原料来源广泛、销售饮用方便等特点，已发展成为现代化工业产品，特别是在日本、东南亚等地发展更为迅速。近年来，我国植物蛋白饮料发展也很快。在目前我国牛乳供应严重不足的情况下，重点发展植物蛋白饮料，将是一条符合国情的多快好省之举。植物蛋白饮料，经过工艺调制加工，不仅营养全面，风味好，且有害因子去除彻底，产品经包装杀菌，可以常温下保存，食用方便安全，是一种比较理想的营养型饮料。

我国植物蛋白饮料工业化生产虽然起步较晚，但发展较快，自 20 世纪 80 年代初广东引进第一条豆乳生产线至今，国内已有数千家豆乳工厂，同时开发出了具有民族特色的椰子汁、杏仁露、花生乳、核桃露等产品并进行了工业化、规模化生产。但从软饮料总量来看其产量仍然偏低，品种亦偏少。随着人们消费水平的不断提高，对饮料的要求趋于营养、保健、安全、卫生、回归自然，植物蛋白饮料必将受到广大消费者的青睐，发展前景广阔。

第二节　豆乳饮料加工技术

我国是大豆的故乡，已有 4000 年的栽培历史，自古以来大豆就是我国人民的主要蛋白质和油脂来源。明朝李时珍在《本草纲目》中提到“豆腐之法，始于前汉淮南王刘安”。一直流传至今，成为中华民族的传统食品。我国豆腐和豆浆的制造技术早在唐代就随佛教文化一起传入日本，日本和美国等国家在我国豆浆生产方法的基础上开发出了豆乳饮料。豆乳饮料不同于传统豆浆，它无豆腥味、苦涩味及对人体有害的因子，在感官质量上接近于牛乳，口感细腻，不沉淀、不分层，且能长期保存，故已成为世界食品工业中的一个重要产品。随着科学技术的进步、豆乳加工设备的现代化，豆乳饮料进入了大规模工业化的生产阶段。

一、大豆的成分和豆乳的营养

1. 大豆的营养成分

大豆的营养成分主要有蛋白质、脂肪、碳水化合物、维生素、矿物质等多种物质。

（1）蛋白质及氨基酸　大豆是高蛋白植物，含有30%～40%的蛋白质，其中80%～88%可溶于水，这是构成豆乳饮料的主要成分。在可溶性蛋白中，有94%球蛋白和6%的白蛋白。水溶性的蛋白质的溶解度随pH而变化，到蛋白质等电点（pH为4.3）时蛋白质最不稳定，易沉淀析出。

大豆蛋白质的氨基酸组成见表4-1。大豆蛋白质虽含甲硫氨酸、苏氨酸、胱氨酸较少，但其余的必需氨基酸均达到或超过世界卫生组织的推荐值水平，可见大豆蛋白质的质量接近完全蛋白质。大豆蛋白质含有较丰富的赖氨酸，与谷类食物搭配食用时，正好可以弥补谷物的赖氨酸不足。

表4-1　　大豆蛋白质的氨基酸组成

必需氨基酸	含量/%	非必需氨基酸	含量/%
苯丙氨酸	5.01	组氨酸	2.55
赖氨酸	6.36	谷氨酸	18.50
色氨酸	1.28	天冬氨酸	12.11
甲硫氨酸	1.46	甘氨酸	4.52
苏氨酸	3.51	丙氨酸	4.25
亮氨酸	7.32	脯氨酸	5.28
异亮氨酸	5.01	精氨酸	7.42
缬氨酸	5.18	酪氨酸	3.60
丝氨酸	5.59	胱氨酸	1.58

（2）脂肪　大豆也是高脂肪植物，含有17%～20%的脂肪，大豆脂肪凝固点-15℃，在常温下为液体，相对密度为0.92，酸价为0.2～1.9，皂化值194～196，碘值为127～139，属半干性油。大豆脂肪中的亚油酸、油酸和亚

麻酸等不饱和脂肪酸较丰富（见表4-2），占到脂肪酸总量的80%以上。其中亚油酸和亚麻酸是人体必需脂肪酸，对人体有重要的生理作用。必需脂肪酸是合成前列腺素必需的前体物质，并且对射线引起的一些皮肤损害具有保护作用，对降低胆固醇也很有帮助。另外大豆油脂中维生素E含量比较丰富，是人们摄取维生素E的重要来源。大豆油脂不仅有较高的营养价值，而且对大豆的风味、口感等方面也有很大的影响，豆腐、豆乳中必须含有一定量的油脂才能使口感滑润、细腻有香气，否则会感到粗糙涩口。大豆油脂的消化吸收率很高，可达97.5%。大豆还含有1.5%的磷脂，主要为卵磷脂，该成分有良好的保健作用，又是优良的乳化剂，对豆乳的营养价值、稳定性和口感有重要的作用。

表4-2　　豆油中所含的脂肪酸

饱和脂肪酸			不饱和脂肪酸		
名称	范围/%	平均值/%	名称	范围/%	平均值/%
肉桂酸	—	0.1	棕榈油酸	<0.5	0.3
豆蔻酸	<0.5	0.2	油酸	20～50	22.8
棕榈酸	7～12	10.7	亚油酸	35～60	50.8
硬脂酸	2～5.5	3.9	亚麻酸	2～13	6.8
花生酸	<1.0	0.2	二十二碳烯酸	<1.0	—
山愈酸	<0.5	—			

（3）碳水化合物　大豆含有20%～30%的碳水化合物，其组成比较复杂，其中粗纤维约18%，阿拉伯聚糖18%，半乳聚糖21%，其余为蔗糖、棉子糖、水苏糖等。成熟的大豆中淀粉含量极少，为0.4%～0.9%。由于人体的消化系统中不含有水解水苏糖和棉子糖的酶，因而水苏糖和棉子糖不能为人体所利用，反而会被产气菌所利用，引起人体胀气、腹泻等。在浸泡、脱皮、除渣的豆乳加工工序中可以除去一部分，但加热杀菌等工序对其没有影响，其主要部分仍存在于豆乳中。

（4）矿物质　大豆中的矿物盐所占比例为4.0%～4.5%，钾、镁、钙、磷等含量较高（见表4-3），但大豆中还含有植酸，能螯合钙、镁等金属离子，严重影响了对钙、镁的吸收。

表4-3　　大豆中矿物质的含量

矿物质	钾	钙	镁	磷	钠	锰	铁	铜	锌	硒
含量/（mg/100g）	1503	191	199	465	2.2	2.26	8.2	1.35	3.34	6.16

（5）维生素　大豆中有较丰富的维生素，尤以B族维生素及维生素C较多（见表4－4），但在加工过程中维生素C容易被破坏，故大豆不作为维生素C的来源。

表4－4　大豆中主要维生素类物质含量（以干物质计）

名称	含量/（μg/g）	名称	含量/（μg/g）
β-胡萝卜素	0.2～2.4	生物素	0.6
硫胺素	11.0～17.5	叶酸	2.3
核黄素	2.3	肌醇	1900～2600
泛酸	12	胆碱	3400
烟酸	20.0～25.9	抗坏血酸	200
吡哆醇	6.4		

（6）大豆异黄酮　大豆异黄酮是大豆生长中形成的一类次生代谢产物，大豆含有1200～4200μg/g的异黄酮，迄今已从大豆中分离出9种异黄酮葡萄糖苷和3种相应的糖苷配基（游离异黄酮），共12种大豆异黄酮。

由于大豆异黄酮与大豆制品（如豆浆）的苦涩味有关，如果其含量过高，会使人产生不愉快的味感，长期以来被视为大豆中的不良成分而试图将其去除。但最近发现其具有抗氧化、抗癌、抗衰老、降血糖、预防骨质疏松症、预防心血管疾病、改善妇女更年期障碍等诸多生理功能，因此异黄酮的研究与应用受到国内外的广泛关注。

2. 大豆的酶类与抗营养因子

大豆中存在的酶类与抗营养因子对豆乳饮料的质量、营养、加工工艺都有影响。大豆中已发现近30种酶类（表4－5），其中脂肪氧化酶、脲酶对产品质量影响最大。大豆抗营养因子7种（表4－6），其中胰蛋白酶阻碍因子、凝血素和皂苷对产品质量影响最大。

表4－5　大豆中的酶类

酶类	中译名	酶类	中译名
allantoinase	尿囊素酶	cytochrome C	细胞色素C
amylase	淀粉酶	glucan Synthctase	葡聚糖合成酶
n-glucosyltransferase	转移酶	glucosyl transferase	葡萄糖基转移酶
ascorbic acid oxidase	抗坏血酸氧化酶	Glycosidase	糖苷酶
catalase	过氧化氢酶	glycosyltransferase	糖基转移酶
chalcone-flavanone isomerase	查尔酮-黄烷酮异构酶	glyoxalase	乙二醛酶
coenzyme Q	辅酶Q	hexokinase	己糖激酶

续表

酶类	中译名	酶类	中译名
invertase	蔗糖酶	phosphatase	磷酸酯酶
lactic dehydrogenase	乳酸脱氢酶	phosphorylase	磷酸化酶
lipase	脂肪酶	phytase	肌醇六磷酸酶
lipoxygenase	脂加氧酶（脂肪氧化酶）	uriease	尿酸酶
malic dehydrogenase	苹果酸脱氢酶	proteinase	蛋白酶
mannosidase	甘露糖苷酶	Transaminase	转氨基酶
peroxidase	过氧化物酶	urease	脲酶

表 4-6　　大豆中抗营养因子

热不稳定的因子	热稳定的因子
胰蛋白酶抑制因子	雌激素
植物凝集素	大豆皂苷
肌醇六磷酸	
致甲状腺肿素	
抗维生素因子	

（1）脂肪氧化酶　豆腥味主要来自大豆油脂中的不饱和脂肪酸的氧化。脂肪氧化酶可以催化脂肪中顺-1，4-戊二烯氧化形成氢过氧化物及其近百种氧化降解产物，其中正己醛、正己醇是造成豆腥味的主要成分。

大豆中这种酶的活性很高，当大豆的细胞壁破碎后，只需有少量水分存在，脂肪氧化酶就可以与大豆中的亚油酸、亚麻酸等底物反应，发生氧化降解，产生明显豆腥味。在 pH 7～8 时脂肪氧化酶的活性最高，在大豆加热灭酶工艺中，温度大于 84℃时，脂肪氧化酶很快彻底失活。但温度低于 80℃时，经加热后脂肪氧化酶虽有活性降低但仍能保持一定的活性。

（2）脲酶　脲酶属于酰胺酶类，分解酰胺和尿素产生二氧化碳和氨。脲酶在大豆中的含量较高，也是大豆的抗营养因子之一，但易受热失活。由于脲酶易受热失活且易准确测定，因此脲酶常作为大豆制品湿热处理程度的指标。脲酶活性转阴性，则标志着其他抗营养因子均已失活。

（3）胰蛋白酶抑制因子　胰蛋白酶抑制因子是大豆中的主要抗营养因子，等电点为 pH 4.5，分子质量为 21500u，是多种蛋白质的混合体。它可以抑制胰蛋白酶的活性，影响蛋白质的消化吸收。

大豆胰蛋白酶抑制因子的热稳定性是大豆加工中最为关注的问题之一。胰蛋白酶抑制因子的热稳定性比较高，在 80℃时，脂肪氧化酶已基本丧失活性，而胰蛋白酶抑制因子的残存活性仍在80%以上，而且增加热处理时间并不能显著降低它的活性。但若采用100℃以上的温度处理时，胰蛋白酶抑制因子的活性则降低很快，120℃，3min可使胰蛋白酶抑制因子的活性丧失达90%以上。在沸水中随着pH的升高，胰蛋白酶抑制因子活性丧失的加热时间迅速缩短。豆乳在pH 6.7，99℃下加热60min，尚残存胰蛋白酶抑制因子7.6%；而在pH 9.5，99℃则只需5min，残存胰蛋白酶抑制因子5.5%；若pH 6.7，121℃和143℃时仅需差不多5min和2min，胰蛋白酶抑制因子残存率都在8.0%以下。

（4）植物凝集素　1951年人们发现了大豆中存在植物凝集素。它是一种糖蛋白质，等电点6.1，分子质量（89～105）$\times 10^3$ u，有凝固动物体内红血球的作用。植物凝集素容易被胃蛋白酶钝化，因此它们通过胃时很难存留下来，即使未消化的植物凝集素，由于它的分子质量高，不可能在大肠中被吸收并与红细胞接触。大豆植物凝集素受热很快失活，甚至活性完全消失，因此经加热就不会对人体产生不良影响。

（5）大豆皂苷　大豆中含有约0.56%的皂苷。皂苷溶于水后能生成胶体溶液，搅动时像肥皂一样产生泡沫，因而也称皂角素，也是引起大豆食品产生苦涩味的因子之一。大豆皂苷的分子由低聚糖与齐墩果烯三铁连接而成，属五环三萜类皂苷。皂苷元与不同的糖结合以及结合部位不同就构成了多种皂苷，可水解成多种糖类和配糖体。皂苷的结构和组成十分复杂，已确认的大豆皂苷配糖体有5种，分别为豆固醇A、B、C、D和E。大豆皂苷的糖基可以检出木糖、阿拉伯糖、葡萄糖、鼠李糖和葡萄糖醛酸。目前已知的大豆皂苷分别为豆固醇B为配基的大豆皂苷Ⅰ、Ⅱ、Ⅲ和豆固醇A为配基的大豆皂苷A_1和A_2。

大豆皂苷有溶血作用，能溶解人体的血栓，可将其提取出来用于治疗心血管病。大豆皂苷有一定毒性，一般认为人的食用量在低于50mg/kg体重时是安全的。

（6）胀气因子　胀气因子是指大豆中存在的棉子糖和水苏糖，其含量分别占全豆的1.1%和3.7%。由于棉子糖和水苏糖在人体小肠中不能消化，经过大肠时，被细菌发酵而产气，引起胀气、腹泻等。在豆乳生产过程中，棉子糖和水苏糖是水溶性碳水化合物，在浸泡及脱皮工序可部分除去。在离心分离去豆渣时，渣中可带走少量，但其他加工工序对其没有影响，因此主要部分仍在豆乳中。迄今为止，仍未见有应用于生产中有效去除棉子糖及水苏糖等低聚糖的方法。

3. 豆乳的营养、生理作用

豆乳的生产多数是将大豆粉碎后，萃取其中水溶液成分，经离心过滤除去其中不溶物，即得豆乳。豆乳有营养和滋补价值，豆乳与牛乳、母乳的成分比较见表 4-7。

表 4-7　　豆乳与牛乳、母乳的成分比较

乳 /100g	热量 /kJ	水分 /g	蛋白质含量/g	糖类含量/g	脂肪含量/g	胆固醇含量/g	脂肪酸含量/mg		矿物质含量/mg		
							饱和	不饱和	钙	磷	铁
豆乳	175.6	90.8	4.1	2.9	2.1	0	40～48	52～60	15	49	1.2
牛乳	246.6	88.6	3.25	4.6	3.5	0.28～0.3	60～70	30～40	100	90	0.1
母乳	254.9	88.2	1.48	7.1	3.16	0.3～0.6	55～60	40～45	35	25	0.2

由表 4-7 可见，豆乳中的蛋白质含量较高，因此饮用豆乳与牛乳一样，主要是为了摄取蛋白质。一种蛋白质质量的优劣取决于其必需氨基酸的含量和组成，豆乳除含硫氨基酸含量略低外，其他氨基酸的组成、含量与联合国粮农组织（FAO）和世界卫生组织（WHO）提出的理想蛋白质中必需氨基酸的模式要求基本符合。

表 4-8 所列为豆乳、牛乳及理想蛋白质中的必需氨基酸的含量。豆乳是生理碱性蛋白质食品，对人体有保健效果。豆乳中蛋白质消化率（95%）比粮谷类和其他大豆制品高，可与动物蛋白质消化率（97%）相媲美。

表 4-8　　豆乳、牛乳和理想蛋白质中的必需氨基酸含量

必需氨基酸	100g 豆乳蛋白质/g	100g 牛乳蛋白质/g	100g 理想蛋白质/g
异亮氨酸	5.3	6.3	4.0
亮氨酸	8.8	10.0	7.0
赖氨酸	6.5	8.1	5.5
甲硫氨酸＋胱氨酸	2.5	3.5	3.5
苯丙氨酸＋酪氨酸	8.0	10.3	6.0
苏氨酸	4.5	4.9	4.0
色氨酸	1.3	1.4	1.0
缬氨酸	5.0	6.9	5.0

豆乳中另一主要营养成分是大豆油脂，大豆油脂中的不饱和脂肪酸含量比牛乳多，并且不含胆固醇。大豆油脂在人体内消化吸收率很高，达 97.5%。豆乳中含有较丰富的矿物质，其中铁含量高，但钙含量较低。在部分老人及婴儿专用豆乳产品中，均采用强化钙盐以补其不足。豆乳中维生素主要是维生素 B_1、维生素 B_2、烟酸和维生素 E。另外，豆乳中还含有磷脂、皂苷及其他微量营养和保健成分，常饮豆乳对去除过剩的胆固醇、防止血管硬化、减少褐斑、延缓人体衰老等都有好处。

二、豆乳加工的基本过程

1. 基本工艺流程（见图 4－1）

大豆→精选→清洗、浸泡→脱皮→磨浆→分离、过滤→调制→高温杀菌→真空脱臭→均质→冷却{→包装→冷藏（贮藏期短）；→灌装→杀菌→冷藏（贮藏期长）；→无菌包装→冷藏（贮藏期长）}

图 4－1　豆乳加工的工艺流程

2. 工艺要点

（1）原料　大豆的质量决定豆乳的质量，一般以采用色泽光亮、子粒饱满，无霉变、虫蛀、病斑，并且在良好的条件下贮存 3～9 个月的新大豆为佳，杂质控制在 1%以下，水分应在 12%以下。

（2）精选　在收获、运输、仓贮过程中，可能混入一些泥沙及其他杂物，不除去会影响产品质量，甚至损坏加工设备，所以常用精选设备来完成此项工作。

（3）清洗、浸泡　大豆表面有很多微细皱纹，其中附着了许多尘土和微生物，浸泡前应进行清洗。一般用清水洗 3 次左右。

大豆浸泡的目的是为了软化细胞结构，降低磨浆时能耗与磨损，提高胶体分散程度和悬浮性，增加蛋白质得率。将清洗好的大豆按 1∶3 的豆水比，浸入 0.5%碳酸氢钠水溶液中，根据季节温度的变化，控制浸泡时间，夏天 8～10h，冬天 16～20h。应随时检查浸泡情况，确定浸泡程度。以水面上有少量泡沫，豆皮平滑涨紧，将豆粒搓成两瓣后，子叶表面平滑，中心部位与边缘色泽一致，沿横向剖面易于断开为准。

加入碳酸氢钠的作用是为了软化细胞组织，降低磨浆时的能耗与磨损，提高胶体分散度和悬浮性，缩短浸泡时间，提高均质效果，改善豆乳风味。

浸泡完的大豆应沥干备用。这时大豆增重 2.0～2.2 倍。

（4）脱皮　脱皮是豆乳生产中的一个重要工序。脱皮可以去除杂质，减少土壤菌，去除胚轴、皮的涩味（胚轴具有苦味、收敛味，可抑制起泡性），改进豆乳风味以及缩短灭酶所需要的加热时间，因而可以减少蛋白质变性和防止褐变，对豆乳质量的影响极大。脱皮率理论上应尽可能达到 100%，但一般为 80%～90%。

大豆的含水量超过 13%时，应先进行干燥，可用 105～110℃的热风干燥，待大豆水分干燥至 9.5%～10.5%时进行冷却，然后脱皮。大豆原料的净化和去皮的主要设备包括磨碎机（最简单的脱皮方法是用凿纹磨将整粒豆分为两瓣）和各种分离与集尘装置（例如旋风分离器、筛分机、风选机、风袋等），根据要求合理选用。

(5) 灭酶与去豆腥味　破坏酶活力也是制造豆乳的重要工序。生豆中的酶在豆乳制造中产生豆腥味、苦味、涩味等，影响豆乳风味；有时还影响人体消化，产生毒性分解物。这些酶通过一般的加热处理大多失去活性，而脂肪氧化酶的分解物一旦处理不完全，则会产生豆腥味。

目前，破坏酶活力的方法归结起来有以下几种：

① 干热法：这是美国农业部（USDA）采用的方法。将大豆脱皮压扁，在挤压机式加热膨化装置中用蒸汽和加压方法灭酶和清除抗营养因子。在常压下膨化，使豆的组织软化，然后粉碎。另一种方法是轻度烘烤，但如果大豆芯部受到加热而表面焦化时，容易产生炒豆粉味。

干热处理过的大豆直接磨碎制豆乳，往往稳定性不好，但若在高温下用碱性钾盐（如重碳酸钾、碳酸钾等）进行浸泡处理后，再磨碎制浆，则可以大大提高豆乳的稳定性，阻止沉淀分离。

② 热水浸泡法：传统的豆乳制造方法是浸泡，使大豆吸水便于磨浆，同时溶去部分低聚糖。热水浸泡法是用 2.5 倍量的水，在接近 100℃温度下浸泡 30min 左右。时间过长，会造成水溶性成分的损失，而且溶出的糖质易发生褐变，为提高大豆固形物的回收率，应适当控制浸泡时间。在浸泡过程中添加碱性物质例如碳酸钠、碳酸氢钠、氢氧化钠等，可减少豆腥味，也可降低大豆低聚糖的含量。

③ 热磨法：又称康奈尔法，是美国康奈尔大学 W. F. Wilkens 发明的抑制和钝化脂肪氧化酶活力的良好方法，浸泡或未浸泡的圆粒大豆用 90～100℃的高温水磨浆，并保温 10min，可以消除豆腥味。或将大豆浸泡在 50～60℃、含有 0.05mol/L（0.2%）氢氧化钠的溶液中 2h，用清水洗净后，边加热水边磨浆，可以显著改善豆乳风味和口感。目前热磨法已得到广泛应用。

④ 脱氧水磨法：在煮沸水中排除氧气以防氧化，与③法相似。

⑤ 蒸煮法：与热水浸泡法相似，美国伊利诺大学 Nelson 等人发明的蒸煮法是将脱皮大豆煮沸 30min，以钝化脂肪氧化酶的活力。煮沸水中可加入 0.25%碳酸氢钠以增强作用。另一蒸煮法是在 10～15min 内将脱皮大豆加热至 80℃，并保持 5min。

以上各种去除酶活力的方法可以根据生产规模以及后续制造工序的情况加以选用。

(6) 磨碎与分离　轻度烘烤与干热灭酶的大豆比蒸煮或浸泡的大豆质硬，如果在未冷却以前磨碎，由于大豆软化而和浸泡豆一样能简单磨碎。传统磨浆法豆水比一般为 1：（5～10），豆乳中固形物含量 6.5%～11.5%，固形物回收率 40%～55%。为了提高固形物的提取率，可以采用二次磨浆法或用均质机进行两级分离。

两次磨浆最好选用不同的磨浆机，例如采用砂轮磨和锤磨机的组合，利用打击和剪切方法，可以使大豆纤维质充分破碎。微磨碎可以提高大豆固形物的提取量，但磨碎过度会成为不溶质而悬浮，经过一段时间引起沉淀。

磨浆后进行浆渣分离，分离常用三足式离心机或沉降式卧式离心机，豆渣含水量要求在80%以下。

分离后可用自动排渣式澄清机进一步去除不溶性物质。

（7）调制　分离后的原豆乳蛋白质含量高，作为保健食品有一定的市场，但原豆乳的营养平衡比牛乳差，风味也不佳，因此，可以参照牛乳和人乳的组成，或根据需要进行营养的补充和强化，以调制成不同风味的饮料。豆乳饮料的调制，即按照产品配方和标准要求，在调制罐中将豆乳、营养强化剂、赋香剂和稳定剂等调和在一起，充分搅拌均匀，并用软饮料用水调整至规定浓度。

① 添加脂肪：油脂添加量1.5%左右，一般选用不饱和脂肪酸亚油酸和维生素E含量高的油脂。这种油脂熔点低、流动性好，但容易被氧化，易上浮形成“油圈”。使用时需要加乳化剂进行乳化。由于豆乳中原来含有卵磷脂，而且大豆蛋白质主要是容易乳化的球蛋白，因此调制液可不用水而用豆乳直接调制，当调制液为3%左右时可以避免使用乳化剂。

② 添加糖类：调制豆乳的加糖量一般为6%～8%。为了防止加热杀菌时发生褐变，添加的糖类应避免使用与氨基酸容易结合的单糖类和混合糖，最好用甜味温和的多糖类。

③ 添加钙：豆乳中最常增补的无机盐是钙盐，常使用碳酸钙，它可以防止因盐类的热反应而使蛋白质凝固，也可提高消化率。碳酸钙不溶于水，容易沉淀，因此也需要预先加以乳化，生产时可用一台小型均质机，以增加乳化效果。

④ 添加稳定剂：豆乳是以水为分散介质，以大豆蛋白及大豆油脂为主要分散相的乳浊液，具有热力学不稳定性，需要添加乳化剂以提高豆乳乳化稳定性。豆乳中使用的乳化剂以蔗糖酯和单甘酯、卵磷脂为主。此外，还可以使用山梨醇酐单硬脂酸酯、山梨醇酐三硬脂酸酯等，如两种以上的乳化剂配合使用效果会更好。乳化剂的添加量主要根据乳化剂的品种来确定。使用蔗糖脂肪酸酯作为乳化剂，其添加量一定要控制在0.003%～0.5%范围内，小于0.003%，不能阻止蛋白质凝聚物产生；高于0.5%，则蔗糖脂肪酸酯本身易产生沉淀，而且还产生其特有的异味。

豆乳的乳化稳定性不但与乳化剂有关，还与豆乳本身的黏度等因素有关。因此，良好的乳化剂常配合使用一些增稠稳定剂和分散剂。常用的增稠稳定剂有：羧甲基纤维素钠、海藻酸钠、明胶、黄原胶等，用量为0.05%～0.1%。

常使用的分散剂有：磷酸三钠、六偏磷酸钠、三聚磷酸钠和焦磷酸钠，其添加量为0.05%～0.3%。

⑤ 添加赋香剂：乳味豆乳是市场上最普遍的豆乳品种，也最容易被人们接受。豆乳生产一般使用香兰素进行调香，可得乳味鲜明的豆乳。当然，最好使用乳粉或鲜乳。乳粉使用量一般为5%（占总固形物）左右，鲜乳为30%（占成品）左右。

(8) 杀菌　豆乳杀菌主要是针对耐热细菌和胰蛋白酶抑制剂。主要采用超高温的板式或管式杀菌机，进行120～140℃、1min左右的杀菌处理。向豆乳中吹入蒸汽而进行的超高温杀菌，被认为是一种较理想的杀菌方法，但会导致豆乳被稀释。

豆乳固形物含量一般为8%～12%，在用热交换器加热时局部温度经常在沸点以上，豆乳被迅速浓缩使换热面结垢，妨碍热交换，因此板式换热器必须经常清洗，不能长时间连续运行。

(9) 脱臭、均质、冷却　脱臭、均质和冷却是豆乳生产的核心工序，是最终决定产品质量的关键。

① 脱臭：脱臭主要目的是去除加热过程中产生的和前处理过程中留下的不愉快味。前一工序所得的高温高压的豆乳进入真空脱臭罐中，压力骤然降低，从而引起带有豆腥味和其他异味的蒸汽迅速排除；同时由于水分迅速蒸发时吸收冷凝热，使豆乳迅速降温（80℃以下），可使蛋白质避免加热时间过久而产生热变性，减轻褐变现象。此外，脱臭还可以防止豆乳气泡的溢出，脱臭豆乳可以与多种香味调和，易于加香。

一般采用真空脱臭法，控制真空度在26.7～40kPa为佳。脱臭时温度一般在75℃以下，这一温度对以后的乳化和均质也是适合的。如果真空装置停机，豆乳在真空罐内有时会发生分离和凝聚现象，而真空度过高时会使气泡加剧，使豆乳与蒸汽一起排出，造成产品损失。脱臭以采用大型真空罐较为有利。

② 均质：在压力15～20MPa，控制温度在70℃均质效果较好。当豆乳含气量高时，会引起较大脉冲，豆乳未能得到均质，这一情况应予以注意。

均质应放在杀菌后进行，杀菌前均质，会由于加热而引起脂肪游离，使混合物不能完全均质，因此最好先杀菌后均质，但这样就要求使用可以防止细菌污染的无菌型的均质机。

③ 冷却：按常用的冷却方法将豆乳冷却到室温以下，这是保持其品质的必要措施。

(10) 包装　由于豆乳营养丰富，很易受到微生物的污染而变质，所以除以散装形式供应或销售外，豆乳均需以一定包装形式供应市场。

欧洲约有一半的牛乳采用 LL（long life）包装，这是采用超高温杀菌（UHT）工艺的无菌包装形式。只要加强微生物管理，豆乳采用 LL 包装也是完全可以的。由于豆乳来自原料的耐热性细菌显著多于牛乳，牛乳的 UHT 杀菌工艺不能原封不动用于物性不同的豆乳，而且豆乳流通环境比牛乳差，因此豆乳产品更应加强质量管理，对生产线各工序进行无菌状态的检查。实践表明，包装产品 95%的污染源是包装密封不完全造成的。包装体内气体的产生是由于大肠菌混合菌群以非常快的速度增生，主要影响因素包括包装材料、豆乳黏性、气泡和品温等。

(11) 二次杀菌与冷却　为使产品在室温下长期保存，必须使包装后的豆乳处于商业无菌状态。因此豆乳在灌装密封后需进行二次杀菌。采用二次杀菌工艺的豆乳需要使用耐热处理的包装容器如玻璃瓶、金属罐、蒸煮袋。二次杀菌是为了提高豆乳饮料的保藏性，但对豆乳饮料质量来说却不利。因豆乳 pH 近中性，属低酸性食品，采用高温杀菌法，杀菌公式一般为 10—20—10/(121℃±3℃)(250g 马口铁罐装)，冷却至 37℃。

超高温瞬时灭菌是将豆乳加热至 130～138℃，经过十几至数十秒灭菌，然后迅速冷却和无菌包装。该方法可以显著提高豆乳的稳定性和口感，是近年来豆乳生产日渐广泛采用的方法。

三、发酵酸豆乳饮料加工技术

1. 发酵酸豆乳加工的基本原理

发酵酸豆乳是在大豆磨浆后，加入少量乳粉或某些可供乳酸菌利用的糖类作为发酵促进剂，经乳酸菌发酵而生产的酸性豆乳饮料。它既保留了豆乳饮料的营养成分，又产生了特殊的风味和代谢产物。乳酸菌是酸豆乳生产上利用的最主要的微生物，在发酵过程中能产生乳酸及许多风味物质，这些风味物质的复合作用赋予饮料浓郁芳香的特有风味，能掩盖发酵原料（大豆）的异味。大豆饮料经乳酸菌发酵后，其固有的豆腥味明显减弱或消失，减少了胀气成分低聚糖的含量，使风味品质明显改善，发酵产生的乳酸对许多微生物（尤其是人体肠道内存在的有害微生物）具有抑菌或杀菌作用，且在进入肠道被中和后仍然存在着许多抗菌性因子。酸豆乳含有活性乳酸菌体及其代谢产物，对人的肠胃功能有良好的调节作用，能改善消化机能，促进食欲，加强胃肠蠕动和机体物质代谢。发酵过程中乳酸菌对豆乳中的植物蛋白适度降解，将大分子蛋白质降解为中、低分子含氮物，提高了植物蛋白的营养效价，更易于人体吸收。此外，某些乳酸菌能形成 B 族维生素。由此可见，发酵酸豆乳又是一种营养保健饮料。

实际生产中，可用单一菌种，也可用混合菌种，一般使用混合菌种作发酵剂较多，由于菌种间的共生作用，相得益彰。常用的是以乳酸链球菌或嗜热链球菌与干酪杆菌或保加利亚乳杆菌混合。菌种的选择对发酵剂的质量起着重要作用。可根据不同的生产目的，选择适当的菌种。表 4－9 列出了发酵剂常用微生物及其性质。

表 4－9　　发酵剂常用微生物及其性质

菌种名称	特性										
	乳酸发酵	产生丁二酮	产气	蛋白分解	脂肪分解	丙酸发酵	产生细菌素	细胞形状	菌落形状	发育最适温度/℃	极限酸度/°T
嗜热链球菌	○							链状	光滑微白菌落有光泽	37～42	110～115
保加利亚乳杆菌	○	△					△	长杆状，有时呈颗粒状	无色的小菌落，如棉絮状	42～45	300～400
干酪杆菌	○	△		△				同上	同上	同上	同上
嗜热杆菌	○			○				同上	同上	同上	同上
乳酸链球菌	○	△		○	△		△	双球状	光滑微白菌落有光泽	30～35	120
乳脂链球菌	○	△					△	链状	同上	30	110～115
柠檬串珠菌		○	○					单球状、双球状、长短不同的细长链状	同上	30	—
戊糖串珠菌		○	○						同上	30	70～80
丁二酮乳酸链球菌	○	○							同上	30	110～115

注：○表示各菌种通性；△表示部分菌株的性质。

2. 工艺流程

发酵酸豆乳包括两种产品，一种是凝固型酸豆乳，另一种是液体状乳酸菌饮料。这两种产品前期工艺流程基本相同，仅在进行发酵时略有差别，从而导致了不同的产品状态和口感。

凝固型酸豆乳的生产主要过程包括发酵剂的制备、原料调配和发酵等工序，其工艺流程如图 4－2 所示。

乳酸菌纯培养物→母发酵剂（一级种子）→生产发酵剂（二级种子）

↓

豆浆制备→原料调配→过滤→均质→杀菌→冷却→接种→装瓶封盖←杀菌←容器

↓

成品←冷藏后发酵←前发酵

图 4－2　凝固型酸豆乳的生产工艺流程

液体状乳酸菌发酵豆乳饮料是以上述酸凝豆乳为基料，与辅助原料混合搅拌均匀后，再经均质、分装而成。其生产流程如图 4－3 所示。

豆浆制备→原料调配→过滤→均质→杀菌→冷却→接种

→发酵罐中发酵→ { →均质→发酵乳→调配→均质→杀菌→冷却→包装→成品 1
　　　　　　　　　→搅拌→均质→包装→成品 2 }

图 4－3　液体状乳酸菌发酵豆乳的生产工艺流程

其中成品 1 在发酵乳中添加添加剂、果汁，并杀菌，产品稳定性好，生理功能略差一些。成品 2 含活性乳酸菌，生理功能好，只是产品的稳定性差些。

3. 工艺要点

酸豆乳生产主要可以分为发酵剂的制备、酸豆乳基料的制备、接种发酵三大工序。

(1) 发酵剂的制备

① 制备发酵剂的必要条件：

a. 培养基的选择：为了使菌种的生长环境不至于急剧变化，选择的培养基最好与成品的原料相同或相似。因此，制备乳酸菌发酵剂时最好用全乳、脱脂乳或还原乳等。作为培养基的原料乳，必须新鲜、优质。

b. 培养基的制备：用做乳酸菌发酵剂的培养基，必须预先杀菌，以杀灭杂菌保证发酵剂的纯度。当制备乳酸菌纯培养物和母发酵剂的培养基时，可采用高压灭菌（120℃、15～20min），以达到无菌状态。制备发酵剂的培养基时，则不能高温杀菌或长时间灭菌，否则易使牛乳褐变和产生蒸煮味，影响最终产品品质，因此一般采用 90℃、60min 或 100℃、30～60min 杀菌。

c. 接种量：接种量随培养基的数量、菌种的种类、活力、培养时间及温度等的不同而异。一般制备乳酸菌发酵剂时，按培养基的 1%～3%比较合适。工业生产上也可略提高接种量来加快生产速度。

d. 培养时间与温度：培养的时间与温度，视微生物种类、活力、产酸能力、产香程度及凝块形成情况等而定。

e. 发酵剂的冷却与保存：发酵剂按照适宜的培养条件培养，达到所要求的发育状态后，应迅速冷却，并存放于 0～5℃冷库中。如果发酵剂数量很大时，冷却则需要很长时间，在这段时间内，酸度会继续上升而导致发酵过度。因此必须提前停止培养，或将培养好的发酵剂置于冰水中冷却。

在保存中，发酵剂的活力随保存温度、培养基中的 pH 等因素而变化，最多保存 1 个月。

② 发酵剂制备的具体方法：

a. 纯培养物的复壮：纯培养菌种通常装在试管中，由于保存和运送等原因，活力不强，故使用前需活化，恢复其活力。

将试管内的纯培养物吸取1～2mL，无菌操作接种入准备好的灭菌脱脂乳培养基中，根据菌种特性放入保温箱内培养，凝固后再取出1～2mL，按上述方法操作，反复数次，待乳酸菌充分活化后，即可供生产使用。

b. 母发酵剂的制备：取新鲜脱脂乳100～300mL装入经干热灭菌（160℃、1～2h）的母发酵剂容器中，以120℃、15～20min高压灭菌，然后迅速冷却至25～30℃。用灭菌吸管吸取适量纯培养物（约为培养发酵剂用脱脂乳量的1%）进行接种后放入保温箱中，按所需温度进行培养。凝固后再移植于另外的灭菌脱脂乳中，反复2～3次，使乳酸菌保持一定活力，然后用于制备生产发酵剂。

c. 生产发酵剂的制备：取实际生产量1%～2%的脱脂乳，装入经灭菌的生产发酵剂容器中，以100℃、30～60min杀菌并冷却至25℃左右。然后无菌操作添加1%的母发酵剂，应充分搅拌，使其混合均匀，在所需温度下保温培养，达到所需酸度后，即可取出贮于冷库中待用。此时所用培养基最好与成品原料相同。

③ 发酵剂的质量要求及鉴定：

a. 发酵剂的质量要求：凝块须有适当的硬度，均匀而细滑，富有弹性，组织均匀一致，表面无变色、龟裂、产气泡及乳清分离等现象；须具有优良的酸味与风味，不得有腐败味、苦味、饲料味及酵母味等异味；凝块完全粉碎后，质地均匀，细腻滑润，略带黏性，不含块状物；按上述方法接种后，在规定时间内产生凝固，无延长现象。活力测定时符合规定指标。

b. 发酵剂的鉴定：

感官指标：观察发酵剂的质地、组织状态、色泽及乳清分离等。然后用触觉检查凝块的硬度、黏度及弹性。最后品尝酸味是否适中，有无苦味和异味。

化学性质检查：主要是测定酸度和挥发酸。酸度一般用滴定酸度来表示，以0.8%～1.0%（乳酸度）为宜。测定挥发酸时，须把发酵剂蒸馏后再用氢氧化钠滴定。

细菌检查：测细菌总菌数和活菌数。必要时选择适当的培养基测定乳酸菌特定的菌群。

发酵剂的活力测定：发酵剂的活力，可利用乳酸菌的繁殖而产生酸和色素还原等现象来评定，其测定方法必须简单而迅速。发酵剂活力测定法，是在高压灭菌的脱脂乳中加入3%的发酵剂，在37.8℃的恒温箱中培养3.5h，然后测定其酸度，酸度为0.4%则认为活力较好，并以酸度的数值（此时为0.4）来表示。刃天青还原实验：脱脂乳9mL中加发酵剂1mL和0.005%刃天青溶液1mL，在36.7℃恒温培养35min以上，如完全褪色则表示活力良好。

（2）酸豆乳基料的制备　生产酸豆乳所用的豆乳制备与普通豆乳的制浆要

求基本相同。制得的豆乳必须是新鲜磨制的，要求干物质含量在8%～11%。因为乳酸发酵过程具有一定的脱腥作用，因此对豆乳脱腥要求不必太高。调配工序是制备酸豆乳基料的关键工序，决定着产品的色、香、味、型。调配过程中须添加以下原料：

① 糖：产酸量是衡量乳酸菌生长的一项重要指标，它主要依赖于能被微生物发酵的糖来产生。成熟的大豆中含有一定量的寡聚糖和多聚糖，而能被乳酸菌利用的糖却很少。所以调制工序中要加入适量的糖，对于促进乳酸菌的繁殖、提高酸豆乳质量是非常必要的。

可用的糖种类很多，但使用的菌种不同时，要达到最大产酸量所添加的糖的种类也不同。对绝大多数菌种来讲，添加乳糖和葡萄糖的效果比其他糖要好。一般乳糖的添加量以1%效果最好，乳糖对链球菌、乳脂链球菌和二乙酰乳链球菌的产酸量有明显的促进作用，但对嗜热链球菌和乳杆菌的某些菌种却无促进作用。豆乳中添加1%葡萄糖在某些情况下对乳酸发酵的产酸作用效果更好，对乳链球菌、乳脂链球菌、二乙酰乳链球菌、戴氏乳杆菌和干酪乳杆菌的产酸具有明显的促进作用，对肠膜明串珠菌、乳酪明串珠菌和瑞士乳杆菌促进作用较小，而对嗜热链球菌和某些乳杆菌无效。在豆乳中添加蔗糖只适用于某些乳酸菌，且一般与乳清粉配合使用。

② 胶质稳定剂：调制酸豆乳基料时，为保证产品的稳定性，加入适量的稳定剂也是十分必要的，对胶质稳定剂一个最基本的要求是在酸性条件下不易被乳酸菌分解。常用的有明胶、琼脂、果胶、卡拉胶、海藻胶和黄原胶等。单独使用时，明胶添加量为0.6%，琼脂0.2%～1.0%，卡拉胶0.4%～1.0%。各种稳定剂也可以两种或两种以上并用。这些稳定剂须事先用水溶化后再加入。

③ 调味添加剂：根据产品需要还可以添加香料和香精，有时可加牛乳和果汁以增加产品风味。果汁可用苹果、橘子、菠萝、葡萄、芒果、番茄或草莓汁等。配合量小于10%。牛乳的添加量不受限制。

将上述原料搅拌均匀后，经过滤去除可能存在的不溶性物质。为确保产品质地细腻要经均质处理，均质机压力在19.6MPa左右，之后要进行灭菌处理。灭菌处理多采用板式热交换器或列管式杀菌器，在85～90℃，杀菌5～10min。杀菌后的料液经板式热交换器迅速冷却，冷却温度随所用菌种的最佳发酵温度而定。如采用保加利亚乳杆菌和嗜热乳链球菌混合菌种，则可冷却至45～50℃；如采用乳链球菌则需冷却至30℃。

(3) 接种发酵　冷却后的原料可接种制备好的发酵剂，接种量随发酵剂中的菌数含量而定，一般为1%～5%，然后进行发酵和后熟。生产凝固型酸豆乳时，接入发酵剂后迅速灌杯封盖，然后进入发酵室培养发酵。生产搅拌型酸豆乳时，接入发酵剂后先在发酵缸中培养发酵，然后搅拌、均质、分装后售出。

如前所述，能够用于发酵的乳酸菌很多，实际生产上多用混合菌种，这样可以使发酵易于控制且产品风味柔和、质量高。常用的配合方法是，保加利亚乳杆菌：嗜热链球菌＝1：1；保加利亚乳杆菌：乳链球菌＝1：4；嗜热乳链球菌：保加利亚乳杆菌：乳脂链球菌＝1：1：1。

发酵前期以产酸为主，称前发酵，结束后送入 0～5℃冷库进行冷却保存时，由于酸豆乳降温有个过程，所以仍有一个以产芳香物质为主的后熟阶段，大约需 4h。在前发酵过程中需控制两个重要参数。

① 发酵温度：乳酸菌发酵豆乳时的温度通常在 35～45℃之间，不同的菌种发酵的适温也不大一样。对于大多数菌种来说，发酵温度在低限时接近乳酸菌的最适生长温度，有利于乳酸菌的生长繁殖。发酵温度在高限时可以使发酵酸豆乳在短时期内达到适宜的酸度，凝结成块，从而缩短发酵过程。

② 发酵时间：酸豆乳的发酵时间随所用菌种及培养温度而定，一般在 10～24h。判断发酵工序是否完成的主要根据就是酸度和 pH。发酵好的酸豆乳 pH 应在 3.5～4.5 之间，酸度应在 50～60°T 之间。

四、豆乳加工生产常见质量问题及防止措施

1. 絮状沉淀或蛋白质变性沉淀等

这是属于非微生物作用产生的絮状物或沉淀，一般是由蛋白质变性引起，其主要原因是：稳定剂使用不当；生产过程时间过长，装瓶前已染菌，使豆乳 pH 下降至接近等电点；物料过滤不当；均质效果不好，杀菌强度过高或冷却速度太慢等。这些问题可通过选用合适的稳定剂，加强工艺技术管理进行解决。

经过二次杀菌的全脂豆乳，蛋白质可能会因变性产生少量絮状沉淀，为减少沉淀的形成，可在浸泡时加入碳酸氢钠，提高水的比例，豆：水的最大比例为 1：20，控制磨浆后豆浆的 pH 在 6.5 以上，过滤后进行调配时，加 0.3%～0.4%的明胶等稳定剂，然后搅拌均质，再灌装杀菌。

2. 脂肪析出

脂肪团的出现是由于脂肪析出，附着在玻璃瓶颈部，杀菌前采用 24.5MPa 的压力均质，如果能够进行两次均质则效果更好，彻底打碎脂肪球，同时加入适量的乳化剂可较好地防止脂肪团的出现。

3. 褐变

生产中加入的糖，经二次杀菌高温处理会因美拉德反应而出现褐变。豆浆经脱臭、杀菌、均质后，待冷却到 30℃左右时加入糖，再灌装进行二次杀菌；

少加糖或采用不参与褐变反应的甜味剂代替蔗糖，或控制二次杀菌时的温度、时间及采取反压降温等措施，均可减少褐变反应。

4. 豆腥味

防止豆腥味的产生就必须钝化脂肪氧化酶。脂肪氧化酶的失活温度为80～85℃，用加热的方法可使其丧失活性。在实际生产中有干豆加热再浸泡制浆和先浸泡再热烫后磨浆两种方法，其中后一种方法豆腥味仍较重，这可能是由于浸泡时脂肪氧化酶活性增强且有利于脂肪氧化进行反应的缘故。

在用加热的方法钝化酶的过程中，存在加热可使酶钝化的同时也使得其他蛋白质受热变性，降低蛋白质的溶解性，不利于磨浆时蛋白质提取的问题。因此生产中一方面要防止豆腥味的产生，另一方面又要保持大豆蛋白质有较高的溶解性，即尽可能做到在保证脂肪氧化酶钝化的前提下，减少其他蛋白质的变性。

目前较好的钝化酶的方法大致有以下几种：

(1) 远红外加热　该方法升温速度快，豆粒中心温度高，可迅速钝化酶，且由于防止了局部过热，豆粒受热时间短、受热均匀，大豆蛋白质变性较少。

(2) 磨浆后超高温瞬时杀菌　据美国报道磨好的豆浆（用管式热交换器）采用0.196MPa、130℃保温2s处理后，立即迅速冷却，也可去除大豆豆腥味，防止蛋白质大量变性。

(3) 调pH　据报道，可利用脂肪氧化酶在酸性条件下活性受抑制的特性，在大豆浸泡或磨浆时将pH调至3.5左右，然后加热钝化酶，再用碳酸氢钠调pH至6.5以上，可防止蛋白质在等电点处絮凝沉淀。

(4) 酶法　有报道说，利用蛋白质分解酶作用于脂肪氧化酶，可去除豆腥味，用醛类脱氢酶作用于醛、酮、醇类，也可去除豆腥味。

5. 苦涩味

豆乳中苦涩味来自在加工过程中产生的具有各种苦涩味的物质，包括卵磷脂氧化生成的磷脂胆碱、蛋白质水解产生的苦味肽、相对分子质量800以下的二至四肽，以及部分具有苦涩味的氨基酸、有机酸、不饱和脂肪酸的氧化产物黄酮类物质。苦涩味的产生在于化学结构中是否存在疏水性基团，尤其是环状疏水基团。防止的方法是在生产豆乳时尽量避免生成这些苦味物质，如控制蛋白质水解度、添加葡萄糖内酯、控制加热温度和时间，以及控制溶液接近中性。另外，发展调制豆乳不但可掩盖大豆异味，还可以增加豆乳的营养成分及新鲜的口感。

6. 口感不佳

品质优良的豆乳应是组织细腻，口感柔和、舒适，产品存放时稳定性好；反之，质量不佳的豆乳，组织粗糙，有粒子的感觉，对口腔和喉咙均有不适感，产品的稳定性差，存放时会产生沉淀。生产质地优良的豆乳，除大豆磨碎时应达到一定细度外，均质处理影响很大。均质时应注意选择温度和压力，并相互结合。目前我国豆乳的加工多采用一次均质，为了得到具有更好口感的豆乳，应进行两次均质处理。

7. 胀气变质

有的豆乳出厂一周后即变质，发臭、发酸、水乳分层，打开盖后有气冲出。其原因往往是由微生物引起，污染菌多为革兰氏球菌、短杆菌等。其来源主要是：原料污染严重，如大豆脱皮率较低；生产管道残存微生物多、环境不清洁，杀菌强度低。消灭胀气变质的方法为：要求脱皮率高于80%，每天用酸、碱清洗管道，提高杀菌强度，杀菌温度121℃，时间15～20min。

8. 生理有害因子

生豆浆会引起中毒，是因为大豆中存在淀粉酶抑制因子、胰蛋白酶抑制因子、大豆凝集素、大豆皂苷及棉子糖、水苏糖等低聚糖类。淀粉酶抑制因子和胰蛋白酶抑制因子可抑制淀粉酶和胰蛋白酶的活力，大豆凝集素能使红细胞凝集，大豆皂苷则有溶血作用，低聚糖则会引起胀气。根据大豆皂苷溶解血栓的作用，可将其提取出来用于治疗心血管病。

大豆凝集素属于蛋白类，大豆皂苷则属于糖类，它们均不耐热，加热的作用可使它们被破坏或变性。胰蛋白酶抑制因子也属于蛋白类，热处理可使其失活。有关实验表明：胰蛋白酶抑制因子在热处理温度超过90℃时，活性丧失很快；100℃下处理20min，胰蛋白酶抑制因子活力丧失达90%以上；120℃下处理3min也可达到同样的效果。热处理失活、木瓜蛋白酶失活及茶多酚络合失活都可以有效地使胰蛋白酶抑制剂活性降低，但都应注意其最佳失活条件，否则会影响产品质量或影响胰蛋白酶抑制剂的失活效果。热处理过度会使豆乳产生焦味或褐变；木瓜蛋白酶的加入量达到最佳值后，胰蛋白酶的活性趋于稳定而不再呈上升趋势；茶多酚的用量过多时，剩余量会对胰蛋白酶产生抑制作用而降低失活效果。还有研究发现温度偏高或加热时间过长，大豆胰蛋白酶抑制剂络合物就会部分解络，达不到预期效果。

第三节　其他乳饮料加工技术

一、花生乳饮料的加工技术

1. 花生的营养成分与加工特性

花生又称落花生、长生果，原产南美，明代传入我国。既是油料作物，又是很好的植物蛋白资源。花生仁不仅风味好，营养也相当丰富。花生仁含蛋白质 25%～30%，脂肪 40%～55%，碳水化合物 22%～25%，粗纤维 2.5%～4.0%。此外还含有磷（3.00～4.00mg/g）、钙（0.45～0.70mg/g）、钾（5.00～6.00mg/g）等矿物质和硫胺素（2.0～7.5μg/g）、维生素 E（0.10～0.20mg/g）以及维生素 B_2 和烟酸等维生素。花生是高蛋白食品，国外称"植物肉"。花生蛋白主要是球蛋白和伴球蛋白，花生蛋白中含多种氨基酸，其必需氨基酸组成：苏氨酸 1.5%，缬氨酸 8%，亮氨酸 7%，异亮氨酸 7%，苯丙氨酸 5.4%，色氨酸 1%，赖氨酸 3.0%，甲硫氨酸 1.2%，组氨酸 7.1%，精氨酸 9.9%。可见花生蛋白质的必需氨基酸较齐全，除赖氨酸、苏氨酸含量略低于 FAO/WHO 规定的模式外，其余氨基酸均等于或高于模式规定。花生油主要成分是油酸（50%～65%）、亚油酸（18%～30%）以及花生四烯酸、δ-十六碳烯-1-酸和二十四酸等甘油酯，其中不饱和脂肪酸约占 80%。花生油是不干性油，在-5℃左右固化，淡黄色或红褐色液体。不含胆固醇，相对密度 0.917～0.926，酸值 1.0～10.0，碘值 88～98，皂化值 186～194，凝固点 3℃。

花生中的赖氨酸含量比大米和面高 3～8 倍，而且有效利用率可达 88%。研究表明，花生中的赖氨酸可提高儿童智力，防止人的过早衰老；天冬氨酸、谷氨酸可增强记忆力；所含的儿茶素也有抗老化作用。花生中的钙、钾等含量较高，对儿童、孕妇和老人都适合，因此花生被称之为长寿食品是当之无愧的。

花生乳是以花生仁为原料制成的乳浊型蛋白饮料，生产工艺与豆乳相似。

2. 花生乳饮料的加工工艺

花生乳加工工艺流程见图 4-4。花生仁在烘烤脱红衣后，通过浸泡法磨浆，制备花生浆，然后经调配等过程制得花生乳。

花生→脱壳→去皮→浸泡→磨浆→浆渣分离→调配→脱气→均质→杀菌→灌装→密封→二次杀菌→冷却→检验→成品

图 4-4　花生乳饮料的加工工艺流程

3. 工艺要点

（1）去皮　花生去皮，即脱除花生仁外表的红衣。脱红衣可以改善和提高饮料的色泽，避免带入花生衣产生的涩味。脱红衣目前有两种方法：

① 烘烤脱衣：烘烤温度 110～130℃，时间 10～20min。花生干燥时烘烤温度相对低些，时间亦长些。烘烤以产生香味而不太熟为宜。烘烤的目的如下：

a. 灭酶：钝化脂肪氧化酶，去除花生中胰蛋白酶抑制素、甲状腺肿素和血球凝集素等抗营养因子。

b. 增加风味：花生中含有 20 多种羟基化合物，其中乙醛是花生"生腥"

味的来源，花生烘烤即可避免这种生腥味的产生，又可产生醇类及烯类物质，提高乳香味。

c. 有助于脱红衣：烘烤后用机械很容易脱除红衣。

② 热烫脱衣：脱壳花生仁在95℃以上热水中浸渍几十秒钟，使花生衣刚润透而未渗入果肉为宜，然后用机械摩擦脱衣。目前推荐热烫脱衣工艺主要是考虑以下因素：

a. 烘烤温度和时间对饮料制品影响较大，烘烤不够，不仅风味差，还有豆腥味。烘烤过度，花生乳化性能差，蛋白质热稳定性受到影响，致使饮料制品出现类似“豆腐花”的絮凝现象。

b. 烘烤是干法灭酶，需要较高温度和较长时间，这会造成蛋白质变性，降低花生蛋白提取率。

c. 花生性味偏凉，烘烤后性味变温燥，降低其清凉效果。

d. 花生烘烤后成为烘烤香型，易为消费者接受，但热水浸泡和以后的杀菌处理也能产生花生固有的清香。

实际上，以上两种脱皮方法都是可以使用的，不论何种方法，加热都应适度，可根据生产经验和产品特色加以选用。不同处理方式的效果见表4-10。

表4-10　花生脱皮不同处理方式的效果

项目	不处理	80℃碱浸	100℃/20min蒸煮	烘烤	
				130℃/10min	140℃/10min
风味	生腥味、涩味	无生腥味	无生腥味	香	香
色泽	乳白	乳白	乳白	乳白	暗
稳定性	好	好	差	好	差

（2）浸泡　花生蛋白质贮藏于果仁子叶的亚细胞颗粒蛋白体内，为了提高花生营养物质的提取率，同时便于磨浆，在磨浆前需将花生仁浸泡，使果仁充分吸水膨胀，组织软化，使花生仁中的脂肪氧化酶失活，并破坏果仁可能污染的黄曲霉毒素。浸泡时料水比一般是1∶3。

① 浸泡温度和浸泡液的pH：浸泡温度一般45℃以下，温度高，浸泡时间短。为了提高花生提取率有时采用热法浸泡，浸泡温度80～85℃。浸泡温度过高，加热过度，会使花生蛋白质热变性，反而影响提取率。

为了提高浸泡效率，在浸泡时可添加0.25%～0.5%的碳酸氢钠。浸泡液pH一般控制在7.5～8.5之间。

② 浸泡时间：浸泡时间是影响提取率的重要因素，花生仁的浸提扩散距离较大豆大，而且油脂含量高，不利于浸提，因此花生浸泡时间比大豆长，一般冬季浸泡12～14h，夏季8～10h。

（3）磨浆　花生磨浆一般采用两次磨浆法。粗磨用砂轮磨，磨浆时料水比一般为1∶（8～10），有时1∶15，根据生产条件和饮料种类决定。粗浆分离采用100目筛网，精磨用胶体磨，精磨时注意调节胶体磨动、静磨片之间的距离，使花生浆粒细度达到100～200目。浆粒粗，细胞组织未能充分破坏，蛋白质不能充分提取出来，以至降低饮料的营养价值，影响饮料的质量，但精磨的浆粒过细不利于浆渣分离，影响过滤。

花生提取率一般60%～70%，磨好的花生浆应组织细腻、光滑，颜色洁白。

为了提高花生蛋白的提取率，可以仿照豆乳生产工艺，采用热碱水磨浆，油脂在热碱水中溶解度增大，用这种方法可以将花生仁中95%以上的油脂提取出来。此外热碱水可以抑制脂肪氧化酶的活力，有利于提高花生乳的风味。

另外，减少在花生渣中的可溶性固形物含量也是提高花生提取率的有效途径。在生产中可以将分离的浆渣进一步磨细，再经分离，得到的浆液可一并作为配料原料。

花生浆可以用筛分，也可以采用离心分离方法去渣。

（4）调配　制造花生乳的原料除花生浆外，还有砂糖、乳化剂、稳定剂（增稠剂）和香料等，配料时可以将乳化剂、稳定剂等与部分花生浆混合，通过胶体磨均匀混合后加入其余花生浆中，然后将其与糖浆混合。配料时料液温度60～65℃。每吨花生乳的原料消耗定额大致如下：花生仁60～80kg，砂糖60～80kg，乳化剂和稳定剂用量2～3kg。

（5）脱气与均质　均质前先行脱气，脱气真空度70～80kPa。均质压力20～30MPa，有时采用两次均质，目的是使产品充分乳化，提高乳化稳定性。第1次均质压力为20～25MPa，第2次均质压力25～36MPa，均质温度75～80℃。

（6）加热杀菌与灌装　均质后进行巴氏杀菌，杀菌温度85～90℃，然后进行热灌装。用玻璃瓶作包装容器时，灌装温度一般为70～80℃。

（7）二次杀菌与冷却　灌装密封后进行二次杀菌，杀菌公式10—20—15/121℃，冷却至37℃。玻璃瓶则采用20—20—20/121℃的杀菌工艺。杀菌后冷却至37℃左右。

4. 花生乳产品标准［QB/T 2439—99《花生乳（露）》］

（1）感官指标

① 色泽：呈乳白色或微灰白色。

② 滋味及气味：具有花生仁特有的香气与滋味，无异味。

③ 组织形态：呈均匀状的乳浊液，久置后允许有少量沉淀，但经摇匀后仍呈原有的均匀状态。

④ 杂质：无肉眼可见的外来杂质。

(2) 理化指标

① 可溶性固形物含量（°Bx）：≥8.0

② 蛋白质含量（%）：1.2～1.4

③ 脂肪含量（%）：1.5～1.8

④ 重金属含量（mg/kg）：砷（As）≤0.5，铜（Cu）≤1.0，铅（Pb）≤1.0

⑤ 黄曲霉毒素含量（mg/kg）：≤3

⑥ pH 6.5～7.0

⑦ 净重（g）：250±3%

(3) 微生物指标　符合商业无菌要求，无致病菌及微生物作用引起的腐败象征。

5. 花生乳加工常见质量问题及解决方法

花生乳在植物蛋白饮料中由于风味独特、原料易得，近几年得到很快的发展。但由于花生乳的脂肪含量较高，蛋白质热稳定性不高，因此产品极易出现分层、沉淀，这是花生乳生产中最常见的质量问题。

(1) 脂肪上浮　花生乳成品脂肪上浮的原因是脂肪含量较高，可以选择两种方法降低脂肪含量，一是增加水的用量，使花生乳中的花生仁含量降到5%左右；二是部分脱除脂肪，花生仁在120～140℃、20min左右烘焙后脱除红衣，用螺旋式榨油机脱去约65%的油脂，脱脂后的花生坯可立即加工使用，也可冷却至常温后密封包装置干燥处贮藏（但贮存期不可超过3d，以防止油脂氧化哈败）。使用时用量为花生仁2.5%，半脱脂花生坯4%（占花生乳总量的比例）。

(2) 花生蛋白质变性沉淀　解决方法：① 采用温和的焙烤条件，温度不可太高，宜用远红外线烤箱，烘烤中要经常翻动，密切注意花生仁的上色情况，由于电压可能发生波动，所以烤制终点要以目测判断为主。一般烘焙至无花生的腥味，开始产生花生特有的烤香味，并形成浅浅的黄色时可出炉冷却去红衣。② 用3倍花生量的50℃左右的热水浸泡，热水中可加入0.05%的纯碱，浸泡时间1～2h，然后用磨浆机循环磨浆2次，以提高出浆率。③ 均质后尚未灌装的花生乳使用底部为锥形的贮桶暂贮，花生乳在暂贮桶中静置片刻底部会聚集热不稳定沉淀物，这些沉淀物质可经离心分离或延长静置时间后分离。④ 使用直接蒸汽杀菌，要求蒸汽量充足，升温速度快，以缩短杀菌时间。杀菌公式10—20—10/121℃。

(3) 花生乳液的不稳定　与其他植物蛋白饮料一样，花生乳是一种水包油型（O/W）乳浊液，乳化剂及稳定剂对于花生乳的乳化稳定性有很大影响。

乳化稳定剂的选配是生产稳定成品的前提和基础，也是花生乳产品的技术关键。试验发现，使用多种性能优良、不同 HLB 值的乳化剂可大大提高产品的稳定性，但其中还需添加有助于乳液稳定的添加剂，不同乳化剂和稳定剂的使用效果参见表 4-11。由表可见，采用表中 4 号复合乳化剂，即 0.2%蒸馏单甘酯、0.10%蔗糖脂肪酸酯和 0.05%的脱水山梨酸单硬脂酸酯类复合乳化剂和 0.05%的琼脂作乳化稳定剂，在花生乳的保质期内是可以保持产品稳定性的。

表 4-11　　乳化剂和稳定剂对花生乳的影响

序号	乳化剂		稳定剂		花生乳稳定性
	名称	用量/%	名称	用量/%	
1	蒸馏单甘酯	0.20	琼脂	0.05	静置 10d 后蛋白质轻微上浮
2	蒸馏单甘酯	0.15	海藻酸钠	0.05	静置 5d 后有絮凝现象
3	蒸馏单甘酯 蔗糖脂肪酸酯	0.20 0.10	琼脂 琼脂	0.05 0.05	静置 20d 后无沉淀和凝聚现象发生，但出现油圈
4	蒸馏单甘酯 蔗糖脂肪酸酯 脱水山梨酸单硬脂酸酯	0.20 0.10 0.05	琼脂 琼脂 琼脂	0.05 0.05 0.05	静置 300d 后基本无蛋白质沉淀和凝聚现象，有油圈但不明显

为了提高花生乳的质量效果，有时在配料时添加螯合剂，例如聚磷酸盐，目的是与饮料中的金属离子（Fe^{3+}、Ca^{2+}、Mg^{2+} 等）起螯合作用，防止这些离子与饮料中其他成分作用，发生沉淀，同时还具有增稠、增白和缓冲作用。螯合剂用量 0.3%～0.4%。

二、杏仁露的加工技术

1. 杏仁营养成分及其加工特性

杏仁是蔷薇科植物山杏的种子，广泛分布于我国的河北、内蒙、新疆、辽宁等地。杏仁营养丰富，含丰富的蛋白质、维生素以及人体不能合成的 7 种必需氨基酸。杏仁中含脂肪 45%～50%，蛋白质 24.9%，总糖 8.5%，灰分 2.2%，粗纤维 8.8%，苦杏仁苷占 3%，此外还含有 Ca、P、Fe、K 等元素，其中 Ca、K、P 的含量分别为牛乳的 3、4、6 倍，是一种极好的天然植物蛋白资源。另外，杏仁还具有很高的药用价值，杏仁性温，味辛、苦、甘，微毒，具有润肺祛痰、止咳平喘、养颜润肤、增加心肌韧性、保护心脏、防止高血压、抗衰老、防癌等药用价值。

苦杏仁中含有苦杏仁苷（$C_{20}H_{27}NO_{11}$）和苦杏仁酶。苦杏仁苷在酸或酶及加热条件下能水解，最后生成葡萄糖、苯甲醛及氢氰酸，反应过程如下：

$$C_{20}H_{27}NO_{11} + 2H_2O \rightarrow 2C_6H_{12}O_6 + C_6H_5CHO + HCN$$

水解产物氢氰酸，又名氰化氢，是剧毒物质，人摄入 0.1～0.2g 便会致死。氢氰酸极易挥发，稍微加热就可将其除去。水解的另一生成物苯甲醛，又称苦杏仁油，具有杏仁特有香气，在空气中易氧化成苯甲酸，并能与蒸汽一起挥发，因此在去除氢氰酸的同时苯甲醛挥发损失。苦杏仁在用于加工食品以前必须首先去毒，目前去毒方法有浸泡、酸煮和烘干等。

以杏仁、水和糖等为原料经乳化而成的杏仁露，是一种乳浊型蛋白质饮料。杏仁脂肪含量较高，加工饮料时一般需经脱油。杏仁蛋白质的等电点为 pH 4.8～5.0，因此杏仁露产品的 pH 应控制在 7.1±0.2 范围内，一方面远离杏仁蛋白质等电点，同时控制产品为中性或微碱性，避免高温杀菌时产生皂化味。

2. 加工工艺

(1) 杏仁露加工工艺流程　见图 4-5。

杏仁→去皮→脱苦→消毒清洗→磨浆→过滤→调配→真空脱臭→均质→灌装→杀菌→检验→成品

图 4-5　杏仁露的加工工艺流程

(2) 加工要点

① 去皮、脱苦：由于杏仁具有一定毒性和苦味，因此生产前首先必须脱苦、去毒。先将杏仁放入 90～95℃的水中浸 3～5min，使杏仁皮软化。放入脱皮机中进行机械脱皮，再将脱皮的杏仁放入 50℃左右的水中浸泡。每天换 1～2 次水，浸泡 5～6d 后捞出待用。通过浸泡，起到软化细胞，疏松细胞组织，提高胶体分散程度和悬浮性，提高蛋白提取率的作用。通常夏季浸泡温度稍低，时间稍短，冬季浸泡水温可稍高，时间可适当延长。浸泡不充分，蛋白质等营养物质提取率低；浸泡时间过长，蛋白质已经变性，甚至出现异味。

② 消毒清洗：将脱皮苦杏仁浸泡在浓度 0.35%的过氧乙酸中消毒，10min 后取出，用水洗净。

③ 磨浆：杏仁可以采用两级研磨，磨浆时的料水比 1∶(8～10)，杏仁糊需经 200 目筛过滤，控制微粒细度 20μm 左右。磨浆水及配料用水一般需要经过处理。杏仁糊 pH 一般为 6.8 左右。磨浆时可添加 0.1%的焦磷酸钠和亚硫酸钠的混合液进行护色。

④ 调配：杏仁露中的杏仁可溶性固形物含量是重要的质量指标，也是影响产品质量的主要因素。经验表明，杏仁原浆固形物含量为 1%时，产品呈乳白色，风味好，无挂杯现象；大于 1%时口感黏稠，轻微挂杯；而小于 1%时风味较淡。

杏仁露所用原料除杏仁浆外，还有白砂糖、乳化剂及香精。一般杏仁含量 5%，砂糖用量 6%～14%，以 8%为佳，乳化剂用量 0.3%，杏仁香精

0.02%。调配好的杏仁液 pH 为 7.1±0.2，在均质前可再次经过 200～240 目的筛滤。

杏仁露用的乳化剂有大豆磷脂、分子蒸馏单甘酯、蔗糖脂肪酸酯及三聚磷酸钠等，可单独也可混合使用，用量 0.03%～0.4%。

⑤ 均质：对调配好的杏仁液均质，均质温度为 60～70℃，压力 40MPa。传统工艺采用两次均质，均质压力分别为 18MPa 和 28MPa。均质后的杏仁颗粒直径<5μm。

⑥ 杀菌：灌装前，杏仁露采用巴氏杀菌，杀菌温度 75～80℃，杀菌后及时进行热灌装。灌装密封后的杏仁露产品需经二次杀菌和冷却，杀菌公式为 10—20—15/（121±3）℃。冷却至温度 37℃。

杏仁露产品在常温下保存 5～7d 后检验，合格品入库或出厂。

3. 杏仁露产品标准［QB/T 2438—1999《杏仁乳（露）》］

（1）感官指标

① 色泽：呈均匀一致的乳白色或微灰白色。

② 滋味及气味：具有杏仁特有的香气与滋味，无异味。

③ 组织形态：呈均匀、细腻的乳浊液，久置后允许有少量沉淀，但经摇匀后仍呈原有的均匀状态。

④ 杂质：无肉眼可见的外来杂质。

（2）理化指标

① 可溶性固形物含量（°Bx）：清淡型 6～9，甜味型 10～12。

② 蛋白质含量（%）：1.2～1.4。

③ 脂肪含量（%）：1.5～1.8。

④ 重金属含量（mg/kg）：锡 200，铜 5，铅 1。

⑤ 净重（g）200 或 250，允许公差±3%，每批平均不低于净重。

（3）微生物指标　按商业无菌要求，无致病菌及微生物作用引起的腐败象征。

三、椰子汁的加工技术

1. 椰子的营养成分与加工特性

椰子别名乳桃，系棕榈科椰子属常绿乔木，是我国著名的热带果树，在海南、广东、广西、云南、台湾等地均有出产；其果实为椭圆形硬壳果，椰果一般包括以下几个部分：

（1）外果皮　即表皮，黄褐色，薄而滑，有保护果实和防水作用。

（2）中果皮　表皮内层，称椰衣，是纤维质组成的中间层，厚而软，质轻，耐湿，可使果实漂浮于水面而不沉。

（3）内果皮　又称椰壳，木质，坚硬，近蒂部有3个孔，称芽眼，果腔内含种仁、胚和乳汁。胚发芽由此伸出。

（4）果肉　又称胚乳、种仁，肉质白色，富含脂肪，为果实重要营养贮藏部分。

（5）椰水　即椰乳、椰汁，贮于内果皮中，果实未成熟时椰水较多，成熟后椰水变少。

（6）胚　很小，埋藏于芽眼内侧的胚乳中。

椰子多汁，油脂丰润，富含营养。椰肉含蛋白质3.4%～4.0%，含油脂30%～40%，干椰肉含油量高达50%～70%。椰子油呈白色或淡黄色，夏常温下为液体，冬常温下为固体，熔点20～28℃，易溶于口，是有特色的固体脂。椰子油有椰肉臭，相对密度0.907～0.917，皂化值246～264，碘值7～11。主要成分为50%的月桂酸饱和脂肪酸，其余多为碳原子数12以下的低级脂肪酸。椰肉还含有碳水化合物、纤维素、矿物质（钾含量4.75mg/g）和维生素（维生素C、维生素B_2、烟酸）等其他营养成分。

椰水是高级清凉饮料，内含蛋白质0.1%、脂肪0.1%以下、碳水化合物4%左右。用椰子油制成的氢化椰子油及椰子油脂肪酸能提高人体对磷和钙的吸收，作为软骨病人的食物。椰肉经过研磨、分离去椰蓉、调配制成的椰子汁或称椰子乳，是近年来开发的一种乳浊型蛋白质饮料。

2. 加工工艺流程

椰子汁由椰子的果肉经过浸泡后磨浆制取，也可以经压榨，部分脱油后粉碎取浆制取。浸泡磨浆工艺流程见图4-6。

工艺1　椰子→去皮、破壳→刨肉→压榨取汁→过滤→调配→高温杀菌→均质→包装→二次杀菌→检验→成品

工艺2　椰子→去皮、破壳→刮丝→烘干→干椰丝→磨浆→过滤→调配→高温杀菌→均质→包装→二次杀菌→检验→成品

图4-6　椰子汁的加工工艺流程

3. 加工要点

（1）剥壳取肉　一般剖食椰子的方法是用利刃剖开表皮，用力撕拉椰衣，将露出的球状坚果冲洗后，用竹筷等尖锐物将果壳顶部芽眼戳破其中两个，可吸出或倒出椰汁，然后将椰壳一分为二，椰肉附着壳壁，呈白色乳脂状，质脆润滑，入口清香。可用特制刀将白色椰肉刮下。

（2）浸泡、磨浆和过滤　椰肉漂洗后浸于60～80℃的热水中10～20min，浸泡后破碎果肉并磨浆。磨浆时加水量为椰肉量的2.5～3.0倍。采用热水磨浆法，温度60～80℃可以进行两次磨浆，一次粗磨一次细磨。热水浸泡和两次磨浆是为了提高椰子蛋白质的提取率。椰肉磨细粒径要适当，粒径大影响蛋

白质提取率，粒子过小不利于过滤。磨浆后两次过滤，筛网分别为100目和200目，也可以采用离心过滤。椰蓉（椰渣）可以用水冲洗后回收其中残留的水溶性蛋白质。

（3）调配　在过滤椰子汁中添加甜味料、乳化剂和稳定剂。

使用砂糖，用量为6%～10%，也可用阿斯巴甜、甜菊苷等甜味剂。

乳化剂多用脂肪酸酯，例如山梨醇酐硬脂酸酯（司盘60）、山梨醇酐三硬脂酸酯（司盘65）、山梨醇酐油酸酯（司盘80）及蔗糖脂肪酸酯等，可根据产品品种和要求选用，乳化剂可单独使用也可组合使用，最大用量一般不超过0.30%。

稳定增稠剂可选用海藻丙二醇酯、卡拉胶、黄原胶、琼脂以及羧甲基纤维素钠等，使用量0.03%～0.05%。

乳化剂和稳定剂可分别用4～5倍的热水，在60～70℃温度下搅拌3～5min后按先后顺序加入椰子汁中并不断搅拌3～5min。为防止pH接近其等电点，可适当加入一些pH调节剂。

（4）脱气与均质　脱气真空度67～80kPa，均质压力18～20MPa，椰子汁温度60～75℃。

（5）灌装与杀菌　均质后将椰子汁加热至85～95℃，进行巴氏杀菌，趁热灌装，密封后再进行二次杀菌和冷却，杀菌公式为10—20—15/121℃，冷却至37℃。

4. 椰子汁产品标准［QB/T 2300—97《椰子乳（汁）》］

（1）感官指标

① 色泽：呈均匀一致的乳白色或微灰白色，有光泽。

② 滋味及气味：具有椰子特有香味，无异味。

③ 组织形态：呈均匀、细腻的乳浊液，久置后允许稍有分层，但摇匀后仍能均匀一致，并在4h内无分层现象。

④ 杂质：无肉眼可见的外来杂质。

（2）理化指标

① 可溶性固形物含量（°Bx）：≥8

② 蛋白质含量（%）：≥0.5

③ 脂肪含量（%）：≥1.0

④ 重金属含量（mg/kg）：锡≤200，铜≤5，铅≤1

⑤ 净重（g）：250±3%

（3）微生物指标　符合商业无菌要求，无致病菌及微生物作用引起的腐败象征。

四、核桃乳的加工技术

1. 核桃的营养价值与加工特性

核桃是价值很高的干果，核桃砸去硬壳所取仁肉即核桃仁，内含丰富的营养成分，每 100g 核桃仁含蛋白质 13～18g，脂肪 50～63g，碳水化合物 8～10g。核桃中的氨基酸比较丰富，以谷氨酸（35.49mg/g）、精氨酸（26.21mg/g）、天冬氨酸（16.56mg/g）和亮氨酸（12.68mg/g）居多。矿物质除磷、钾、镁外，还含有钙、铁、硒等。维生素有维生素 E 和维生素 P。核桃中脂肪酸主要是亚油酸、花生酸和油酸。核桃不仅具有丰富的营养，还有补脑健脑的作用，核桃脂肪中的磷脂对大脑神经尤为有益，维生素 E 有防老化的作用。传统中医认为核桃味甘性温、润肺、补肾固精、补血，是温补肺肾的良药。《本草纲目》记载，核桃"能令人肥健，润肌，黑须发，利小便，去五痔"。可见核桃是理想的滋补食品。

核桃仁加工成的核桃乳也是乳浊液型蛋白质饮料。

2. 加工工艺流程

核桃乳生产工艺流程见图 4－7。

核桃→预处理→脱种皮→浸泡→磨浆→过滤→调配→均质→杀菌→灌装→密封→二次杀菌→冷却→检验→成品

图 4－7　核桃乳的加工工艺流程

3. 加工要点

（1）原料预处理　核桃有三层皮，即青皮、内果皮和种皮保护果仁。最外层为青皮（外果皮），轻轻敲打熟果，青皮就会脱落。第二层为内果皮即木质果壳。可用砸仁法取出核桃仁，砸仁有水砸、干砸和鲜砸三种，一般以干砸为主。核桃仁的出仁率一般为 32%～50%。选择质地饱满、肉色黄白或虎皮色核桃仁，剔除霉烂、虫蛀、干瘪、黑色及氧化败坏的果仁及其他异物，用水将核桃仁冲洗干净，去掉泥沙、浮皮及其他杂质。

（2）脱种皮　核桃仁经脱壳破碎后，多为不规则的块状，完整者为球形，由两瓣种仁合成，皱缩多沟，凹凸不平，被一层棕褐色薄膜状的种皮（第三层皮）包围，拨掉种皮方显乳白色子叶。核桃仁味淡，富油质，但种皮味涩，不易被人们接受。一般植物可食部分的涩味的主要来源是单宁，这种高分子多元酚衍生物易于氧化，与金属离子反应生成褐黑色物质。为了保持核桃乳产品的色、香、味及稳定性，应选择合理的工艺脱除核桃仁种皮，常可采用水浸法或干燥法。

① 水浸法：将挑选洗净的核桃仁倒入 80～90℃的热水中，热烫 10～30min，可加 5%～12%的氢氧化钠，热烫后用清水冲洗，用人工或机械脱皮，

显出乳黄色肉质。

② 气流干燥法：将核桃仁放入热风干燥箱中烘烤，控制温度在110～120℃范围内，时间为2～3h，使种皮脱水并与果肉脱离，取出后冷却，用人工或脱皮机搓掉外皮，显出乳黄色肉质。

（3）浸泡　采用净化水浸泡，使核桃仁吸水胀润，便于磨浆。核桃仁与水的比例为1：（2～3），浸泡时间8～12h，隔3～4h换一次水，换水时注意清除坏仁等杂质。

（4）磨浆　浸泡后使用砂轮磨粗磨，磨浆时，料水比1：（3～5），磨至呈均匀浆状时再用胶体磨精磨，精磨时添加1%亚硫酸钠溶液护色，待磨至成均匀乳状液时过滤。

（5）过滤　采用160～200目筛网过滤，目的是去除核桃渣粗纤维，便于后工序加工，保证产品均一性。

（6）调配　调整核桃浆至pH 7.0～9.0，在过滤所得乳状液中添加糖及其他添加剂搅拌，混合均匀。

核桃乳配方组成见表4-12。

表4-12　　核桃乳参考配方

组成成分	含量/%	组成成分	含量/%
核桃仁固形物	5～10	稳定剂	0.1～0.3
砂糖	6～8	纯水	余量
乳化剂	0.1～0.5		

乳化剂可选用蔗糖脂肪酸酯（或单甘酯）和酪蛋白酸钠的混合物，添加量0.3%～0.5%。

（7）均质与杀菌　为了保持乳液稳定性，需要经过30～50MPa的均质处理，使蛋白质、油脂等形成均匀的水包油型乳浊液，避免脂肪上浮或蛋白颗粒聚沉等现象。

杀菌温度85～90℃，玻璃瓶于60～70℃温度进行热灌装。密封后的二次杀菌，采用10—20—15/121℃杀菌工艺，杀菌后冷却至37℃左右，保温检验后成为核桃乳产品。

4. 核桃乳产品标准［QB/T 2301—97《核桃乳（露）》］

（1）感官指标

① 色泽：浅乳白色或微黄色。

② 滋味及气味：具有核桃的特殊气味，香甜可口，无异味。

③ 组织形态：乳液均匀混浊，无明显分层和油圈出现。

④ 杂质：无肉眼可见的外来杂质。

(2) 理化指标

① 可溶性固形物含量（°BX）：8～10

② 蛋白质含量（%）：≥1.0

③ 脂肪含量（%）：≥1.5

④ 重金属含量（mg/kg）：砷（As）≤0.5，铜（Cu）≤10，铅（Pb）≤1.0，锡（Sn）≤200

⑤ 净重（g）：250±3%

(3) 微生物指标　符合商业无菌要求，无致病菌及微生物作用引起的腐败象征。

实训一　豆乳发酵饮料的加工

一、实训目的

(1) 熟悉豆乳发酵饮料的配方及生产工艺流程。

(2) 掌握豆乳发酵饮料的加工方法。

(3) 培养学生严谨的学习态度，使学生得到理论联系实际的锻炼。

二、工艺流程

大豆→挑选除杂→清洗→浸泡→磨浆→煮浆→过滤→豆乳→调配→均质→灭菌→冷却→接种→恒温发酵→发酵豆乳

三、操作要点

(1) 大豆原料处理　选择颗粒饱满，无杂质、无霉变、无虫蛀的大豆，除去杂质，并用清水漂洗3～4次。用0.25%碳酸氢钠溶液在常温下浸泡10～12h，其间每隔3h换一次浸泡液。

(2) 磨浆、煮浆　将浸泡好的大豆用纯净水清洗后，按豆：水=1：10的比例添加100℃的热水，用浆渣分离机磨浆，之后用105℃煮浆20～30min，140目筛网过滤得到豆乳。

(3) 调配、均质、灭菌　豆浆制好后，进行调配，按脱脂乳粉：豆浆=1：1的比例配制成发酵基料，在发酵基料中加入溶解过滤好的糖，一般添加糖为8%蔗糖+3%乳糖效果最好。在90℃条件下，用均质机（10～20MPa）均质二次，然后100℃，10min灭菌，快速冷却至40～43℃。

(4) 菌种的活化与驯化　由于保藏条件抑制了菌体的代谢与繁殖，菌种的活力很弱，使用前必须进行活化。活化采用菌种活化培养基每隔10h传代一次，共传代4次，制成生产发酵剂。

(5) 接种、发酵培养　将培养好的保加利亚乳杆菌和嗜热链球菌生产发酵剂以1：1的比例，接种于41～43℃的混合基料中，接种量4%，在恒温培养箱中（43℃）培养6～8h，pH 4.0 左右停止发酵，快速冷却到4℃左右。在4℃进行后发酵，然后经检验合格后即为成品。

四、质量标准

(1) 感官指标　色泽洁白，凝块均匀，基本无乳清晰出，不分层。质构细腻、酸甜爽口、香气浓郁。

(2) 理化指标　蛋白质含量≥3.0%，脂肪含量≥1.0%，酸度≥50°T。

(3) 卫生指标　大肠菌群<4个/100mL，致病菌不得检出。

实训二　全脂核桃乳饮料的加工

一、实训目的

(1) 熟悉全脂核桃乳饮料的配方及生产工艺流程，掌握控制全脂核桃乳饮料稳定性的方法。

(2) 通过全脂核桃乳饮料的加工实训，掌握植物蛋白类饮料的加工技术。

(3) 培养学生严谨的学习态度，使学生得到理论联系实际的锻炼。

二、工艺流程

原料选择→去壳→去皮→浸泡→磨浆→分离除渣→胶体磨精磨→调配→均质→真空脱气→高温瞬时灭菌→灌装→灭菌→冷却→检验→贴标→成品→贮藏

三、操作要点

(1) 去壳　手工操作，用锤子把核桃仁外面的硬壳砸破，取出核桃仁。

(2) 去皮　用0.5%的氢氧化钠溶液，在70～80℃下浸泡核桃仁10～15min，然后把核桃仁用高压水冲洗，去掉外皮。

(3) 浸泡　用20～30℃软水浸泡核桃仁2～3h，中间换水3次。

(4) 磨浆　将浸泡好的核桃仁利用磨浆机进行磨浆，同时按1∶10比例加入60～70℃的热水，分离除渣。

(5) 胶体磨细化　核桃原浆用胶体磨进一步细微化。

(6) 调配　稳定剂同5倍白砂糖混合后，加入水中，慢速搅拌，直到完全溶解，然后将其泵入配料罐中，同核桃仁原浆混合，再加入余下的白砂糖等，完全混合均匀后，加热至65℃。

(7) 均质　经过滤，在20～25MPa，加热至90℃条件下两次均质。

(8) 超高温灭菌　均质后的料液送入超高温灭菌机，加热至134℃持续2s灭菌。

(9) 无菌包装　料液送入无菌包装机进行无菌包装即为成品。

(10) 注意事项　磨浆及配料用水应选用软化水。

参考配方：

去皮核桃仁	3%	CMC	0.3%
白砂糖	7%	黄原胶	0.2%
S-13 蔗糖酯	0.05%	分子蒸馏单甘酯	0.05%

四、质量标准

(1) 感官指标　产品呈乳白色，具有清甜的核桃香味，乳液均匀，口感良好，无分层现象，长期静置后允许有少量沉淀，杂质不允许存在。

(2) 理化指标　可溶性固形物含量≥6.0%，蛋白质含量≥1%。

(3) 卫生指标　大肠菌群<4 个/100mL，致病菌不得检出。

思考题

1. 简述豆乳生产中产生豆腥味的原因及其影响因素。
2. 简述生产上去除或减轻豆腥味采取的常用措施。
3. 简述豆乳的生产工艺流程。
4. 简述发酵剂的制作方法。
5. 简述发酵酸豆乳的加工工艺流程和加工的基本原理。

第五章　瓶装饮用水加工技术

［教学目标］

1. 重点掌握饮用天然矿泉水和纯净水的定义、生产流程、操作要点。
2. 掌握天然矿泉水理化特征的表示方法、水质评价内容。
3. 了解人工矿泉水的定义及加工方法。

第一节　矿泉水饮料

矿泉水饮料的生产和消费始于欧洲，现在世界各国都把矿泉水作为健身饮料，使矿泉水身价倍增，原来没有饮用矿泉水习惯的国家，现在饮用量正迅速增加。法国每年人均消费量约 66L，比利时、瑞士、德国、意大利等国年人均消费量在 55L 以上。我国矿泉水资源丰富，但矿泉水饮料的生产和消费仍处于起步阶段，随着人们保健意识的增强，饮用天然矿泉水作为一种特殊饮料，将会受到广大消费者的欢迎。

一、概　　述

1. 天然矿泉水的定义与分类

（1）定义　世界各国对矿泉水的定义有不同描述，标准各不相同，一般是根据生产矿泉水的目的而从不同角度来定义的。我国在 GB 8537—1995 中对饮用天然矿泉水所作的定义是：饮用天然矿泉水是从地下深处自然涌出的或经人工揭露的、未受污染的地下矿水；含有一定量的矿物盐、微量元素或二氧化碳气体；在通常情况下，其化学成分、流量、温度等动态指标在天然波动范围内相对稳定。

（2）分类　天然矿泉水的分类方法很多，在生产中常按水温、酸度、化学成分、用途等进行分类。

① 按水温进行分类：国际矿产水文学根据泉水温度把矿泉水分为：冷泉（＜20℃）、低温泉（20～37℃）、温泉（37～42℃）、热泉（42℃以上）。

② 根据酸度进行分类：根据水体酸度可分为强酸性矿泉水（pH＜2）、酸性矿泉水（pH 2～4）、弱酸性矿泉水（pH 4～6）、中性矿泉水（pH 6～7.5）、弱碱性矿泉水（pH 7.5～8.5）、碱性矿泉水（pH 8.5～10）和强碱性矿泉水（pH 10 以上）。

③ 根据化学成分不同分类：按天然矿泉水中矿物质的含量可分为盐类矿泉水（矿物质含量大于1000mg/L）和淡矿泉水（矿物质含量小于1000mg/L）两类。

这两类矿泉水又可按它们所含的主要元素或气体进一步分类：

按酸根可分为碳酸氢盐型泉（HCO_3^-＞25mmol/dL）、氯化物型泉（Cl^-＞25mmol/dL）、硫酸盐型泉（SO_4^{2-}＞25mmol/dL）；

按占主导含量的金属元素（其含量已达到或超过国家标准）进行分类，可分为钠质泉（Na^+＞25mmol/dL）、钙质泉（Ca^{2+}＞25mmol/dL）、镁质泉（Mg^{2+}＞25mmol/dL）；

由两种或两种以上化合物（或单质）而命名的成分复杂的矿泉可分为氯化物碳酸氢盐泉（Cl^-＜25mmol/dL）、硫酸盐碳酸氢盐泉（$SO_4{}^{2-}$＜25mmol/dL）等；

按所含气体类型可分为碳酸型泉（所含游离CO_2＞250mg/L）、硫化氢型泉（含游离H_2S，1kg水中滴定硫量大于1mg）、放射性泉（含有氡等放射性气体）。

④ 按用途进行分类：根据天然矿泉水的用途可分为以下几种情况。

工业矿泉水：具有高矿化度（＞50g/L）或高温度（＞43℃）的矿泉水。工业上用于提取元素或化合物或利用其温度。如卤水、碘水、氟水和地热水。

农用矿泉水：具有较多硝态氮，可作为天然液体肥料。如肥水、高氮水、硝酸铵水溶液等。或利用热矿泉水进行热带养殖或特种水质养鱼。

医用矿泉水：可分为浴疗（含碘、氡、硫、砷、硫化氢等）和饮疗（镭、氡、铁、碘、锌、钙、二氧化碳等）两种，饮疗矿泉水必须符合饮用水卫生标准，但需在医师指导下进行饮疗。

饮用矿泉水：指含有人体必需的微量元素或其他对人体有益的矿物质，清洁卫生，不含致病菌和有毒物质，可直接饮用的天然矿泉水。

2. 矿泉水化学成分的形成与理化特征的表示方法

(1) 矿泉水化学成分的形成　组成天然矿泉水成分的元素可以分为四类。

① 水中溶解物质的主要部分：钾、钠、钙、镁、铁、铝、氯、硫、氮、氧、氢、碳、硅等；

② 含量不大的元素：锂、铷、锶、钡、铅、镍、锌、锰、铜、溴、碘、氟、硼、磷、砷等；

③ 稀有的含量极少的元素：铬、钴、铊、铀、铟、锗、锆、钛、钒、汞、铋、镉、钨、硒、钼、银、金、铂、锡、锑等；

④ 放射性元素：镭、钍、氡等。

矿泉水中矿物质的含量一般较稳定。

(2) 矿泉水理化特征的表示方法　矿泉水的理化特征一般采用库尔洛夫式表示：

$$SP \cdot M \cdot \frac{\text{阴离子(按含量多少顺序排)}}{\text{阳离子(按含量多少顺序排)}} \cdot \mathrm{pH} \cdot t \cdot Q$$

式中　SP——所含气体或微量元素，含量达到一定数值才可列入；

M——总矿化度（固形物成分），g/L；

pH——酸碱度；

t——矿泉水温度，℃；

Q——泉水涌出量，L/s 或 t/d。

其中阴、阳离子浓度单位为 mmol/dL。该式也可用于表示气体和特殊的元素，但一般只允许浓度在 10mmol/dL 以上的元素排列在式中。

例：某矿泉水的库尔洛夫式为

$$SP(SO_2 1.7, Zn0.006) \cdot M1.8 \cdot \frac{HCO_3^- 61、Cl^- 16、SO_4^{2-} 20}{Ca^{2+} 43.5、Mg^{2+} 25、Na^+ 12} \cdot \mathrm{pH}7.3 \cdot t37 \cdot Q280$$

表示该矿泉水中含二氧化硫 1.7g/L，锌 0.006g/L，总矿化度为 1.8g/L；阴离子为 HCO_3^- 61mmol/dL，Cl^- 16mmol/dL，SO_4^{2-} 20mmol/dL；阳离子 Ca^{2+} 43.5mmol/dL，Mg^{2+} 25mmol/dL，Na^+ 12mmol/dL；水的 pH 为 7.3，水温为 37℃，涌出量为 280t/d。

3. 对矿泉水的评价

饮用天然矿泉水是在特定的条件下形成的一种宝贵的液态矿产资源，以水中所含适宜饮用的气体成分、微量元素和其他盐类组分而区别于普通地下水资源。既然饮用天然矿泉水是一种矿产资源，其开发利用就必须遵循一套程序：第一，初步测定水样的电导度、pH、气体（着重测二氧化碳）及蒸发残渣指标，确定其是否具有饮用天然矿泉水的特征，是否有价值继续进一步的评价；第二，进行水源地质勘察评价工作，研究矿泉形成和贮存条件，研究矿泉水资源及状况，研究矿泉水物理、化学特性及运动条件；第三，进行水质和水量的评价，同时做好水源地的卫生防护工作；第四，进行矿泉水开发技术经济的评价，为开发经营者提供科学的依据，创造较佳的经济效益、资源效益和社会效益。

这里着重介绍饮用天然矿泉水的水质评价。

(1) 饮用天然矿泉水的水质评价指标　饮用天然矿泉水和一般饮用水的区别是以所含盐类、矿化度、气体成分、微量元素多少来划分的。在《饮用天然矿泉水》GB 8537—1995 中对饮用天然矿泉水的水质评价指标作了如下规定：

① 界限指标：在锂、锶、锌、溴化物、碘化物、偏硅酸、硒、游离二氧化碳、溶解性固形物九项界限指标中，必须有一项（或一项以上）指标符合表 5-1 的规定。

表 5-1　　饮用天然矿泉水水质理化要求界限指标

项目/（mg/L）	指　标
锂	≥0.20
锶	≥0.20（含量在 0.20～0.40mg/L 范围时，水温必须在 25℃以上）
锌	≥0.20
溴化物	≥1.0
碘化物	≥0.20
偏硅酸	≥25.0（含量在 25.0～30.0mg/L 范围时，水温必须在 25℃以上）
硒	≥0.010
游离二氧化碳	≥250
溶解性总固体	≥1000

② 限量指标：各项限量指标均必须符合表 5-2 的规定。

表 5-2　　矿泉水中一些元素和组分的限量指标

项目/（mg/L）	指　标
锂	<5.0
锶	<5.0
碘化物	<0.50
锌	<5.0
铜	<1.0
钡	<0.70
镉	<0.010
铬（Cr^{6+}）	<0.050
铅	<0.010
汞	<0.0010
银	<0.050
硼（以 H_3BO_3 计）	<30.0
硒	<0.050
砷	<0.050
氟化物（以 F^- 计）	<2.00
耗氧量（以 O_2 计）	<3.0
硝酸盐（以 NO_3^- 计）	<45.0
^{226}镭放射性/（Bq/L）	<1.10

③ 污染物和微生物：污染物和微生物指标必须符合表 5－3 的规定。

表 5－3　　　矿泉水微生物和污染物限定指标

	项　　目	指　　标
污染物	挥发性酚（以苯酚计）/（mg/L）	<0.002
	氰化物（以 CN^- 计）/（mg/L）	<0.010
	亚硝酸盐（以 NO_2^- 计）/（mg/L）	<0.0050
	总 β 放射性/（Bq/L）	<1.50
微生物	细菌总数/（cfu/mL）	<5（水源水），50（灌装产品）
	大肠菌群/（个/100mL）	0

④ 感官指标：感官指标应符合表 5－4 的规定。

表 5－4　　　饮用天然矿泉水感官要求

项　　目	要　　求
色度/度	≤15，并不得呈现其他异色
浑浊度/NTU	≤5
臭和味	具有本矿泉水的特征性口味，不得含有异臭、异味
肉眼可见物	允许有极少量的天然矿物盐沉淀，但不得有其他异物

（2）饮用天然矿泉水的水质评价内容

① 采样和测定：

a. 采样时间（包括丰、枯水期）；

b. 采样单位；

c. 采样方法：按《饮用天然矿泉水标准检验方法》（GB 8538—1995）规定采样；

d. 测定单位和项目，并指出现场测定的项目；

e. 测定结果：根据“《饮用天然矿泉水》GB 8537—1995 中规定的水质评价指标”列出丰、枯水期测定结果表。

② 水质评价：将丰、枯水期的水质检验结果与饮用天然矿泉水的标准进行比较，确认水质性能。

③ 水质特征：

a. 阐述界限指标及其含量范围：例如矿泉水中偏硅酸的含量为 34.1～34.4mg/L，锶的含量为 0.54～0.60mg/L，已达到了饮用天然矿泉水标准的界限指标值。

b. 矿泉水中主要阴阳离子、pH 及水温：例如某矿泉水阴离子含量以重碳酸根占绝对优势，其浓度为 81.3～83.6mmol/dL；阳离子以钠为主，其浓度为 45.1～49.1mmol/dL；水化学类型为 HCO_3^- - Na^+ 型；pH 为 6.1～6.2；水温为 20～21℃。

c. 水中含有对人体健康有益的微量元素：例如锂、锌、溴、碘、硒等。

4. 保健功能

矿泉水中含有各种矿物质、常量元素和微量元素碘、锶、锌、铁、钠、偏硅酸等。它们是由数百年上千年的矿物风化或蚀变后，被水过滤溶解所致。由于其相对分子质量小，易被人体吸收利用，也会自动调节排出体外，保持人体自由基的平衡，从而具有强身治病的功效。

最新研究表明，高矿化度的天然矿泉水能促进胆囊运动，促进胆汁分泌，中毒性肝炎患者饮用高矿化度的天然矿泉水后，会使肝功能好转，肝质地变软，肝肿大缩小。矿泉水中的锶能改善心血管功能，增加神经和肌肉的兴奋性，促进青少年的生长发育，提高智商；偏硅酸能壮骨骼，维持血管的弹性，延缓血管老化，对心血管疾病有很好的功效。

由于天然矿泉水不含任何防腐剂、色素、香料等添加剂，所以常饮有益无害。如果根据人们的身体生理需要来选购，如缺碘地区选用含碘量高的矿泉水，少儿与老人选用含钙量高的矿泉水，强体力劳动出汗多的人应选用含二氧化碳气足、钠离子含量高的矿泉水效果更佳。

二、天然矿泉水加工技术

天然矿泉水有不含二氧化碳和含二氧化碳两种，其加工工艺各不相同。

1. 工艺流程

(1) 不含二氧化碳矿泉水的加工生产工艺流程　见图 5-1。

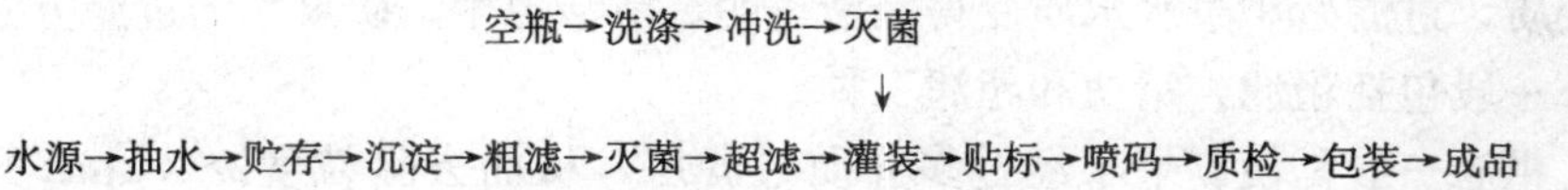

空瓶→洗涤→冲洗→灭菌
↓
水源→抽水→贮存→沉淀→粗滤→灭菌→超滤→灌装→贴标→喷码→质检→包装→成品

图 5-1　不含二氧化碳矿泉水的加工工艺流程

(2) 含二氧化碳矿泉水的加工生产流程　见图 5-2。

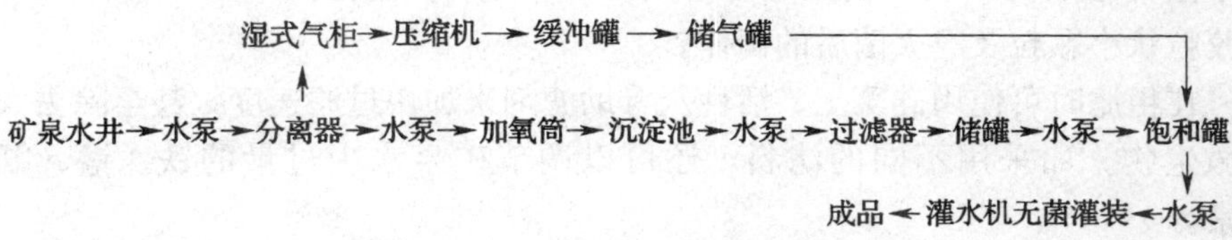

图 5-2　含二氧化碳矿泉水的加工流程

2. 操作要点

（1）引水　引水工程一般分为地下引水和地上引水两部分。地下部分主要是指从地下引取矿泉水到地上出口的部分，需对矿泉水进行封闭，避免地表水的混入。目前多采用打井引水法。地上部分是指把矿泉水从最适当深度引到最适当的地表，并进行后续加工工序的部分。在引水过程中应防止水温变化和水中气体的散失，防止周围地表水的渗入，防止空气中氧气的氧化作用及有害物质的污染。

（2）曝气　曝气是使矿泉水原水与经过净化了的空气充分接触，使其脱去空气中的二氧化碳和硫化氢等气体，并发生氧化作用，通常包括脱气和氧化两个同时进行的过程。曝气工序主要是针对二氧化碳、硫化氢以及低价态的铁、锰离子的含量较高的原水进行的，可用于生产不含二氧化碳的矿泉水，或者曝气后可以重新通入二氧化碳气体生产含气矿泉水。矿泉水出露时如果直接装瓶，由于压力降低，释放出大量二氧化碳，矿泉水由酸性溶液变为碱性溶液，同时由于氧化作用，原水中的低价铁和锰离子就会被氧化变成高价离子，形成氢氧化物絮状沉淀，矿泉水发生混浊，从而影响产品的感官质量；同时原水中硫化氢气体的存在也会给产品带来臭味；而且铁、锰离子含量过高不仅会影响产品口感，也不符合饮用水水质标准的要求。因此为了提高矿泉水的质量，需要先进行曝气，脱除其中的气体，加速氧化过程，使铁、锰等氧化沉淀，过滤除去。曝气方法主要有自然曝气法、梯栅法、喷雾法、强制通风法、焦炭盘法等。而对含气很少，铁、锰离子含量又少的矿泉水则不需要曝气。

（3）过滤　矿区水过滤的目的是除去水中的不溶性悬浮杂质和微生物，主要为泥沙、细菌、霉菌及藻类等，防止矿泉水装瓶后在贮藏过程中出现的混浊和变质，过滤后矿泉水水质变得澄清透明、清洁卫生。矿泉水的过滤方法比较多，一般包括粗滤、精滤和超滤三种。

粗滤一般是使矿泉水经过多介质过滤层，从而去除粒度＞0.2μm 的杂质（细菌、藻类及原生物、泥沙、黏土及其他不溶物质）和部分胶体杂质；精滤是用砂滤棒或微空烧结管装置过滤，滤掉悬浮物和少量微生物；超滤一般用聚砜中空纤维超滤膜技术装置过滤，截留相对分子质量范围 6000～400000，滤去胶粒状小颗粒及经灭菌后的菌体。

在粗滤时可使用硅藻土、活性炭等助滤剂来加快过滤速度，甚至除去大部分微生物。如采用不同的滤料，还可以调节矿泉水中过量的铁、锰、氟等元素。

（4）灭菌　灭菌通常采用的方法有臭氧杀菌、紫外线杀菌和氯杀菌，其中臭氧的瞬时杀菌性质优于紫外线照射和氯化，且此法不仅可以消毒，还可以除去水臭、水色以及铁和锰元素，已广泛应用于饮用天然矿泉水的消毒。臭氧的用量和使用方法的正确与否，直接影响到使用效果。对某些矿化度较高的矿泉水就应特别注意控制臭氧的用量，切勿过量使用，以免早期和后期产生沉淀。

瓶和盖的消毒采用消毒剂如双氧水、次氯酸钠、过氧乙酸、高锰酸钾等进行消毒，消毒后用无菌矿泉水冲洗，也可以用臭氧或紫外线进行消毒。

（5）充气　充气饮用矿泉水经过引水、曝气、过滤后再充入二氧化碳气体；不充气饮用矿泉水则在经过引水、曝气、过滤、灭菌后直接装瓶或因水质条件的特殊不经曝气而直接装瓶。充气的二氧化碳来源及净化处理应符合食品卫生的要求。

含气量要求各国不同。我国国标上未分含气和不含气产品，仅规定矿泉水中游离二氧化碳含量高于 250mg/L。

（6）灌装　灌装有人工灌装和机械灌装。人工灌装，产量低、速度慢、易污染，但比较灵活方便。机械灌装，可选用全自动冲瓶、灌装、封盖机，此机将冲瓶、灌装和封盖三机结合为一体，可节省能源消耗，减少操作人员，并能减少灌装过程中空气对矿泉水的污染。

三、人工矿泉水加工技术

人工矿泉水指的是用地下井、泉水或自来水经过人工矿化处理而制得的与天然矿泉水水质接近的能饮用的水。

天然矿泉水不是普遍存在的，只是在一些特定的地质构造中才可能有饮用矿泉水，而且成分也不一定完全符合人们的需要。另一方面，几乎每个地区都能找到优质泉水或地下水，用这种水进行人工矿化，可以制得类似于天然矿泉水的人工矿泉水。人工矿化的优点在于不受地区、规模限制，可以随着消费者的意愿生产出各种类型的矿泉水。

人工矿泉水的加工方法主要有直接溶化法和二氧化碳浸蚀法两种。

1. 直接溶化法

直接溶化法就是在天然水中加入一些可溶性盐，再充入二氧化碳，添加的可溶性盐一般是碳酸氢钠、氯化钙、氯化镁等。其生产工艺流程见图 5-3。

原水→氯杀菌→脱氯→调配→过滤→紫外线杀菌→灌装→封口→包装→质检→产品

图 5-3　人工矿泉水直接溶化法生产工艺流程

原水使用天然泉水、井水或自来水，先用氯杀菌，再经过活性炭塔脱氯后进入调配罐，按预定成分加入一些可溶性无机盐类（所用原料是经过药理检验能食用的原料)，再用无机陶瓷膜过滤器等进行精密过滤，滤液存入中间罐中，装瓶前再进行紫外线或臭氧杀菌。杀菌的矿泉水装入已洗净并消毒的瓶中，经压盖封口、包装而得合格的产品。在生产中用冷杀菌比热杀菌要经济。

充气人工矿泉水的做法是配料过滤后，将水冷却到 3～5℃，充入二氧化碳，冷杀菌，灌装，封口，包装。

2. 二氧化碳浸蚀法

二氧化碳浸蚀法是在压力下使含二氧化碳的原料水作用于粉状的碳酸碱土金属盐，使其转化为碳酸氢盐溶于水，制得的矿泉水阴离子中碳酸氢根占绝对优势，因此属于营养学意义上的“碱性饮料”。

二氧化碳浸蚀法是在一个密闭罐中投入石灰石、白云石、文石等碱土碳酸盐矿石粉末（作为矿化剂），通入原料水。为促使矿化剂溶解，可在罐侧装一超声波发生器。在密闭罐外安装一循环泵，使原料水连同矿石粉、外加二氧化碳一起不断循环，到达一定矿化程度后，再直接加入少量可溶性成分，再经过滤、杀菌、装瓶。矿化时进行的主要化学反应为：

$$CaCO_3 + H_2O + CO_2 \longrightarrow Ca(HCO_3)_2$$

$$MgCO_3 + H_2O + CO_2 \longrightarrow Mg(HCO_3)_2$$

二氧化碳浸蚀法的关键工序是连续矿化装置，因为它成功解决了主要成分钙镁碳酸盐的溶解问题，其他成分的溶解就很容易解决了。所以此法可用于制造各种类型的人工矿泉水。

第二节　纯净水加工技术

一、纯净水的定义及加工技术指标

纯净水是指将原水（自来水等）进行深处理，部分或完全去除无机离子（矿物质）、有机物、微粒子（包括微生物）等杂质高度精制的水，是几乎不存在杂质、离子和微生物，完全由水分子组成的一种无色、无味的水。衡量纯净水纯度的重要指标是电阻率（MΩ·cm）或电导率（μS/cm）（电阻率与电导率互为倒数）。电阻率与水中的无机离子有关，电阻率越大，水中的无机离子量越少，水的纯度越高。

纯净水包括蒸馏水、超纯水、太空水等。国家《瓶装饮用纯净水标准》（GB 17323—1998）中规定，饮用纯净水是指符合生活饮用水卫生标准的水为水源，采用蒸馏法、去离子法或离子交换法、反渗透法及其他适当的加工方法制得的，密封于容器中，不含任何添加物，可直接饮用的水。我国规定的饮用纯净水质量指标见表 5－5。

表 5-5　　饮用纯净水质量指标

理化项目	指标	微生物项目	指标
pH	5.0～7.0	菌落总数/（CFU/mL）	≤20
电导率［（25±1）℃］/（μS/cm）	≤10	大肠菌数/（MPN/100mL）	≤2
高锰酸钾消耗量（以 O_2 计）/（mg/L）	≤1.0	致病菌	不得检出
氯化物含量（以 Cl^- 计）/（mg/L）	≤6.0	霉菌	不得检出
铅含量（以 Pb 计）/（mg/L）	≤0.01	酵母菌	不得检出
砷含量（以 As 计）/（mg/L）	≤0.01	感官指标	
铜含量（以 Cu 计）/（mg/L）	≤1	色度/度	≤5（无异色）
氰化物含量（以 CN^- 计）/（mg/L）（蒸馏水加检项目）	≤0.002	浊度/NTU	≤1
挥发酚量（以苯酚计）/（mg/L）（蒸馏水加检项目）	≤0.002	臭和味	无异味、异臭
游离氯含量/（mg/L）	≤0.05	肉眼可见物	不得检出
三氯甲烷含量/（mg/L）	≤0.02		
四氯化碳含量/（mg/L）	≤0.001		
亚硝酸盐含量（以 NO^{2-} 计）/（mg/L）	≤0.002		

纯净水标准高于生活饮用水标准。饮用纯净水水质纯净，安全卫生，没有工农业和人为污染，水的表面张力大，密度高，极易被人体吸收，解渴，特别适合需要补充水分者饮用。但纯水不含任何营养成分和对人有益的各种元素，因此对正常人来说，经常饮用纯净水并无太大的实际意义。

二、纯净水加工工艺过程

由于纯净水厂的建设不像矿泉水厂建设那样有对水源考核、评价、鉴定等法定程序和地理水源的限制，同时纯净水生产工艺的广泛适应性和系统设计的灵活性，在三个月内建成一个中型纯净水厂已成为现实。几年来，纯净水的生产工艺技术有了很大的改进和提高，特别是离子交换过程的去除和臭氧消毒工艺的采用，使纯净水的口感和细菌指标得到了有效的控制。

图 5-4 所示是我国第一条纯净水生产线的工艺流程，其制水能力为 $5m^3/h$，多年来运行正常，水质符合国家有关纯净水标准。该工艺的特点是既采用了反渗透、微孔过滤、臭氧消毒等新技术，又保留了离子交换的传统除盐方法，出水水质稳定且有保证，但在操作上较复杂，且离子交换树脂再生有酸碱废液排放，污染环境。

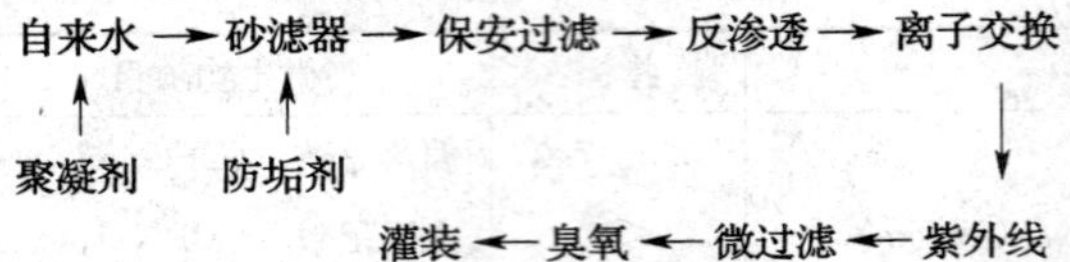

图 5-4　反渗透-离子交换-微滤（RO-IX-MF）纯净水生产工艺流程

图 5-5 所示为电渗析-离子交换-超滤联合工艺，该工艺特点是运行低压化。

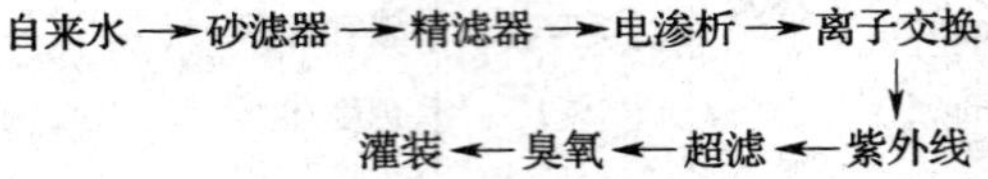

自来水 → 砂滤器 → 精滤器 → 电渗析 → 离子交换

灌装 ← 臭氧 ← 超滤 ← 紫外线

图 5-5　电渗析-离子交换-超滤（ED-IX-UF）纯净水生产工艺流程

图 5-6 所示为电渗析-反渗透联合制纯净水工艺，该工艺对污染程度较高的地表水适应性较强。

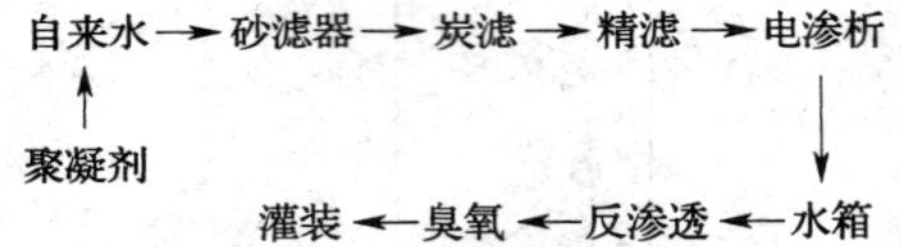

图 5-6　电渗析-反渗透（ED-RO）纯净水生产工艺流程

图 5-7 所示为针对《瓶装饮用纯净水标准》（GB 17323—1998），以我国多数城市自来水为设计依据，研究开发的二级反渗透制取纯净水工艺，这是目前最先进的工艺，该工艺技术已在许多著名的纯净水制造企业中应用（娃哈哈、康师傅、维维、正广和、养生堂等）。系统可长期稳定 24h 连续运行，制造的纯净水透明度高，口感佳，微生物指标控制安全稳定。

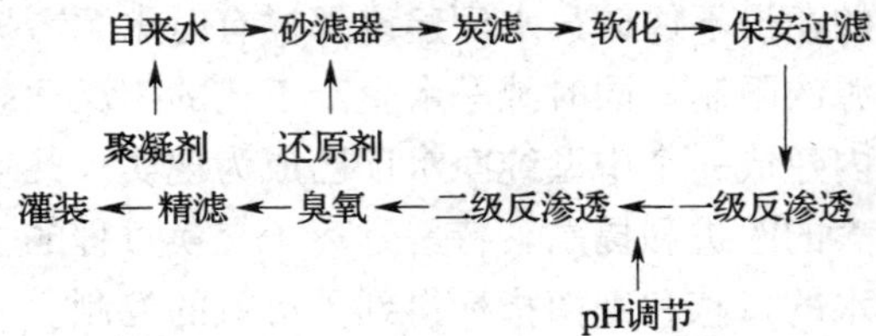

图 5-7　二级反渗透（RO-RO）纯净水生产工艺流程

三、脱盐的常用方法

作为纯净水生产的原水，生活饮用水中溶解固形物含量不超过 1000mg/L，相当于电导率不超过 120～150μS/cm。除盐的目的是除去水中的盐分，使电导率降低到 10μS/cm 以下，达到饮用纯净水标准。一般除盐的方法主要有蒸馏法、电渗析法、离子交换法、反渗透法几种。

实训　纯净水的加工

一、实训目的

(1) 在设备条件齐全的情况下，组织学生认识学习纯净水生产线，使学生了解纯净水生产的一般工艺流程。

(2) 掌握每一单元处理设备的基本原理和主要技术参数，并能够正确操作水处理系统。

二、工艺流程

1. 某小型纯净水生产线生产工艺流程

见图 5-8。

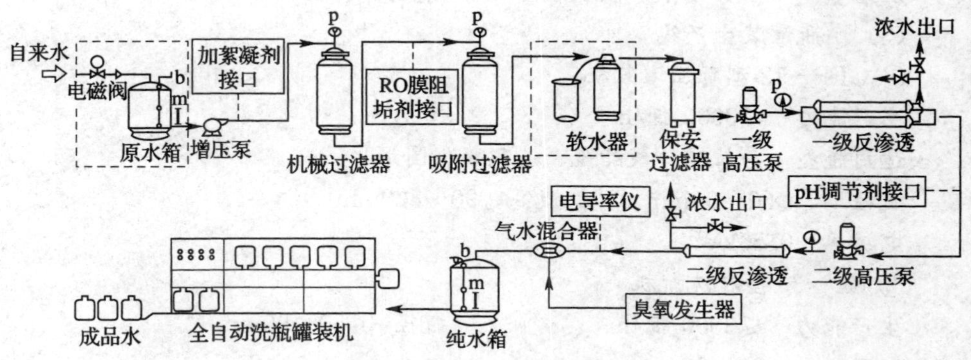

图 5-8　某纯净水生产线生产工艺流程图

2. 该纯净水生产线的主要设计要求

(1) 生产能力　2t/h。

(2) 生产方法　两级反渗透。

(3) 软化系统　要求有较大的操作弹性——原水电导率按 1000μS/cm 计算。

(4) 纯水质量要求　符合国家饮用纯净水水质要求，且要求纯水电导率 $<5\mu$S/cm。

(5) 杀菌装置　采用臭氧杀菌装置。

(6) 设置矿化水加药系统，并单独设置贮水箱 (2m^3)。

(7) 采用灌装线两套　100 桶/h 的 5gal (1gal＝3.8L) 灌装线；2000 瓶/h

的500mL灌装线。

3. 该纯净水生产线的主要技术指标

(1) RO-2000型双级反渗透制水装置

① 进水水质要求

混浊度　<3度　　颗粒<5μm

悬浮物　<3～5mg/L　　pH　2～12

温度　5～45℃　　水源水质稳定、水量充足

② 出水质量指标

pH　6～7.5　　电导率<5μS/cm

出水量　2000L/h

(2) QGF120型全自动灌装机

灌装容量　18.9L (5gal)　　桶规格　Φ276mm×490mm

生产能力　120桶/h　　电　源　380V，50Hz

用水量　饮用水2.2t/h，其中灌装2t/h，冲洗0.2t/h，自来水0.2t/h

压缩空气　压力0.45～0.7MPa　　总功率：1.74kW

(3) 小瓶灌装生产线

① GFP—12型负压灌装机

生产能力　≤3000瓶/h

适用瓶型　易拉罐、聚酯瓶、玻璃瓶（圆形）

瓶径　Φ50～90mm　　瓶高　90～320mm

电功率　0.55kW

② CP—30型冲洗瓶机

生产能力　≤3000瓶/h　　瓶径　Φ50～90mm

瓶高　90～320mm　　电功率　0.55kW

水压　0.2MPa

③ FXZ-1型旋合式封口机

生产能力　≤2400瓶/h

瓶径　Φ50～90mm　　瓶高　90～320mm

瓶口螺纹直径　Φ27.5mm　　电机功率　0.55kW

三、操作要点

(1) 检查出水管路是否畅通，原水是否充足，电路是否接通，多介质过滤器、活性炭过滤器是否处于正常的工作状态，系统中的各个阀门都应处于正确的位置，高压泵前后阀门、产水阀门、浓缩阀门应处于开启状态，而与清洗有关的阀门应处于关闭状态。

(2) 原水泵启动后，应依次打开多介质过滤器、活性炭过滤器和软水器上

的冲洗排放阀门，排放几分钟后，关闭排污阀门。

(3) 当一级高压泵进水压力达到低压保护开关所设定的压力时，一级高压泵自动启动，缓慢调整一级浓缩水阀门，使一级纯水流量达到 2.5t/h，工作压力在 1.05MPa 左右，当二级高压泵进水压力达到低压保护开关所设定的压力时，二级高压泵自动启动，缓慢调整二级浓缩水阀门，使二级纯水流量达到 2t/h，工作压力在 1.05MPa 左右，整个水处理系统即进入正常工作状态。

(4) 停机时，首先依次关闭二级浓缩水阀门、一级浓缩水阀门，然后立即关停原水泵，即可使整个系统完全停止工作。

(5) 系统正常工作时，应随时观察设备各部分的工作情况，如果各压力表和流量计出现异常波动，或出现其他异常情况时，应及时关机，出现意外情况时可把急停按钮按下，全部控制回路即可断电，查清原因后方可再次开机。

(6) 注意事项

① 整个水处理系统严禁无水运行和水量不足运行。

② 在正常状态下，产水阀必须处于开启状态，否则因背压会损坏膜元件。

③ 水处理设备应由专人负责操作，别人不得随意操作，每次开机工作，都应严格遵循系统操作说明，仔细检查，以免误操作，发生意外。

思考题

1. 饮用天然矿泉水可以分为哪几类？

2. 某矿泉水矿化度为 3.27g/L，偏硅酸含量为 0.7g/L，二氧化碳含量为 0.031g/L；各主要阴离子成分的量为 Cl^- 10mmol/dL，SO_4^{2-} 34mmol/dL，HCO_3^- 50mmol/dL；阳离子 Na^+ 71mmol/dL，Ca^{2+} 27mmol/dL，Mg^{2+} 59mmol/dL；pH 为 6.2，泉温为 52℃，涌出量为 100t/d。该矿泉水的理化特征用库尔洛夫式如何表示？

3. 为什么电导率是检测纯水纯度的主要指标？

4. 纯净水生产主要包括哪几个操作流程？

第六章　其他饮料加工技术

［教学目标］

1. 重点掌握茶饮料、固体饮料和功能性饮料的生产工艺及操作要点，初步具有控制茶饮料、功能性饮料、固体饮料的品质和分析一些常见质量问题的能力。

2. 掌握茶饮料、固体饮料、功能性饮料的分类和相关概念。

3. 了解茶饮料、功能性饮料的功能特性。

第一节　茶　饮　料

一、茶饮料概述

茶饮料是指以茶叶的提取液、茶粉、茶浓缩液为主要原料加工而成的饮料，具有茶叶的独特风味，含有天然茶多酚、咖啡碱等茶叶有效成分，兼有营养、保健功效，是清凉解渴的多功能饮料。

1. 功能、分类

茶饮料的特殊功效主要源于茶叶经热水提取并能溶于水中（茶汤）的可溶性成分。据分析，茶叶中有 500 多种化学成分，其中有机物占总物质质量的 93%～96%，是决定茶叶滋味、香气和汤色等品质特征、营养、保健、功能性作用的主要物质。茶汤中主要化学成分及功能如下：

（1）茶多酚类　茶叶的多酚类物质主要由儿茶素（占茶多酚的 60%～70%）、黄酮醇类、花青素、酚酸四类成分组成。茶多酚类在茶饮料中含量为 50～80 mg/mL，它是茶饮料中滋味鲜爽浓厚的最主要的成分之一。现代化学和药理学研究证明，茶多酚的作用有如下几个方面：

① 对自由基的清除作用：可广泛地清除体内的自由基，属极强的清除有害自由基的天然物质。

② 抗衰老作用：茶多酚能提高谷胱甘肽氧化酶和超氧化物歧化酶的活性，降低细胞的脂质过氧化物，延缓心肌脂褐素的形成，因而具有延缓细胞衰老的作用。

③ 抗辐射作用：研究表明，茶多酚对辐射损伤的保护作用途径之一是通过谷胱甘肽氧化酶和超氧化物歧化酶。

④ 抑癌作用：茶多酚抑癌作用机制与茶多酚对肿瘤细胞DNA生物合成的抑制有关，二者有明显的线性相关，即茶多酚的量越多，它对肿瘤细胞DNA生物合成抑制率越高。茶多酚的抑制作用还与内含儿茶素的量尤其是酯型儿茶素的量有密切关系。

⑤ 抗菌、杀菌作用：研究发现茶多酚对人轮状病毒Wa株有抑制作用，当茶多酚浓度在1∶8（茶多酚∶水）时，可完全抑制Wa株病毒。

（2）生物碱　茶饮料中生物碱的含量为15～25 mg/100 mL，它包括咖啡碱、可可碱、茶叶碱，其中咖啡碱占80%～90%。生物碱是茶饮料滋味、苦味及功能成分的重要组成之一。茶咖啡碱的药理作用如下：

① 兴奋作用：咖啡碱具有兴奋中枢神经系统的作用，可提高思维效率。

② 利尿作用：咖啡碱的这种作用是通过肾促进尿液中水的渗出率来实现的。咖啡碱对膀胱的刺激作用也协助利尿，同时有助于醒酒，解除乙醇毒害。

③ 强心解痉：给心脏病人喝茶，能使病人的心脏指数、脉搏指数、氧消耗和血液的吸氧量得到显著提高。这些都与茶叶中咖啡碱、茶叶碱的药理作用有关，特别是与咖啡碱的松弛平滑肌的作用密切相关。

④ 助消化作用：主要是咖啡碱的刺激作用提高了胃液的分泌量，从而增进食欲，帮助消化。

另外，茶叶中还有少量的茶叶碱和可可碱，它们也具有咖啡碱的上述作用，在兴奋中枢、兴奋心脏、松弛平滑肌、利尿等作用方面甚至比咖啡碱还要强。

（3）蛋白质和氨基酸　茶叶中的蛋白质几乎不溶于热水，仅有少量的可溶性蛋白质存在于茶汤中。茶汤中含有12种氨基酸组分，其中最主要的是茶氨酸（谷氨酰乙胺），在茶饮料中氨基酸含量为8～25 mg/100 mL，氨基酸是茶饮料滋味鲜爽的重要成分之一。

（4）可溶性糖　茶汤中的碳水化合物主要是还原糖、可溶性果胶，还有少量可溶性的淀粉。在茶饮料中可溶性糖含量为20～25 mg/100 mL，它是构成茶饮料滋味甘甜醇和的重要成分之一。

（5）色素　茶饮料中的色素组分因茶叶种类不同而异，如绿茶中主要由属于茶多酚类的呈黄绿色的黄酮醇类和花青素及花黄素组成，叶绿素不溶于水，故不构成绿茶饮料的色泽；乌龙茶和红茶饮料中其色素主要由茶多酚类的氧化产物如茶黄素、茶红素、茶褐素等组成，茶黄素和茶红素不仅构成乌龙茶和红茶饮料色泽的明亮度，而且也是茶饮料滋味鲜爽和浓厚的重要成分之一。

（6）维生素　茶叶中含有多种维生素。茶叶中含有的维生素A和维生素E，有助于保护皮肤的光洁白嫩，能减少皱纹，还可以防辐射、抗疲劳。绿茶饮料中存在着少量维生素C，而乌龙茶和红茶饮料中，由于原料茶是经过发酵工艺加工而成，维生素C在发酵过程中被大量破坏，因此，除人工添加外，乌龙茶和红茶饮料中维生素C含量极低。经过工业化生产的茶饮料中，维生素的含量会降低。

(7) 矿物质　茶叶含有几十种矿物质元素，其中大部分可溶于热水。在茶饮料中一般含有钾、钙、镁、锌、铝、锰、铁、铜、氟、锡等几十种矿物质元素，其量为 8.0～15.0 mg/100 mL，其中以钾的含量最高，占 50%～70%。可见，茶饮料也是补充人体矿物质的一种较好的来源。表 6-1 列出了茶叶中主要矿物质的含量。

表 6-1　茶叶中主要矿物质的含量

种类	茶叶中含量	种类	茶叶中含量	种类	茶叶中含量
钾	1.6%～2.5%	铁	0.05%～0.15%	碘	微量
钙	0.2%～0.8%	锌	20～65 mg/kg	镍	3.01～8.87 mg/kg
磷	0.4%～0.9%	铜	15～30 mg/kg	钒	0.56～1.11 mg/kg
镁	0.2%～0.5%	锰	0.04%～0.13%	硅	微量
硫	0.06%～0.2%	钼	4～7 mg/kg	氟	0.02%～0.17%
钠	0.05%～0.2%	铬	2～3 mg/kg	锡	微量
氯	0.05%～0.1%	钴	0.2～0.69 mg/kg	硒	0.009～0.96mg/kg

(8) 香气物质　茶叶中含有几百种香气物质，它们大部分是在制茶加工过程中形成的。按其化合物结构划分，有醇、酚、醛、酸、酯及内酯、含氮化合物、碳氢化合物、氧化物、硫化物以及酚酸类化合物等。茶叶中可溶性化学成分依不同的品种、产地、贮存时间、加工方法、季节等因素，其组成成分的含量和比例有很大的不同，从而形成了不同的品质和风味（香气、滋味、色泽）特征的茶饮料产品。因此，正确地选择茶叶原料（包括速溶茶、茶浓缩汁），是茶饮料加工的关键技术之一。

茶饮料按其原辅料不同分为茶汤饮料和调味茶饮料，茶汤饮料又分为浓茶型和淡茶型，调味茶饮料还可分为果味茶饮料、果汁茶饮料、碳酸茶饮料、乳味茶饮料及其他茶饮料；按原料茶叶的类型又可分为红茶饮料、乌龙茶饮料、绿茶饮料和花茶饮料。按我国软饮料分类的国家标准和茶饮料轻工行业标准规定，茶汤饮料是指以茶叶的水提取液或其浓缩液、速溶茶粉为原料，经加工制成的，保持原茶类应有风味的茶饮料；果汁茶饮料是指在茶汤中加入水、原果汁（或浓缩果汁）、糖液、酸味剂等调制而成的制品，成品中原果汁含量不低于 5.0%；果味茶饮料是指在茶汤中加入水、食用香精、糖液、酸味剂等调制而成的制品；碳酸茶饮料是指在茶汤中加入水、糖液等经调味后充入二氧化碳的制品；乳味茶饮料是指在茶汤中加入水、鲜乳或乳制品、糖液等调制而成的茶饮料；其他茶饮料是指在茶汤中加入植（谷）物提取液、糖液、酸味剂等调制而成的制品。

2. 产品质量标准

根据 GB 2760—1996 及行业标准，茶饮料产品的质量标准必须符合以下要求。

（1）感官指标　见表 6－2 所示。

表 6－2　　茶饮料感官要求

项目		纯茶饮料	调味茶饮料				功能茶饮料
			果味茶饮料	果汁茶饮料	碳酸茶饮料	含乳茶饮料	
色泽	乌龙茶、红茶	呈棕红色	呈红棕色	具有该品种果汁和茶应有的混合色泽	呈红棕色或该品种应有的色泽	具有浅绿或浅棕的乳白色	具有该品种应有的色泽
	绿茶	呈黄绿色	呈黄绿色				
香气与滋味		具有该茶种应有的芳香味，略带苦涩味	具有类似该品种果汁和茶的混合香气和滋味，酸甜适口	具有该品种果汁和茶的混合香气和滋味，酸甜适口	具有该品种应有的香气和滋味，酸甜适口，爽口，有清凉感	具有该品种乳和茶的混合香气和滋味，酸甜适口	具有该品种应有的香气和滋味，无异味，味感纯正

（2）理化指标　见表 6－3 所示。

表 6－3　　茶饮料理化指标

项　　目		纯茶饮料	调味茶饮料				功能茶饮料
			果味茶饮料	果汁茶饮料	碳酸气茶饮料	含乳茶饮料	
可溶性固型物含量（20℃折光计法）/%≥		0.5	4.5	4.5	4.5	4.5	4.5
总酸含量（以 1 分子水柠檬酸计）/（g/L）≥		—	0.6	0.6	0.6	—	—
pH		5.0～7.5	<4.5	<4.5	<4.5	5.0～7.5	—
茶多酚含量/（mg/L）≥	绿茶	450	200	200	100	200	200
	乌龙茶	400					
	红茶	300					

续表

项　　目		纯茶饮料	调味茶饮料				功能茶饮料
			果味茶饮料	果汁茶饮料	碳酸气茶饮料	含乳茶饮料	
咖啡因含量/(mg/L)⩾	绿茶	100	40	40	20	40	40
	乌龙茶	100					
	红茶	100					
二氧化碳气容量(20℃时体积倍数)⩾		—	—	—	2.5	—	—
果汁含量/%⩾		—	—	5.0	—	—	—
蛋白质含量/%⩾		—	—	—	—	1.0	—
外观		清澈透明	清澈透明或略带混浊，允许有少量果肉沉淀		清澈透明	乳汁液久置后允许有少量沉淀，振荡后恢复原浊液	清澈透明或略带混浊
杂质		无肉眼可见的外来杂质					
食品添加剂		按 GB 2760—1996 规定					

(3) 卫生指标　见表 6 - 4 所示。

表 6 - 4　　茶饮料卫生指标

项　　目	指　　标
砷含量（以 As 计）/（mg/L）	⩽0.2
铅含量（以 Pb 计）/（mg/L）	⩽0.3
铜含量（以 Cu 计）/（mg/L）	⩽5.0
菌落总数/（个/mL）	⩽5
大肠菌群/（个/100mL）	⩽3
霉菌、酵母菌数/（个/mL）	⩽10
致病菌	不得检出

二、茶叶原料及中草药选用

茶被称之为天然植物中的绿色金子。我国是茶树原产地，距今五六千年前的仰韶文化时代就有野生茶树。茶叶因其特殊的保健功效得到了劳动人民的重视而广泛种植，茶叶也从治病的药物逐渐发展为日常饮料，并形成了饮茶文化。随着科学技术的发展，类似茶饮料炮制的饮料类型也发生了许多变化，大量的植物类作物被当作一种新型的饮料资源正在悄然崛起，尤其是一部分中草药保健饮品备受人们的欢迎。比如杜仲茶、银杏茶等就是很好的实例。这里仅谈谈关于利用茶叶制作饮料和利用中草药制作饮料时，在原料选择时应该注意的几个问题。

1. 茶叶

茶叶是加工茶饮料的主要原料，常用的有红茶、绿茶、花茶和乌龙茶等。一般以 3～4 级为主，1～2 级因价格偏高而少用。用于加工茶饮料的茶叶应符合以下要求：

(1) 当年加工的新茶，品质好，感官评审中无烟味、焦味、酸味、馊味和其他异味。

(2) 不含茶类夹杂物质及非茶类物质。

(3) 无金属及化学污染，没有农药残留物质或不超过相应标准。

(4) 干茶色泽正常，冲泡后液体茶符合该级别标准。茶香正常。

(5) 茶叶中主要成分保存完好，或者基本完好。

2. 中草药

中草药主要是在加工保健型或多味茶饮料时使用，常用的是一些药食同源品。具体添加种类及数量，应视饮料的饮用目的和作用而定。选择时应注意以下几点：

(1) 中草药的性味要与茶叶一致或基本一致。

(2) 中草药的功用要突出。

(3) 不含有毒及有害成分。

(4) 最好选用花、叶类，少用或不用根茎类，特别是难以加工的块茎类中药最好不用。

三、茶饮料加工技术

1. 工艺流程

茶叶→热浸提→过滤→冷却→精滤→调配→过滤→加热→灌装→封罐→杀菌→冷却→检验→成品

2. 操作要点

(1) 茶浸提液的制备　选择茶叶时应注意原料茶种类和产地的不同，采取搭配的形式。浸提用水的质量会影响茶香及引起茶液混浊，应该用去离子水。浸提时一般采用带搅拌的浸提装置和大型茶袋上下浸提装置，也可采用加压热水喷射浸提或逆流浸提设备。浸提温度一般控制在 85～95℃，时间 10～15 min。浸提后滤去茶渣，迅速冷却，再精滤。

（2）调配、过滤　精滤后的茶浸提液，稀释至适当浓度，按制品的类型要求，可不添加任何其他配料制成单一茶饮料，也可加入糖、酸味剂、原果汁（或浓缩果汁）、香精、香料及非果蔬植物提取液等配料制成其他类型的茶饮料，如果汁茶饮料、果味茶饮料等。调配后过滤，除去可能存在的沉淀物。

（3）加热灌装　过滤后的混合液经板式热交换器加热至85～95℃进行热灌装。PET瓶或纸包装则是采用UHT杀菌，冷却后进行无菌灌装。茶饮料的灌装容器有金属罐、纸盒和PET瓶等。

（4）杀菌　茶饮料属于低酸性饮料，pH在6.0以上，要采用高温杀菌。单一茶饮料采用121℃、5min以上或115℃、15min的杀菌工艺，可达到预期杀菌效果。其他茶饮料根据产品所含配料的不同而采取不同的杀菌工艺。例如含乳制品或含谷物提取液的乳茶及麦香乳茶等，需采用121℃、30min的杀菌工艺；含果汁的果汁茶饮料类则因含果汁而呈酸性，可适当降低杀菌温度。

第二节　固 体 饮 料

一、固体饮料的定义、分类

由于真空干燥技术的进步及现代人生活习惯的改变，现已进入了速溶食品时代。随着新品种、新工艺、新包装的发展，固体饮料不论是在品种上还是在产品质量上都已有了很大的提高，在美国、西欧、日本等国家，固体饮料产量年增长率均在10%以上，在我国也有了很大的发展，已为大多数人所接受。目前，固体饮料正朝着营养全面化、品种多样化、使用方便化的方向发展。

1. 固体饮料定义

固体饮料，是指水分含量在5%以下，具有一定形状，如颗粒状、片状、块状、粉末状等，经水冲溶后即可饮用的饮料。

固体饮料是由液体饮料除去水分而制成的。与液体饮料相比，固体饮料的重量轻，体积小，而且速溶性好，应用范围广，便于运输和携带；另一方面，由于固体饮料的含水量低，因而具有良好的耐保存性。

固体饮料经水冲溶后应呈澄清或均匀混浊的液体，无肉眼可见的杂质，具有该品种特有的色泽、香气和滋味，无结块，无刺激性、焦煳及其他异味。

固体饮料的生产方法与一般的饮料有所不同，是以某种原料为主，配以多种辅料（或不加辅料）加工制成的。

2. 固体饮料的分类

固体饮料根据其主要原料的不同，可分为三类：

（1）果汁型固体饮料　也称果香型固体饮料，是以糖、果汁（或不加果汁）、食用香精香料、食用色素等为主要原料制成的制品。按其原汁含量又可分为果汁型固体饮料和果味型固体饮料两种。

（2）蛋乳型固体饮料　是以糖、乳及乳制品、蛋及蛋制品或植物蛋白等为主要原料制成的制品。

（3）其他型固体饮料

① 是以糖为主，配以咖啡、可可、香精以及乳制品等原料制成的制品，其蛋白质含量低于蛋白型固体饮料的规定标准。

② 是以植物的根、茎、叶、花、果为主要原料，经提取、浓缩（或不浓缩）、干燥等工序制成的制品。

固体饮料的其他分类：按成品的形态分为粉末型固体饮料、颗粒型固体饮料、片剂型固体饮料、块状型固体饮料、其他型固体饮料，按成品的特性分为营养型固体饮料、清凉型固体饮料、嗜好型固体饮料、功能型固体饮料。

二、果汁型固体饮料加工技术

果汁型固体饮料中原果汁含量一般在20%左右，甚至全部由原果汁制造而成，其色、香、味主要来自于天然果汁；果味型固体饮料中几乎不含原果汁，一般是由糖、营养强化剂、酸味剂、香料、色素等混合而成的，其色、香、味主要来自于人工调配。果汁型和果味型固体饮料在质量要求、所需原材料、设备和工艺操作等方面基本上是相似的。

果汁型固体饮料是夏天防暑降温的佳品，可将其用8～10倍的冷、热水冲溶后饮用，如同饮用鲜果汁一般酸甜可口，使人感觉到舒适愉快。如果用冷水冲溶后放置在冰箱中冷却后再饮用，口感会更加凉爽怡人，因此每年的夏秋季节为其销售旺季。

1. 工艺流程

配料→合料→成型→脱水→过筛→检验→包装→成品

在发达国家常采用高效的粉碎机和混合机将固体饮料的各种原料成分粉碎得很细后过筛，精度很高，再在干燥的条件下将各种组分按配方彻底混合，直接成为一种粉状产品，可不需成型和烘干。国内则是将各种原料按配方先配成浆料后再进行成型、烘干等工序。

2. 操作要点

（1）配料　果汁型固体饮料的主要原料有甜味剂、酸味剂、香精、果汁（或不加果汁）、食用色素、麦芽糊精、稳定剂等。

甜味剂为主要成分，在果味型固体饮料中甚至可高达95%，它主要是赋予产品甜美感，同时也是填充料。甜味剂主要有蔗糖、葡萄糖、果糖、麦芽糖等，其中最常用的是蔗糖，要求外观应洁白、干爽、晶体大小一致、无杂质、无异味。

酸味剂能使产品具有酸味，有调味和促进食欲等作用。酸味剂主要有柠檬酸、苹果酸、酒石酸等，其中最常用的是柠檬酸，口味纯正平和，还可配以柠檬酸钠，以调节柠檬酸的涩感，使酸味更为柔和，并调节产品的酸度。

香精和色素根据固体饮料的品种决定。香精应具有各种鲜果，如甜橙、柠檬、苹果、葡萄等的香气和滋味，最好使用粉末香精，必须溶解于水且香气浓郁无刺激，用量一般为 0.5%～0.8%。色素可用人工合成色素和天然色素，天然食用色素较为安全可靠，但稳定性较差，易变色，有一定异味，价格也较贵，目前大多使用的仍是人工合成色素，其品种和用量应符合国家食品添加剂使用卫生标准。

果汁除了使产品具有相应鲜果的色、香、味外还应提供人体必需的多种营养素。由于果汁中含有大量的有机酸和酚类物质，应注意避免与铜、铁等金属容器接触，一般使用不锈钢的设备和容器，而且操作速度要快，温度要尽可能低，尽量减少与空气的接触，以保证果汁的品质。果汁型固体饮料在生产上一般选用浓缩果汁，使用时再将浓缩果汁经加水稀释、均质、过滤等还原成原果汁。

麦芽糊精可以提高饮料的黏稠性和降低饮料的甜度，也具有混浊剂的作用，使产品给人以鲜果汁的真实感。但若饮料需要较高的甜度或较高的透明度时，则不必添加麦芽糊精。麦芽糊精还可作为香精的包埋物质，使香精固体化。

稳定剂可用来改善和稳定产品的物理状态。常用的增稠剂有羧甲基纤维素钠、明胶、卡拉胶、海藻酸钠等，常用的乳化剂有单硬脂酸甘油酯、蔗糖酯、复合乳化剂等。

（2）合料　合料是果汁型固体饮料生产中的重要环节，在操作时应特别注意以下几点：

① 按配方投料：果味型固体饮料的一般配方是：蔗糖 97%（或加入一部分的麦芽糊精），柠檬酸或其他食用酸 1%，各种香精香料 0.8%，食用色素应符合国家食品添加剂使用卫生标准。果汁型固体饮料的配方基本上与果味型固体饮料相似，只是以果汁取代全部或绝大部分的香精、柠檬酸，食用色素可以不用或少用。

② 果汁的浓度：可选用原果汁或浓缩果汁，但果汁浓度的高低须根据果汁固体饮料生产工艺而定。若采用喷雾干燥法或浆料真空干燥法，果汁浓度可低一些，否则果汁的浓度要尽可能地高，一般要求达到 40°Bé，以使饮料尽量多一些果汁成分。如果制造果汁粉，则不需将浓缩果汁还原成原果汁，可直接

利用浓缩果汁加少量辅料经真空发泡干燥或喷雾干燥而制成。

③ 粉碎：砂糖必须先用粉碎机粉碎为能通过 80～100 目筛的细粉后再投料，以保证合料均匀，避免产品出现色点及硬块。若需加入麦芽糊精，也须先经筛子筛出，再继糖粉之后投料。

④ 色素和柠檬酸须溶解：食用色素和柠檬酸须分别用水溶解后分别投料，再投入香精，搅拌混合。

⑤ 用水量：投入混合机的全部用水，须严格控制在全部投料的 5%～7%。全部用水包括了用以溶解食用色素和溶解柠檬酸的水，也包括香精。用水过多，则成型机不好操作，且成型后颗粒坚硬，影响质量；用水过少，则产品无法形成颗粒，只能成为粉末，不符合质量要求。如果用果汁取代香精，则果汁浓度应尽量高，并且绝对不能加水合料。

(3) 成型　成型是将混合均匀、干湿适度的坯料放进颗粒成型机中进行造型形成颗粒状，再由成型机出料口盛入料盘中。成型颗粒的大小与成型机筛网孔眼的大小有直接关系，必须合理选用，一般以 6～8 目为宜。

(4) 脱水　将成型后料盘中的颗粒坯料放进干燥箱脱水干燥。料层的厚度应控制在 15mm 以下，干燥箱烘烤温度应保持在 80～85℃，以使产品具有较好的色、香、味。

通常采用蒸汽真空干燥法、热风沸腾干燥法和远红外加热干燥法，设备投资少，工艺操作简单，能源消耗少，产品成本相应降低。有时根据工艺路线也可采用喷雾干燥法及浆料真空干燥法，但这两种方法所需设备投资比较大，工艺操作复杂，能源消耗较多，产品成本比较高，很少被采用。对于果汁型固体饮料还可采用冷冻干燥法以减少原果汁中营养成分的损失。

(5) 过筛　将干燥后的产品通过 6～8 目筛进行筛选，以除去较大的颗粒及少数结块或太细的粉末，使产品的颗粒大小均匀一致，提高产品质量。

(6) 检验　果汁型固体饮料的产品质量标准如下：

① 感官指标：

色泽：冲溶前无色素颗粒，冲溶后应具有相应鲜果的色泽。

杂质：无肉眼可见的外来杂质。

冲调性：溶解快。果味型应透明清晰，果汁型允许均匀混浊和有微量果屑。

香味：具有该品种应有的香气及滋味，不得有异味。

外观形态：颗粒状产品应为疏松、均匀小颗粒，无结块；粉末状产品应为疏松的粉末，无颗粒、结块。

② 理化指标：

水分：颗粒状≤2%，粉末状≤5%

铜含量：≤10.0mg/kg

铅含量：≤1.0mg/kg

砷含量：≤0.5mg/kg

添加剂：按 GB 2760—1996 执行

溶解时间：≤60s

颗粒度：≥85%

酸度：1.0%～2.5%

③ 微生物指标：

细菌总数：≤1000 个/g

大肠菌群：≤30 个/100g

致病菌：不得检出

（7）包装　经过检验合格的产品，冷却至室温后再进行包装，否则若在产品温度较高的情况下就进行包装，产品容易回潮而引起一系列的质变。另外，包装也应紧密，不然也会引起产品的变质回潮。果汁型固体饮料，一般多采用复合薄膜袋装和马口铁听装，也可选用玻璃瓶装，用封罐机或封口机等进行密封。包装应美观完整，清洁无污染，封口严密，重量准确。

三、蛋乳型固体饮料加工技术

蛋乳型固体饮料是指含有蛋白质和脂肪的固体饮料，其主要共性原料是砂糖、乳及乳制品、蛋及蛋制品或植物蛋白等。在这些共性原料的基础上再加上麦精、可可粉、各种维生素以及人参浸膏、银耳浓浆等营养强化剂，则成为麦乳精、可可型麦乳精、多维强化麦乳精、人参乳精、银耳乳精等产品。麦乳精具有较浓厚的麦芽香，蛋白质和脂肪的含量较高；乳晶则蛋白质和脂肪的含量较低，有添加物的独特滋味。这些产品均系经过配料、混合、乳化、脱气、干燥等工序制成的疏松多孔、成鳞片状或颗粒状的含有蛋白质和脂肪的固体饮料，具有良好的冲溶性、分散性和稳定性。用 8～10 倍的开水冲饮即成为各具独特滋味的含蛋乳饮料，具有增加热量和滋补营养的功效，适宜于老弱病人饮用，但不宜作婴幼儿代乳品。此外，利用大豆、花生、杏仁等含有丰富蛋白质和脂肪的植物原料，也可生产植物蛋白固体饮料。

1. 工艺流程

蛋乳型固体饮料生产工艺基本上可分为真空干燥法和喷雾干燥法。真空干燥法的应用较为普遍，喷雾干燥法则与乳粉的生产相似，在此介绍真空干燥法的工艺流程。

化糖＋配浆→混合→乳化→脱气→分盘→干燥→轧碎→检验→包装→检验→成品

2. 操作要点

（1）化糖　在化糖锅中将各种糖料溶化。化糖锅一般采用夹层锅，内壁为不锈钢的，有搅拌桨叶便于搅匀各种糖料以加速溶化，夹层内用蒸汽加热。先在化糖锅中加入适量的水，化糖水量一般为25%～30%，然后按照配方加入砂糖、葡萄糖、麦精及其他添加物如人参浸膏、银耳浓浆等，在90～95℃条件下搅拌，使之全部溶解，再用40～60目筛网过滤后投入混合锅中，待温度降至70～80℃时，在搅拌的情况下加入适量碳酸氢钠，以中和各种原料可能引起的酸度，防止在混合时与乳浆中的蛋白质作用发生凝结现象。碳酸氢钠的加入量应随各种原料的酸度高低而定，一般为原料总量的0.2%左右。

（2）配浆　在配浆锅中将炼乳、乳粉、蛋黄粉、可可粉、奶油等配料调配成乳浆，配浆锅的结构与材质与化糖锅基本相同。炼乳是以新鲜全脂牛乳加糖经真空浓缩而制成，应呈淡黄色，无杂质沉渣，无异味及酸败现象，不得有霉斑及病原菌。乳粉为鲜乳经喷雾干燥法而制成的全脂乳粉，为淡黄色粉状，无结块及发霉现象，无异味，有明显的乳香味。蛋黄粉是以新鲜蛋黄或与冰蛋黄混合均匀后经喷雾干燥而成，为黄色粉状，应气味正常，无苦味及其他异味，溶解度要良好。可可粉是以新鲜可可豆发酵干燥后加工而成，呈深棕色，有天然可可香，无不良气味，用于可可型麦乳精，用量约占全部原料的7%。奶油是由鲜乳脱脂所得的乳脂加工而成，为淡黄色，无异味，无霉斑。乳粉、蛋粉、可可粉应先经40～60目筛过滤，以避免有硬块进入锅中而影响产品的质量。奶油也应预先熔化。先在配浆锅中加入适量的水，然后按照配方加入炼乳、乳粉、蛋粉、可可粉、奶油等配料，待温度升至70℃左右时搅拌混合，混合均匀后经40～60目筛网过滤进入混合锅。

（3）混合　混合锅的结构和材质与上述两锅基本相同。将糖液与乳浆在混合锅中充分混合，并加入适量的柠檬酸以突出乳香及提高乳的热稳定性。柠檬酸用量一般为全部投料的0.002%。混合料温度应保持在65℃以上，以达到杀菌的目的，同时也可减少蛋白质的热变性。

（4）乳化　乳化的主要作用是使浆料中的脂肪球破碎成尽量小的微粒，以增大脂肪球的总表面积，减缓或防止脂肪分离，从而大大地提高和改善产品的乳化性和稳定性。一般采用高压均质机、胶体磨或超声波乳化机，须进行两道以上的乳化，使浆料中的大脂肪球被打碎，均一地分散在浆液中，不易上浮和分层。

（5）脱气　浆料在混合和乳化过程中会混入大量的空气，若不加以排除，则浆料在干燥过程中将会发生气泡翻滚现象，使浆料在烘盘中逸出而造成损失，并影响干燥过程。因此，干燥前必须将浆料在浓缩罐中脱气用以排除浆料中混入的空气，同时还可调整浆料在烘烤前的水分。浓缩脱气所需的真空度为96kPa，蒸汽压力控制在0.1～0.2MPa以内。当从观察孔中看到浓缩锅内的浆料不再有气泡翻滚时，则说明脱气已完成。脱气后浆料水分控制在28%左右，以利于分盘干燥。

(6) 分盘　分盘就是将脱气完毕且水分含量合适的浆料分装于烘盘中。每盘数量须根据烘干设备的具体性能及其他实际操作条件而定，盘中浆料厚度一般为0.7～1.0cm。

(7) 干燥　真空干燥法具有水分蒸发快、干燥温度低等优点。装料后烘盘放置在干燥箱内的蒸汽排管上或蒸汽薄板上，进行加热干燥。干燥初期，真空度保持在90～95kPa，随后提高到96～98.6kPa，蒸汽压力控制在0.15～0.2MPa，干燥时间为90～100min。干燥完成后，不能立即消除真空，必须先停止蒸汽，然后放进冷却水冷却约30min，待物料温度下降以后，才能消除真空，再出料。全过程需时120～130min。

(8) 轧碎　干燥完成后的产品为蜂窝状的整块，应放进轧碎机中轧碎，以使产品基本上保持均匀一致的鳞片状。在轧碎过程中，应进行严格的卫生管理，防止来自工作环境的二次污染。所有与产品接触的机件、容器及工具等均须保持洁净，工作场所要有空调设备以保持温度为20～25℃、相对湿度40%～45%，从而避免产品因吸潮而影响质量，并有利于进行正常的包装操作。

(9) 检验　产品在轧碎后包装前的检验应按照质量要求抽样检验，包装后的检验则着重检验成品的质量。

蛋乳型固体饮料的产品质量标准如下：

① 感官指标：

色泽：基本均匀一致，带有光泽。可可型呈棕红色到棕褐色，强化型呈乳白色到乳黄色。

组织状态：颗粒疏松，多孔状，无结块。

冲调性：溶解较快，呈均匀乳浊液，无上浮物。可可型允许有少量可可粉沉淀。

滋味气味：可可型应具有牛乳、麦精、可可等复合的滋味气味，强化型应具有牛乳、麦精和维生素添加物的滋味。甜度适中，无其他异味。

② 理化指标：

水分：≤2.5%

溶解度：可可型≥90%，强化型≥95%

质量体积：真空法≥195cm^3/100g，喷雾法≥160cm^3/100g

蛋白质：可可型≥8%，强化型≥7%

脂肪：≥9%

总糖：65%～70%（其中蔗糖46%～49%）

灰分：≤2.5%

重金属：铅≤0.5mg/kg，砷≤0.5mg/kg

强化剂：维生素 A＞1500IU/100g，维生素 B_1＞1.5mg/100g，维生素 D＞500IU/100g

③ 微生物指标：

细菌总数：＜20000 个/g

大肠菌群：＜40 个/100g

致病菌：不得检出

④ 其他指标：

DDT、六六六农药残留量：暂作为内控指标。

保存期：听装 1 年，玻璃瓶半年，塑料袋 3 个月。

质量误差：500g 以下（含 500g）±1%，500g 以上±5%。

（10）包装　检验合格的产品，在空调情况下进行包装。包装时一般应保持温度为 20～25℃、相对湿度 40%～45%。

四、其他类型固体饮料加工技术

除了果汁型固体饮料和蛋乳型固体饮料外，其他的固体饮料都归入其他类型固体饮料。其他类型的固体饮料种类很多，主要包括：

① 嗜好性的固体饮料：如茶、咖啡、可可等。茶、咖啡、可可是世界三大饮料，由于它们含有不同的生物碱，从而具有兴奋神经、消除疲劳、提高工作效率、消食等功效。茶是我国传统的日常饮料，还具有一定的保健作用。咖啡、可可在国外尤其是欧美为人们生活的必需品，在我国也逐渐地被人们所接受和喜爱。

② 具有一定疗效的保健固体饮料：如菊花晶、金银花晶等。这类饮料的共同特点就是采用既可食用、又有一定疗效的植物性的花、果、根等作为原料，用水或其他可食用、易分离的溶剂提取其有效成分，除去残渣，再将浸出液中的溶剂蒸馏回收，然后将除掉溶剂的浸出液浓缩至一定浓度后作为原料与糖粉混合，再经成型、烘干、包装等工序，即成为成品。

③ 具有补血效果的固体饮料：如血补乐、果王补血晶等。缺铁性贫血是世界各地常见的营养缺乏病之一，因而强化铁质的固体饮料也就应运而生。防治缺铁性贫血的补血饮料其最大的特点是在饮料中添加了 Fe^{2+}，还可添加维生素 C 及调节 pH 以促进 Fe^{2+} 的吸收。常用的铁强化剂有乳酸亚铁、蚁酸亚铁、硫酸亚铁等。

④ 经冲溶后再冷却能形成凝胶的固体饮料：如啫喱粉、冰淇淋粉等。啫喱（jeuy）是一种粉状固体饮料，用 6～7 倍的热开水冲溶后，放置于冰箱内或在 5℃以下的室温中约 0.5h，即生成凝胶。其主要成分是砂糖、果酸、水果

香精、食用色素和动物胶，为了稳定胶质在酸性溶液中的凝胶作用，还应适当加入食盐、柠檬酸钠等盐类作为缓冲剂。在生产中，动物胶的质量和用量非常重要，一定要选用食用级明胶，其最佳用量应为产品配料量的13.5%，过少不易形成凝胶，过多则使饮品感到硬结且成本增高。如果原料中有果汁，则可适当少用甚至不用果酸、水果香精和食用色素。其生产工艺与果汁型固体饮料的相同。

⑤ 经冲溶后能产生气体的固体饮料：如固体汽水等。固体汽水是一种用水冲溶时能产生1～2倍二氧化碳气体的固体饮料，实际上是含气的果汁型固体饮料。在冲溶时所产生的二氧化碳气体的含气量已接近于瓶装或听装果汁汽水的含气量（果汁汽水的含气量为2.5倍），故称之为固体汽水。固体汽水的生产工艺简单，以甜味料、酸味料、赋香料、着色料和产气物料作为基本原料，先将各种原料精细粉碎，细度达几分之一微米以内，再进行精细混合，使各种原料能充分地混合在一起，最后严格密封包装即可。为防止产品在长期保存时饮料颗粒相互粘结成块或发生化学反应，在实际生产中，在造粒成型后，可在其颗粒表面涂包赋形剂和起泡剂的混合物，这样不仅可以抑制长期保存时的吸湿现象，还可在冲饮时，待覆盖在颗粒表面的混合物分散后颗粒才溶解分散，使得产品经过较长时间保存后，仍能在冲饮时产生较多气体，起泡性好，起泡均匀，气泡保持性好、不逸散，并且饮料口感清晰，味道纯正。

除了以上的固体饮料外，还有固体酒、固体蜂蜜、带有咸味的鸡汁固体饮料、牛肉汁固体饮料等等。需要指出的是采用微胶囊技术生产的固体饮料。微胶囊是利用壁材（包膜）将固体、液体和气体原料作为芯材包裹在一个微小的密闭的胶囊之中，使之在一定条件下可以有控制地将所包裹的原料释放出来。目前微胶囊技术已在食品、香料、医药等许多行业有广泛的应用，在美国约有60%的固体饮料采用微胶囊工艺生产。采用微胶囊技术生产的固体饮料，所得颗粒均匀一致，在冷、热水中均能迅速溶解，均匀分布，色泽与新鲜的果汁相似，香气不易挥发，产品能长期保存，具有广大的发展前景。随着科学技术的发展，利用新技术，采用新原料，新开发的固体饮料产品也必将越来越丰富。

以下介绍菊花晶的生产工艺。

1. 工艺流程

干菊花→粗粉碎→提取→过滤→真空浓缩→合料→造粒→干燥→包装→成品

2. 操作要点

（1）粗粉碎　菊花是一种传统饮料的原料，有独特、浓郁、稳定的芳香，有疏风、清热、明目、解毒的功能。在提取之前应先将干菊花撕开，再进行粗粉碎，以提高提取率。但要注意不应粉碎过细，否则也会影响到提取率。

（2）提取　可利用各组分在溶剂中溶解度的差异而将菊花中的有用成分提

取出来。应选用合适的溶剂，要求：① 无毒无害；② 不影响产品的味道；③ 有较好的浸提效果；④ 货源丰富、价格便宜；⑤ 回收容易。在浸提菊花时大多使用35%的乙醇作为提取溶剂，也可用水作溶剂，或采用二氧化碳超临界提取法提取浸出液。采取连续逆流提取方式进行提取，得到固形物为4%的提取液。

(3) 过滤　将提取液过滤。过滤后的滤渣可进行压榨以回收部分的菊花汁，再回流加以重新利用。

(4) 真空浓缩　滤液经真空浓缩至固形物达到40%为宜。若使用乙醇作为提取溶剂，则蒸发出的乙醇可回收重利用。

(5) 合料、造粒、干燥　将蔗糖与浓缩提取液按10∶1的比例搅拌均匀，使蔗糖充分溶解，同时按配方加入其他的辅料，控制物料的含水量为8%～12%。合料后送入造粒机，造粒机的筛网以10目为宜。然后再经流化床沸腾干燥、筛分、冷却后包装即可。

第三节　功能性饮料

一、功能性饮料的定义、分类

随着社会经济的发展和生活水平的提高，人们对生活的质量和自身的营养保健越来越关注，但是由于工业的发展所带来的环境污染，以及现代生活节奏的加快、工作和精神的高度紧张所造成的营养失衡，使得功能性食品逐步为人们所认同和接受，并取得了应有的地位。功能性饮料是功能性食品的一个分支，在人们日渐注重健康的潮流下，天然、营养、美味可口、有益健康是饮料工业今后重点发展的方向。目前，功能性保健饮料已成为一种消费新趋势，像无糖饮料、运动饮料、矿物质饮料等品种已得到开发和发展，市场潜力极大。

1. 功能性饮料的定义

功能性饮料是指具有增强免疫能力、调节生理活动、预防疾病和促进健康作用的饮料。我们在前面所介绍过的果蔬汁饮料和蛋白质饮料、矿泉水等在某种意义上来说都是功能性饮料。许多果蔬原料，如山楂、龙眼、罗汉果、木瓜、杏等都是药食两用原料，用于加工蛋白质饮料的杏仁也是，都含有营养保健成分，具有一定的药用效果。矿泉水中因含有一定量的矿物盐或微量元素也对人体的健康有促进作用。

2. 功能性饮料的分类

(1) 按原料分类

① 利用传统食品加工的功能性饮料：主要是利用传统的动物性食品、植物性食品和微生物发酵食品，如乌骨鸡、鳖、蛇、黑芝麻、南瓜、酸乳、发酵

豆类等，通过先进的工艺和设备而制得的饮料。其特点是营养丰富，含有较多人体所必需的氨基酸、维生素、微量元素等营养成分，因食品的品种不同而各具不同的营养功能。

② 添加中药提取物和营养强化剂的功能性饮料：主要是利用各种可添加入食品的中草药，运用现代提取工艺提取有效成分，再添加一些营养强化剂，从而制成的一类具有较好的预防疾病与保健作用的功能性饮料。从 1987 年以来，我国卫生部、中医药管理局先后颁布了共 68 种可在食品中添加的中草药，还可以在这些中草药的基础上，根据需要添加氨基酸、矿物质、维生素等营养强化剂，进一步增强饮料的功能性。

③ 添加新的食品资源的功能性饮料：主要是利用一些具有调节人体生理功能、防治某些疾病作用的新的食品资源，如绞股蓝、银杏叶、芦荟、小球藻等，加工制作而成的功能性饮料。这些新食品资源的开发促进了疗效型功能饮料的发展。

④ 利用生物技术开发的饮料：随着生物技术的发展，可在饮料中添加各种利用生物技术制得的活性物质，如活性肽、免疫因子等，使饮料具有很高的营养价值，并在人体内可以起到多种生理作用。

（2）按功能作用分类

① 兴奋型饮料：指含有咖啡因、瓜拉拿藤、L-肉碱、牛磺酸等物质的饮料，饮用后可提高神经兴奋度、消除疲劳。

② 疗效型饮料：指针对一些常见疾病而添加某些具有特定疗效的功能性成分制成的饮料，长期饮用可收到一定的疗效作用。如添加银杏黄酮的保健饮料，长期饮用可对心血管疾病有一定的疗效作用。

③ 运动饮料：指能及时补充人体运动后失去的电解质和能量，以恢复运动员体能的饮料。含有矿物质、维生素、氨基酸等多种抗疲劳因子，主要是针对运动员的体能消耗和营养需求而制作的。

④ 健康饮料：指含有较多的能促进人体健康的功能因子的饮料。如脂肪酸、卵磷脂、乳清分离蛋白、益生菌、益生原、多酚类物质等功能因子能促进人体由“亚健康状态”向健康状态转变。

（3）按主要功能成分分类

① 活性多糖饮料：活性多糖主要是指具有某种特殊生理活性的多糖类化合物，如膳食纤维、真菌多糖。膳食纤维主要包括纤维素、半纤维素、木素、果胶等，其主要生理功能是有利于胃肠道的健康和有毒物质的排泄，防止便秘，被称为胃肠道的“清道工”。功能性膳食纤维饮料可以通过在饮料中添加膳食纤维添加剂来生产，还可直接以富含纤维的原料生产制得。真菌多糖主要是指存在于香菇、金针菇、银耳、黑木耳等真菌中的某些多糖组分，具有提高

免疫机能、抗衰老、降血糖血脂等多种功能。真菌多糖功能饮料一般采用浸提及调配的方法来生产。

② 功能性油脂饮料：指含有较多功能性不饱和脂肪酸的饮料，如亚麻酸、花生四烯酸、二十二碳六烯酸（DHA）、二十碳五烯酸（EPA）等。不饱和脂肪酸具有降低血液中的胆固醇、预防动脉硬化等功能，对糖尿病也有一定的预防作用。在利用不饱和脂肪酸时，一方面要注意防止其氧化与降解，另一方面还要注意过量摄入所带来的不良效果。

③ 矿物元素饮料：指强化了与人体健康密切相关的微量矿物元素的功能性饮料。人体对微量元素的需要量很少，但它们都对人体具有极其重要的生理功能。如硒、锗、铬等与严重危害人类健康的肿瘤、糖尿病和心血管疾病有极大的关系，常将它们作为活性成分添加到饮料中去。

④ 抗衰老饮料：指强化清除自由基的成分即自由基清除剂的饮料。自由基是生命活动中多种生化反应的中间产物，具有高度化学活性。人的生命活动离不开自由基，但体内自由基过多或清除过慢，就会攻击并损坏大分子，对细胞膜、核酸及蛋白质等造成损伤，是引起机体衰老的根本原因，也是诱发肿瘤等恶性疾病的重要因素。自由基清除剂具有清除体内过剩自由基的作用，是很好的功能性生理活性因子。自由基清除剂分为非酶类清除剂和酶类清除剂。非酶类清除剂主要为抗氧化剂，如维生素 E、维生素 C、β-胡萝卜素及还原型谷胱甘肽等；酶类清除剂主要为抗氧化酶，如超氧化物歧化酶、过氧化氢酶及谷胱甘肽过氧化物酶等。目前，自由基清除剂对食品工业而言是一类重要的功能性食品基料。

⑤ 保健茶饮料：以茶叶为主要原料而制成的饮料。茶叶有效成分中的茶多酚、脂多糖、氨基酸、微量元素及咖啡碱等对人体有特殊的保健作用，如茶多酚，其主体功能物质是从茶叶中提取的儿茶素，具有清除自由基，提高免疫力，降低胆固醇，防癌、抗癌的功效。

⑥ 低能量饮料：是以功能性甜味剂取代高热能甜味剂而制成的饮料。甜味剂在饮料工业中是最主要的原料之一，大都是使用蔗糖作为主要的甜味剂，但过多摄入蔗糖会引起肥胖和龋齿，还与糖尿病和冠心病有关。功能性甜味剂具有纯正的甜味，对人体无不良副作用，还具有蔗糖不具备的许多优点，如不参与机体代谢，不被机体消化吸收，能量值低甚至为零，可供肥胖病人食用；进入体内后不会引起血糖的波动，对糖尿病人有益；不是口腔微生物的适宜的作用底物，不会引起龋齿，甚至还具有抗龋齿的活性；具有某些特殊的生理功能，如可促进机体肠道中双歧杆菌的生长繁殖等，既能解决蔗糖摄食过多不利于身体健康的问题，又能对人体健康起到有益的调节或促进作用，是蔗糖的理想替代品。功能性甜味剂主要有水苏糖、棉子糖、帕拉金糖、低聚果糖、低聚

木糖、低聚半乳糖、果糖、多元糖醇等。

⑦ 强化维生素的功能饮料：指强化了各种维生素的饮料。维生素的种类很多，对人体都具有重要的生理功能，一旦缺乏，则会引起相应的缺乏症。功能性食品强化常用的维生素主要为维生素 A、维生素 B、维生素 C，它们都是自由基清除剂，对延缓衰老，预防和治疗肿瘤及心血管方面的疾病有显著的功效。

（4）按食用对象分类

① 日常功能性饮料：为针对不同的健康人群的生理特点与营养需求而设计的饮料。其主要消费对象是婴幼儿、学生、中年人、老年人等健康人群，强调的是饮料中的成分在调节生理节律、提高身体免疫机能、促进生长发育、维持活力与精力等方面的功能。

② 特种功能饮料：是针对某些特殊消费人群的特殊身体状况而设计的饮料。其主要消费对象是糖尿病患者、便秘患者、肥胖症患者、肿瘤患者、心血管疾病患者等特殊人群，强调的是饮料中的某些成分在预防疾病和促进康复等方面的调节功能。

二、功能性饮料加工技术

1. 功能性饮料的基本加工工艺

功能性饮料的基本生产工艺与同类型的一般饮料的基本生产工艺过程大体相同，但由于功能性饮料的原料众多，性质各不相同，为突出其功能性成分的作用，主要在提取、强化、后处理等工序中各具特色。

（1）提取　对于植物性原料，一般采用提取法来提取原料中的功能性成分。

提取法是将原料经预处理后利用各组分在溶剂中溶解度的差异而使原料中的有效成分从原料中部分或完全分离的方法。

在进行提取操作时应注意以下几个方面：

① 正确选择溶剂。溶剂的选择是提取操作的关键，它直接影响到提取操作能否进行，同时对提取产品的质量和产量以及提取过程的经济性都有重要影响。在提取水溶性的成分时，常用水、乙醇水溶液等作为溶剂；在提取脂溶性的成分时，常用乙烷、丙酮、食用油脂等为有机溶剂。应根据原料及有效成分的性质来正确地选择溶剂。

② 在提取液体原料的功能性成分时，两液相的密度要相差较大，以便于分离。在提取过程中还常采用搅拌的方法来增加两液体之间的接触面积，增大提取率。

③ 在提取固体原料的功能性成分时，可采用多次或连续长时间的提取，

还可从固体原料的粉碎度、溶剂的 pH、温度、时间、具体方法以及加大溶剂流动速度、搅拌、鼓入压缩空气等方面进行改进，以提高提取率和提取速度。

超临界二氧化碳提取等现代提取方法，进一步完善了功能性有效成分的提取技术。有一些植物性原料还可采用先发酵后提取的方法，如花粉可先用酵母进行发酵以破坏花粉外壁，再用乙醇来提取花粉中的有效成分。有一些植物性原料采用提取法不仅能从原料中分离出有效成分，还可以排除原料中可能含有的某些有害成分，如利用食用油脂在对大蒜进行提取的同时还可使大蒜达到脱臭的目的。

对于动物性原料，一般采用蒸煮后再进一步酶解的方法来提取原料中的功能性成分。

（2）强化　食品强化，是指根据营养需要向食品中添加营养素或天然食物，以增强食品的营养价值的工艺。要进行强化的食品称为载体，强化所用的营养素称为强化剂。强化剂应在载体中较稳定，不应影响食品原有风味及感官状态。食品经强化后应维持强化剂的有效浓度，达到预期的强化效果，这就要求在强化前应充分了解各种强化剂的性状、载体的特点、加入后可能发生的变化等，充分权衡，设计出较为理想的强化方法。

① 强化方法：饮料在饮用时为液体状，一般呈酸性，因此强化剂应为水溶性的，能均匀混合，还应对酸较稳定，以免受到分解而失效。对于受加工工艺影响不大的强化剂，如维生素 B_1、维生素 B_2 等，可随原料一起投料，再通过加工过程均匀混合；对于热敏性的强化剂，如维生素 C、赖氨酸等，因其受热后极易被分解破坏，应该在加热、杀菌之后再添加；对于性质不稳定，在加工过程中易被破坏而损失的强化剂，如维生素 C 等，应在最后的工序中加入，这种方法可减少强化剂的损失，但很难混合均匀，也可在加工过程中加入，并考虑后续加工中的损失适当增加投入量。

② 维持强化效果：饮料在强化后，如何保证强化剂的持续有效性，达到应有的强化效果，是强化饮料加工工艺的关键。可以改变强化剂的结构，在保持相同生理功能的同时，提高其稳定性，如维生素 A 的棕榈酸酯要比其醋酸酯的稳定性高，可加以取代；由于强化剂被破坏的主要原因为氧化作用，所以还可加入稳定剂，如抗氧化剂和螯合剂等，来控制其氧化过程，减缓氧化反应的速度；也可根据强化剂的性质来选择最适宜的加工方法，如对于维生素 C、赖氨酸等热敏性的强化剂应避免高温加工工艺；由于金属离子能加速某些强化剂如维生素 C 的氧化破坏，则可在原料的预处理中尽量清除等。这些方法均能在一定程度上有效地保护强化剂，维持产品的强化效果。

（3）后处理　指功能性成分强化后的处理过程，包括灌装、后杀菌、包装、贮存等。不同的产品，其要求也各不相同，应根据生产实际而定。

2. 几种常见的功能性饮料的工艺流程简图

(1) 灵芝饮料生产工艺流程

灵芝→烘干→粉碎→热水浸提→二次浸提→澄清→调和→瞬时杀菌→热灌装→封口→杀菌→冷却→检验→成品

(2) 乌鸡精饮料生产工艺流程

乌骨鸡→蒸煮→去油→蛋白酶酶解→过滤→鸡汁→调和→过滤→灌装→封口→高温灭菌→冷却→成品

实训一 罐装绿茶水的制作

一、实训目的

(1) 通过实训，使学生掌握罐装绿茶水的生产工艺及制作方法。

(2) 认识并会使用生产过程中所用的仪器和设备。

二、主要原辅材料

1. 茶叶可采用各种绿茶

要求为当年加工的新茶，品质优良，采用三、四级炒青绿茶为主，不含杂质，无污染，色、香、味品质正常，茶叶主要成分保存完好。

2. 冲泡用水

水质除符合国家饮用水卫生标准外，还必须除去其中的金属元素，特别是铁元素。否则就会造成茶汤混浊。

3. 转溶剂

茶叶中的某些物质在一定条件下会产生混浊，俗称冷后混，因此必须加入转溶物质除去这些物质。

4. 抗氧化剂

为保持茶水具有一定时间的货架寿命，可添加抗氧化剂，抑制茶叶中的物质氧化，避免茶水变色，影响其品质。

三、工艺流程

茶叶→热浸提→过滤→调配→加热→灌装→充氮→封罐→杀菌→冷却→检验→成品

四、操作要点

1. 茶汤制备

将茶叶按配方称好，盛于不锈钢容器或陶制容器中，用 90～95℃水浸泡 3～5min。茶水比例为 1∶100。

2. 过滤

浸提后的茶汤，先用不锈钢过滤器过滤，除去茶渣，再用 5μm 的滤纸或滤膜过滤，除去茶汤中的微粒、混浊杂质，使茶汤清澈明亮。

3. 原汁调配

过滤后的茶汤中先添加0.03%的L-抗坏血酸作为抗氧化剂。如果茶汤偏酸可加入碳酸氢钠中和，使其pH为5.71～6.07。

4. 装罐充氮

调制好的茶汤加热到90℃后立即灌装，在罐顶隙以40mL/s的速度充氮20s，以氮气置换顶隙的空气，而后立即封口。

5. 高压灭菌

将封罐后的罐装茶水按照115℃、20min进行高压灭菌，制品放于冷水中冷却后即为成品。

实训二　螺旋藻饮料的制作

一、实训目的

(1) 了解螺旋藻饮料的功能作用及配方。

(2) 掌握螺旋藻饮料的基本制作方法。

二、材料与设备

1. 材料

螺旋藻干粉、蔗糖、柠檬酸、羧甲基纤维素钠盐。

(螺旋藻含有丰富的微量元素、维生素、生物素和多糖类，对消化道溃疡、慢性胃炎、贫血、糖尿病、冠心病、肥胖症等均有改善功能，还能提高人体免疫机能，促进人体的生长发育等，是一种具有多种功能的保健食品原料。)

2. 设备

玻璃棒、烧杯、瓶、盖、化糖锅、混合机、高压均质机、灌装机、压盖机、杀菌锅、冷却槽。

三、工艺流程

配料→混合调配→加热→均质→灌装→压盖→杀菌→冷却→成品

四、参考配方

按1000L计(单位：kg)：螺旋藻干粉：30；蔗糖：80；柠檬酸：适量；羧甲基纤维素钠盐：适量。

五、操作要点

(1) 配料　各配料应分别溶解。螺旋藻干粉投入冷水中搅拌使其充分溶散后再加热煮沸溶解；化糖锅中加水加热，边加糖边搅拌，待充分溶解后过滤去杂质；柠檬酸加水溶解；羧甲基纤维素钠盐加热溶解配制成约3%的溶液。

(2) 混合调配　将螺旋藻液、糖液、羧甲基纤维素钠盐溶液在混合机中充分混合，然后边搅拌边慢慢添加柠檬酸溶液，之后再加水至一定量，混匀。

(3) 均质　通过高压均质机对混合液进行均质处理，使混合液均匀、口感细腻，最大程度地保证稳定性。

(4) 灌装、压盖　将均质好的饮料进行灌装，然后立即压盖、密封。

(5) 杀菌、冷却　置杀菌锅内以 112℃、20min 杀菌后立即冷却至室温，即为成品。

思考题

1. 什么是茶饮料？简述茶饮料的功能特性。
2. 简述茶饮料的生产工艺及操作要点。
3. 什么是固体饮料？与液体饮料相比有何特点？
4. 固体饮料是如何分类的？
5. 果汁型固体饮料与果味型固体饮料的主要区别是什么？
6. 简述果汁型固体饮料的生产工艺流程及操作要点。
7. 简述蛋乳型固体饮料的生产工艺流程及操作要点。
8. 什么是功能性饮料？简述功能性饮料的分类。
9. 功能性饮料常用的强化方法有哪些？

参 考 文 献

1. 胡小松，蒲彪，廖小军主编. 软饮料工艺学. 北京：中国农业大学出版社，2002
2. 高海生等主编. 软饮料工艺学. 北京：中国农业科技出版社，2002
3. 徐怀德编. 新型饮料加工工艺与配方. 北京：中国农业出版社，2002
4. 杜明编译. 果蔬汁饮料工艺学. 北京：农业出版社，1993
5. 胡国华编. 食品添加剂在饮料及发酵食品中的应用. 北京：化学工业出版社，2005
6. 侯振建编. 食品添加剂及其应用技术. 北京：化学工业出版社，2004
7. 郝利平编. 食品添加剂. 北京：中国农业大学出版社，2002
8. 高愿军编. 软饮料工艺学. 北京：中国轻工业出版社，2002
9. 章建浩编. 食品包装学. 北京：中国农业出版社，2002
10. 杨桂馥主编. 软饮料工业手册. 北京：中国轻工业出版社，2002
11. 倪元颖，张欣，葛毅强主编. 温带亚热带果蔬汁原料及饮料制造. 北京：中国轻工业出版社，1999
12. 赵丽芹主编. 园艺产品贮藏加工学. 北京：中国轻工业出版社，2001
13. 陈学平主编. 果蔬产品加工工艺学. 北京：中国农业出版社，1999
14. 赵晨霞主编. 园艺产品贮藏与加工. 北京：中国农业出版社，2005
15. 侯建平. 饮料生产技术. 北京：科学出版社，2004
16. 牟德华. 新版饮料配方. 北京：中国轻工业出版社，2001
17. 陈中，芮汉明. 软饮料生产工艺学. 广州：华南理工大学出版社，1999
18. 黄来发. 蛋白饮料加工工艺配方. 北京：中国轻工业出版社，1996
19. 邵长富，赵晋府主编. 软饮料工艺学. 北京：中国轻工业出版社，1990
20. 李正明，吴寒. 矿泉水和纯净水工业手册. 北京：中国轻工业出版社，2000
21. 崔玉川，李福勤. 纯净水与矿泉水处理工艺及设施设计计算. 北京：化学工业出版社，2003
22. 林元超，赵晋府. 茶饮料生产技术. 北京：中国轻工业出版社，2001
23. 国家标准 GB 2760—1996（饮料卷）
24. 郑建仙. 功能性食品. 北京：中国轻工业出版社，1995
25. 朱蓓薇. 饮料生产工艺与设备选用手册. 北京：化学工业出版社，2003
26. 李勇. 现代软饮料生产技术. 北京：化学工业出版社，2006
27. 夏晓明. 饮料. 北京：化学工业出版社，2001